『多彩贵州·山地建筑』丛书

意匠·匠意

贵州省勘察设计大师　李多扶

『多彩贵州·山地建筑』丛书编委会　编

中国建筑工业出版社

图书在版编目（CIP）数据

意匠·匠意：贵州省勘察设计大师　李多扶／“多彩贵州·山地建筑”丛书编委会编. —北京：中国建筑工业出版社，2016.6
（“多彩贵州·山地建筑”丛书）
ISBN 978-7-112-19416-2

Ⅰ.①意…　Ⅱ.①多…　Ⅲ.①建筑设计－作品集－中国－现代　Ⅳ.①TU206

中国版本图书馆CIP数据核字（2016）第094787号

责任编辑：唐　旭　李东禧　陈仁杰
书籍设计：锋尚制版
责任校对：李美娜　关　健

“多彩贵州·山地建筑”丛书
意匠·匠意：贵州省勘察设计大师　李多扶
“多彩贵州·山地建筑”丛书编委会　编
*
中国建筑工业出版社出版、发行（北京西郊百万庄）
各地新华书店、建筑书店经销
北京锋尚制版有限公司制版
北京顺诚彩色印刷有限公司印刷
*
开本：787×1092毫米　1/12　印张：24⅔　字数：469千字
2016年7月第一版　2016年7月第一次印刷
定价：398.00元
ISBN 978－7－112－19416－2
（28655）

“多彩贵州·山地建筑”丛书编委会

丛书编辑部

题目解析

词语云：

『意匠』者为诗文、绘画、工程设计等的精心构思也。

『匠』则为有专门技艺和技术应用的人，如绘图匠等。

『意』为意思、愿望、料想或对事物流露的情态研究。

——符合工程技术应用研究员的职称本意

肖像速写系华南理工大学刘管平 教授
在㵲阳河的考查船上之神笔。

自序

立志学建筑，回想起来还是有缘由的，在刚上初中时，父亲承包了一幢三层的教学楼，要求必须有设计图纸，只好请了位工程师，西装革履的洋派人物，画了图纸在院子里晒蓝图，当时还是用蓝色印刷术通过日光晒来完成的，我看到非常钦佩，长大了也要当工程师。到高中时看电影是介绍社会主义的苏联，大部分是莫斯科的建筑，我想建筑物才能表现一个城市或一个国家的成就。待到高中毕业时要填十个志愿，于是第一志愿第一专业理所当然的是清华大学建筑专业，至于其他志愿都没什么印象了，只有最后第十个志愿是离家遥远的云南农学院茶叶系……好在天遂人愿，毕业后到了云南的邻省贵州来。还在困难时期的1961年8月，伴随着“党的号召就是我们的志愿，党指向哪里我们就奔向哪里”的青春信念，毅然离京只身来到这全国唯一没有平原的省份。由于少年时受齐鲁文化熏陶，青年时得清华师长教诲，当踏上这山川秀丽、气候宜人的夜郎故地时，即被这些富于变化的山地建筑所吸引。为弘扬贵州民族文化建筑而不懈地追求和探索，从实地测绘、调查研究到方案、施工图设计，以及重要工程的现场设计、驻工地代表等全过程都是亲力亲为，至今仍笔耕不辍。

弹指一挥间，在53年的工作实践中，无论民用建筑、公共建筑以及三线建设时期的军工建筑等各种性质的工程，都在广泛接触：主持参与的主要工程有百余项，如贵州古建筑修复的有华家阁楼、文昌阁、黔明寺、玉屏钟鼓楼等许多国家级与省级文物保护单位，如镇远青龙洞古建筑群和青岩古镇等的修建工程；公共建筑有贵州民族文化宫、省展览馆、省人大·政府办公楼（老楼）、遵义医学院教学主楼等各种类型的建筑；援外工程有塞舌尔共和国安塞·罗亚莱高级中学，省外工程有深圳中国民俗文化村和北京中华民族园的侗乡、苗寨、溶洞、鼓楼、花桥、玉龙桥等项目，海口农垦城详细规划，潮州美人城的歌舞林（国内外民族建筑群），重庆珊瑚公园的土建设计，河北野三坡国家级风景区的苗寨度假村等工程。多次获省优秀工程设计奖，其中“玉龙桥”，获北京市建国五十周年重大工程建设贡献的荣誉证书。进入改革开放时代，园林古建工程随即兴盛，于是我发挥专长，也是兴趣所至，做起了修复文物建筑的工作，并在其中陶冶性情，权作一种“消遣”享受吧。虽然在工作中也注意搜集整理了一些文字资料，怎奈工程设计不断，还未静下心来完成其测绘图的制作，致使这次工作非常欠缺。

回想自己对贵州民族建筑的认识也是渐进的，由表及里、由浅入深、由局部到全面，不再像“瞎子摸象”那样地看问题了，如刚开始调查时，看到的是苗寨吊脚楼，侗寨干阑式楼，布依寨的石板房……以为这些就是该民族的特色建筑，似乎很了解了，待到看得多了，反而概括不了其民族建筑的特点，只是感到民族的互容性很强，多少年来的文化交流、渗透很起作用，主要的还是“因地制宜、就地取材”所制约。譬如黔南的布依寨也有吊脚木楼者，黔西南的布依寨如同靠近的云南土墙房，同样黔北的苗寨近同当地汉族寨，都不是绝对的。总之，产什么地方材料就建什么房屋，随之造型特点大相径庭。

长期以来，对贵州的古建园林、民族建筑作了些许调查、测绘、研究，幸运的是能在设计工作中得以实现，如在深圳、北京、潮州、河北野三坡等地的工程中，把贵州的民族建筑提炼其精华，再现出典型的民族建筑特色来，为宣传贵州的山地建筑和民族建筑艺术，让国内外更多的人们了解贵州，稍尽了绵薄之力。

由于文采欠缺，只是一员平常的“意匠”（绘图匠）而已，所以不善于著书立说，在这半个世纪中，仅记述了几项工程的实践文章，如下：

1980年编写《塞舌尔学校建筑考察报告》，并于1981年撰文《塞舌尔学校建筑》刊于《贵州建筑》上。

1985年考察黔东南侗寨建筑后，著文《侗寨鼓楼建筑初探》，汇集于《侗寨鼓楼研究》（贵州人民出版社）一书中，1986年将其修订稿刊于《贵州建筑》。

1990年参加了全国高层建筑防火研讨班后，将资料整理编辑成《高层建筑防火知识问答》刊于《贵州建筑设计》增刊上，作为省防火研讨班参考资料。

1996年结合黄果树碑林的规划设计工程，撰写了《黄果树碑林规划建设览略》，刊于贵州《勘察设计技术信息》中，并收录于《中国现代发展理论荟萃》（新疆人民出版社）一书中。

1997年著《隐于深山一奇葩——侗寨鼓楼与花桥》，刊于《集邮》杂志，并转载于《当代贵州》，1998年该文增订稿作为《全国第九届中国民居学术会议》论文交流，并收录于《中国民族建筑论文集》（中国建筑工业出版社）。

2000年编辑《园林建筑学》讲义，作为贵州师范大学生物系园林专业教材。

此外，还在社会工作中贡献了一些力量，如在20世纪七八十年代历任贵阳市园林学会副理事长、省风景园林学会常务理事、贵州工学院和师范大学的客座教授、金阳新区建设顾问等职。特别受到省文物局的重托，在挪威援助贵州的四个民族生态博物馆中，完成了两个设计，第一个是六枝梭戛（长角苗）生态博物馆，把建筑物作为生态环境中的展品来对待，此理念颇受挪威专家的好评，又在第三个锦屏隆里古城（屯堡）的生态博物馆中发扬光大。在建筑设计创作的道路上，力求精心设计、精益求精，为贵州民族建筑的发展而努力着。

本人自高中、大学都是在党的关怀下，用人民助学金完成的学业，每一步的成长都离不开同事们的帮助。现在由贵州省建筑设计研究院组织整理，这半个世纪中的主要工程回顾，追忆我在设计院的几个历史时期的典型工程，深感惶恐，自己水平有限，不足之处在所难免，若有抛砖引玉之功，已属万幸了。

正是：文章原生态

匠意自然来

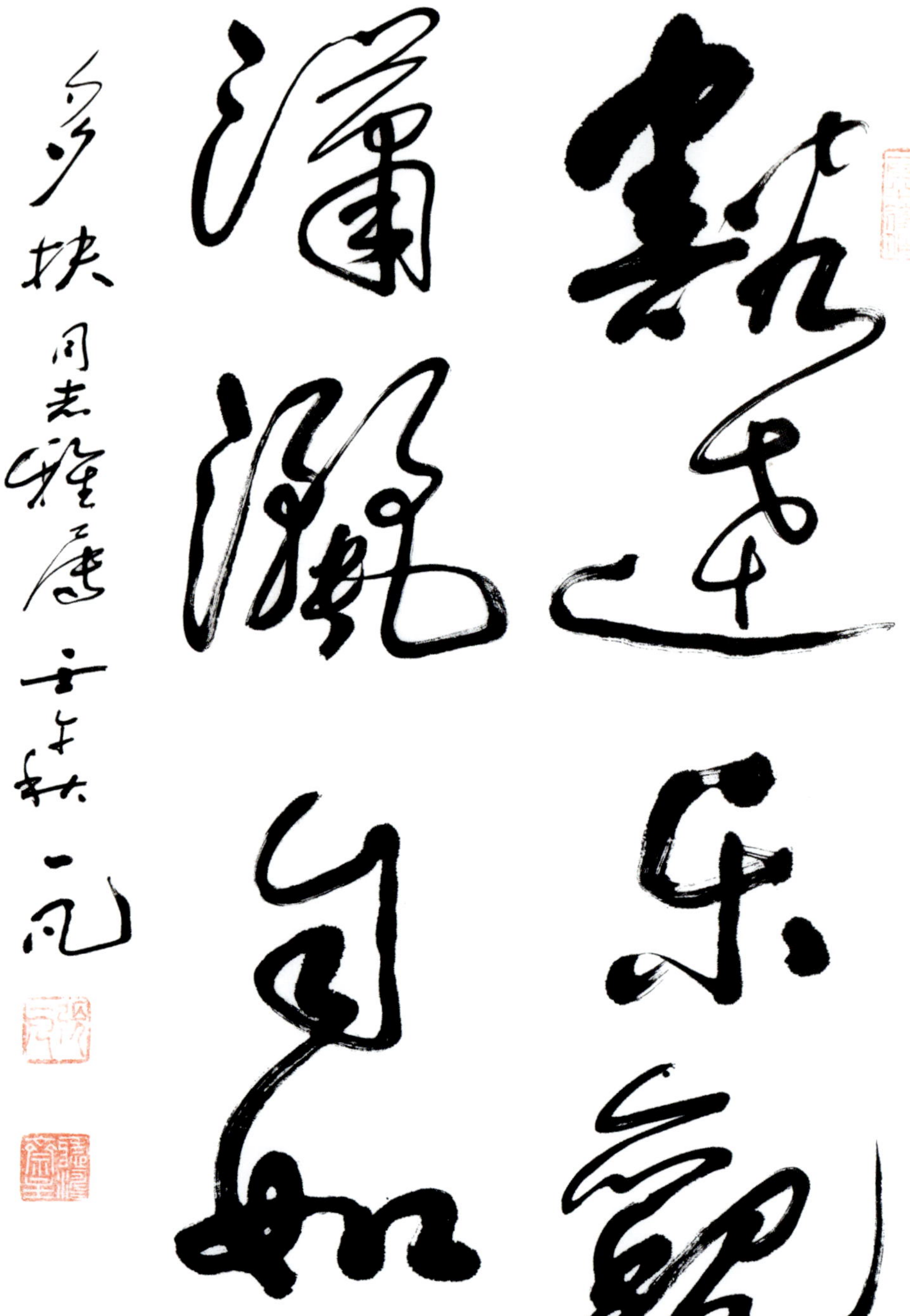

“豁达乐观，潇洒自如”，这是原中共贵州省委宣传部副部长、原贵州省书法家协会会长张一凡同志为李多扶同志的题词。黄果树碑林建设期间，张一凡任工程指挥部秘书长，与李多扶共事四年。

李多扶

男，汉族，1937年4月出生，山东济南人，中共党员。

本人名字的演变颇有与时俱进之意：其排辈是“孟、传、多、圣、贤”中的“多”字辈，“福、禄、寿、禧、福、寿、双、全”中的老大，故名字为“多福”；高中毕业时正是学苏联之际，报考大学改名为“多夫”；“文革”后，改名为“多伕”，即为多作人民之伕；知天命之年时觉得个人太渺小了，李树也太柔弱，一路走来多得到好心友朋的扶助，故定名为“李多扶”至今。总之，音同而字义不同者也。

1961年毕业于清华大学建筑系，结束了6年的大学生活，响应党中央“到边疆去，到祖国最需要的地方去”的号召，志愿来到了祖国的大西南，分配到贵州省建筑工程管理局勘察设计院工作。历任技术员、班长、建筑师、主任建筑师、副总建筑师、高级建筑师、国家特许一级注册建筑师、工程技术应用研究员等职。现任贵州省建筑设计研究院顾问副总建筑师，兼任贵州省文化厅文物保护技术顾问、贵阳市文物维修领导小组成员。1992年获得贵州省四化建设标兵称号，获得五一劳动奖章，并于1992年起，作为有突出贡献的工程技术专家获国务院颁发的政府特殊津贴，2004年获得了贵州省首批勘察设计大师称号。

目　录

自序

贵州省红展馆工程建设一二　2
贵阳春雷广场毛主席塑像工程建设一二　6
塞舌尔共和国学校建筑考察报告
——援建安塞·罗亚莱高级中学工程　8

贵阳大觉精舍翻修设计纪实　30
贵阳文昌阁　36
贵阳黔明寺观音阁　43
玉屏钟鼓楼　46

贵州镇远青龙洞古建筑群　54
黄果树碑林——规划建设览略　110
深圳中国民俗文化村——侗寨、苗寨之设计　121
北京中华民族风情园——侗寨、苗寨之规划设计　137
北京中华民族风情园——土家寨、水族寨规划设计　149
北京中华民族园玉龙桥——工程设计实例　156

贵州民族建筑——苗、侗、布依、水族部分 168
贵州苗族建筑 169
贵州侗族建筑 178
贵州布依族建筑 186
贵州水族建筑 195

隐于深山一奇葩——侗寨鼓楼与花桥 204
梵净山自然保护区开发之浅见 214
三中古城墙应妥善保护 218

构建和谐青岩——文物保护与旅游发展浅析 222
民族性、地域性及时代性
——记贵州民族文化宫的工程设计实践 252
建院60年华诞征文———半个世纪的回忆片段 之一 272
建院60年华诞征文———半个世纪的回忆片段 之二 274

280 / 后语

贵州省红展馆工程建设一二

贵阳春雷广场毛主席塑像工程建设一二

塞舌尔共和国学校建筑考察报告——援建安塞·罗亚莱高级中学工程

意匠

匠意

贵州省红展馆工程建设一二

贵州省红展馆作为“文化大革命”岁月里的产物，在“文革”初期，全国兴起为毛主席建展览馆，以宣传其功绩和党的革命历程，于是贵州省革命委员会（简称省革委会）也准备建馆，选址在遵义路南明河南岸的河南庄，一片低斜的菜地上。只有菜地北部靠遵义路边有一处需要搬迁的房子，是正南北向的平房院落，砌墙的红砖模印有“周西成”三个篆字，曾是民国时期贵州省长周西成的别墅，新中国成立后改为省广播电台的职工宿舍，多户杂居。为不耽误工程进度，电台宿舍很快就自行迁移安置了。选址坐西朝东，符合其建筑特性（图1-1-1）。

当时市里进行了十余个设计方案竞赛，在邮电大楼广场展出征求意见，最终确定了此方案，参照北京人民大会堂的外形，交由我们省建筑设计院落实设计。院里安排李淑鹏、黄荣昌和我前去北京、石家庄、济南、上海、杭州、南昌等地取经学习。

该工程最早定名为“毛泽东思想胜利万岁”展览馆，共九个金色大字，按毛主席手书体放大制作，安设在前檐墙上，前门廊正中门上部饰出升太阳形浮雕，主门厅天花板亦安设红太阳形巨灯（图1-1-2、图1-1-3），建成后又称“红太阳展览馆”简

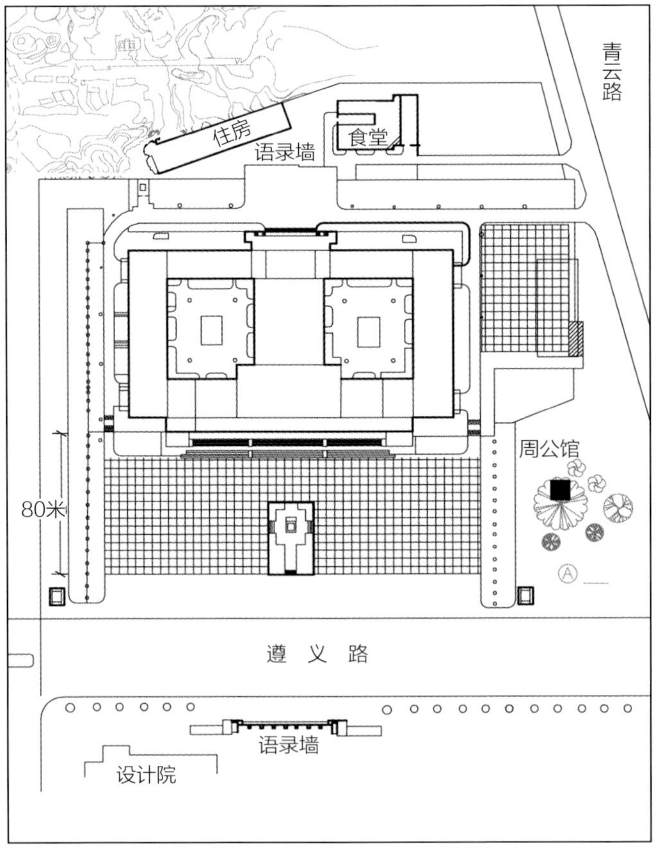

图1-1-1　总平面图

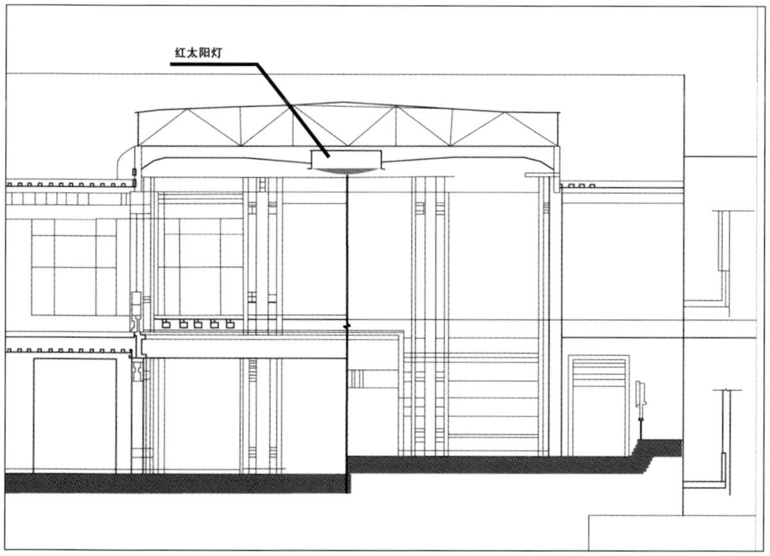

图1-1-2　门厅横剖面

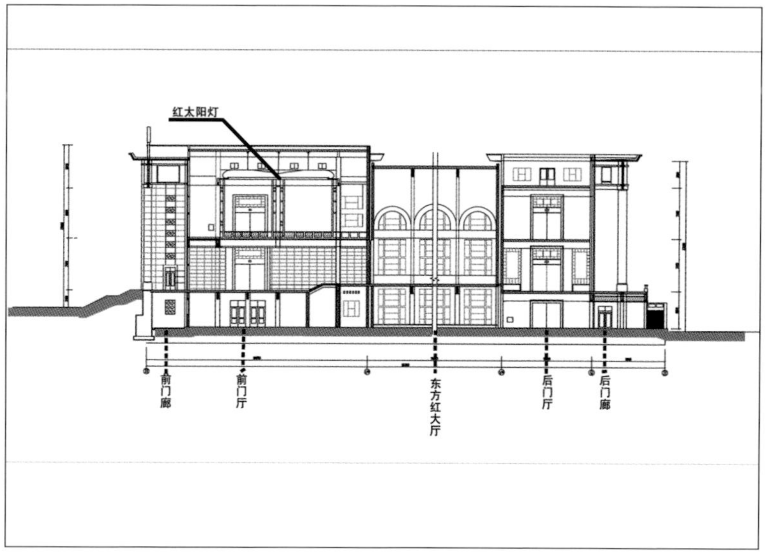

图1-1-3　建筑纵剖面

称“红展馆”。1981年3月改为“贵州省科学文化会堂。”现称省展览馆。1993年曾对建筑内部进行了全方位的整修和改造，把“日”字形平面的两个内院填补，取消了室外展场和绿化及通风、采光面，扩大了展出面积，形成一座长方形的整体，以满足各种展览和商品展销的需要。但室内原有的、丰富的、极具文化品位的装修取消了，以商品气息浓厚的简约装修代之。把正立面的木制主门窗改用单薄的铝合金门窗，可惜了当年为利用市北小学的大殿，而拆除取用其数百年的梓木梁柱，这种老梓木不变形、不开裂的实木厚重的门窗，衬托着这幢大建筑，越发显出高贵品质，而现在为片面追求新材料，大大减少了文化品位……其他部位的门窗多系黔东南州人民奉献的上好木材制作而成。

1968年9月的开工仪式，至少有上万人参加。自此工地上日夜奋战、机械轰鸣、灯火通明，各单位、军队、学校以及市民敲锣打鼓地献建筑材料和义务劳动。我们省建筑设计院的各专业工种约二十余人，先后在工地工棚中搞现场设计，白天画的图，晚上送院里晒图室，第二天一早即可拿到蓝图，给施工单位施工，就这样边设计边施工。为保工程质量，其混凝土用的砂子是从湛江火车调运来的海砂，来后还要用清水冲洗干净，以保证结构的标号，确保工程质量（当时水泥标号较低）。

1969年10月主体工程基本完成，召开了竣工典礼。原省革委会批准下拨的资金是700万元，后又批了3万元经费，使工程圆满收尾，总投资达到703万元（当时土地是征拨的不算钱）。

本工程规模为2.35万平方米，占地面积4公顷，其中展览面积1.39万平方米，加工、修理、复制面积4743平方米，贮藏、保管1850平方米，行政、会议用房2921平方米。该建筑共4层，利用地形建筑比广场低一层，层高5米，二、三层各高7米，顶层3.6米，框架结构。建筑面阔138米，进深82.7米，面对80米深、200米宽的前广场。隔35米宽的遵义路，对面立有

50米宽、14米高的巨型语录墙，形成了特大影壁（在现今化工院大楼的位置），广场两侧各有15米宽的绿化带和语录灯塔。

正立面设6米进深的柱廊13间，当心间为8米开间，其他为6米开间，两端各设12米宽的语录耳壁。中部7间为门厅，进深为24米，正中3间20米宽的大厅，中间太师壁前立毛主席塑像（图1-1-4），后方为进入中央东方红大厅的主门，两侧为大楼梯间和进东方红大厅的侧门。主门厅二层高，三面设精细的副柱装修组合，镶葵花铸铁花饰，天棚正中央为直径3.5米（表示遵义会议1935年1月15日）的红太阳灯，四周为金色真空玻璃管光芒，布满了整个天花板，并布有多个葵花平顶灯，四周天棚线条为万寿花和葵花饰样，充满了葵花向太阳的含义。通过两侧主楼梯间进入前部主展厅，进深为5米+7米+5米的柱网，转向后方的侧面主展厅，连通后部进深为12米跨的副展厅和东方红大厅的背部后门厅。东方红大厅位于“日”字形的中间段，为29米跨15米高的钢筋混凝土拱券结构，共6间、分成两个内院，使得所有展厅都可以自然采光和通风换气，满足了基本的展厅节能型使用要求。后门厅5开间（图1-1-5）（其木隔断选用梓木，木镂空花饰为国画家刘复莘画的梅花（图1-1-6）），开间为6米+6米+8米+6米+6米共32米长，外通4米宽的后门廊和后台阶，出到后院。隔27米宽的后广场设后影壁的语录墙，后围墙外另

图1-1-4　前门厅内景

图1-1-5　后门厅内景

辟场地单独建有职工食堂，直通青云路河边。大楼南侧建有公厕以及满足室外使用功能（室内左右后楼梯间亦备有洗手间）。

主要设计人员除前述三个外，建筑工种还有黎裕权、郭福庆、麦燕屏，结构工种有温泰宗、刘国栋、吕文龙、伍培根、周长寿、傅祖荫、雷华光，电气有常学余，水工种有张琳、商忆先、预算人员刘涔以及后勤等人，都为此作出了贡献！

图1-1-6　木花饰（刘复莘画）

贵阳春雷广场毛主席塑像工程建设一二

贵阳春雷广场毛主席塑像工程由贵州省建筑设计院总建筑师魏仲侠担任设计组组长，钱筠燕为副组长，还有麦燕屏、蔡雪馥、伍培根、付昆山等。省内名雕塑家三刘：刘永祥、刘冀林、刘万琪带领美术人才组成了设计创作及制作安装队伍。

“春雷广场”（后为人民广场）上的塑像，因其特殊的时代背景，选址颇费周折，曾经三易方案，最初设想是选在邮电大楼前广场上，因当时市里召开大集会时都在此，从火车站到邮电大楼的距离2公里，朝阳路（现为遵义路）两侧多是菜地，两处可遥望。而该地是处于三条道路的丁字点，集散方便，而且是坐北偏东方位较宜，但每次集会都影响邮电大楼的正常工作，以及中华路主干道的交通堵塞，故此方案很快被否决。于是设计组又选在朝阳路的西侧——到贵阳第一中学校之间，是一片较平坦的菜地，可是南端的“备战粮库”在当时“备战、备荒、为人民”、“以粮为纲”的形势下难以搬迁，且坐西朝东的方位也不理想。设计只得三易其地，最终改定在朝阳路的东侧，属于抗日时期“飞机坝”的北尽端，虽然地势较低比道路面低了三米左右，但这里是位于太阳升起的方位（东偏南46°），塑立毛主席像是不错的选择，于是此处的水利厅车场迅即搬迁腾出地方动工，工程顺利展开。

位置定为新路口到朝阳桥头的中段（图1-2-1），路东广场为凸字状，面宽前200米、后98米，进深边长79米、中长

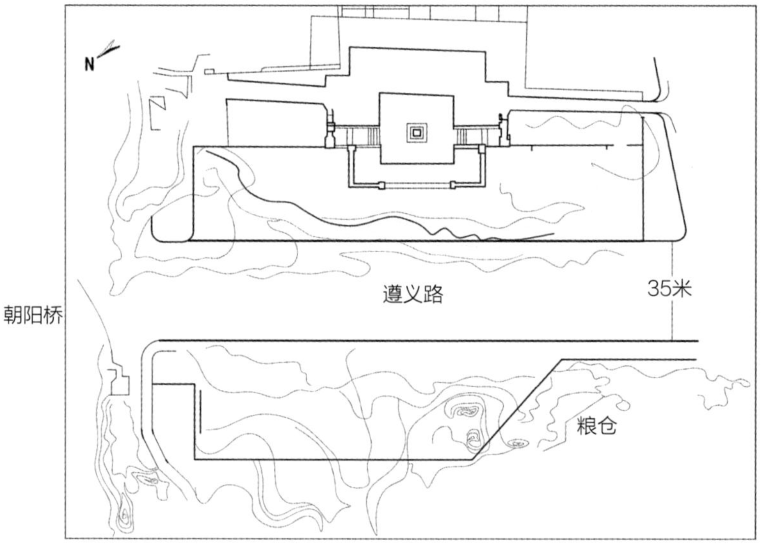

图1-2-1　总平面图

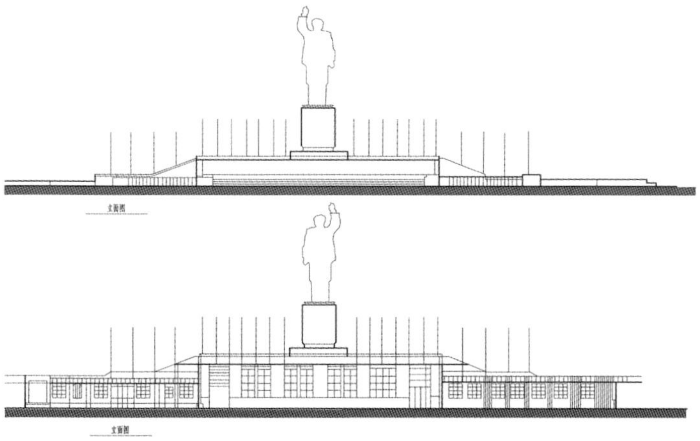

图1-2-2　正立面、背立面

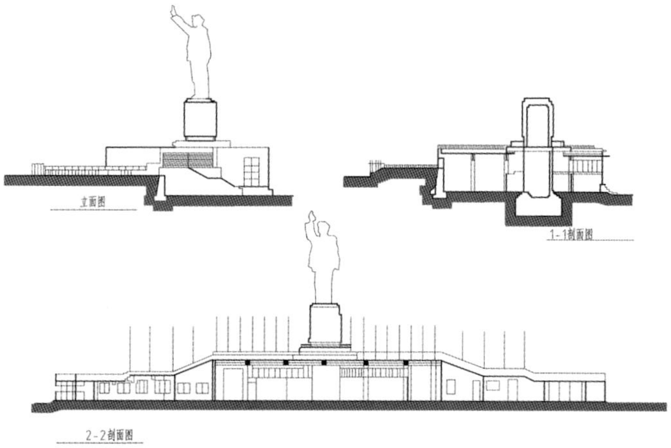

图1-2-3　侧立图、剖立面

109.5米，占地面积1.88公顷。于1968年7月6日动工，大家边设计边施工。

工程任务要求不仅显示塑像的崇高伟大，而且还能在这广场中联通35米宽的道路和路西的一块不规则的扩大面积，能容纳20万人的集会要求。为此需要有主席台检阅，台下即是功能服务用房，包括播音机房、水电机房、办公、保卫、贵宾休息室、服务间、绿化、公厕等配套设施。于是正好利用这3米的地形高差，进行了分流处理，使得广场和主席台既可连通又能互不干扰，以满足多项使用内容。结构设计人员积极配合雕塑人员计算钢架结构，伍培根解决了右手悬臂的结构问题等。

这时，许多厂矿、公社、部队、机关、学校等17余万人次参加了现场的义务劳动，做力所能及的工作。在1968年12月26日（毛主席生日时），距开工仅半年的时间，春雷广场成功地树立了省内第一座大型毛主席塑像，当天20多万军民隆重集会，热烈庆祝落成。

塑像坐东朝西，其背后在早晨正是处于东方红的佳位。塑像造型为着干部服戴军帽，右手高举的形象，正是检阅的标准姿势，颇有动感和号召力！像高12.26米（示生日数字）钢架与白色混凝土质地，基座7.1米高（示党的生日数字），为绛红色花岗石贴面，耸立于主席台上（图1-2-2、图1-2-3），台长34.8米、宽24.8米，前面和左右皆有副台和大台阶拱围，尽显庄重大气，由红砂岩蘑菇石砌筑，台前墙镶有本地白棉石碑身，横长33米、高2.0米，上刻凹字贴金箔，为毛泽东的手书诗词《满江红·和郭沫若同志》横幅。又于广场中轴线上立有国旗旗杆一座，杆高19.49米，喻1949年新中国成立之意。

时至今日，塑像背后建起了贵州民族文化宫，作为护围环状的背景楼，使塑像不再孤单，对面中轴线上，也建成了具有民族欢庆的大型篝火状雕塑的筑城广场，以及其配套设施，起到了围合空间的效果，是重大节日及庆典活动中心，同时也是群众休闲娱乐活动的场所。

塞舌尔共和国学校建筑考察报告

——援建安塞·罗亚莱高级中学工程

一、前言

“文革”后百废待举之时，国家把一些援外工程分拨到各省区负责设计与施工建设，1978年春我省建设厅接到了非洲塞舌尔共和国的一座高级中学（留学预备部）的援建工程，这之前两年的省厅和我院曾设计建造过驻赤道几内亚大使馆的设计、施工项目，那只是我国的使馆工程，当时由魏仲侠（总建筑师）和张先茂（总工程师）负责的，参加设计的人员有乔富、刘明高和我等，前二人还出国到现场作驻外工地代表。至于援外工程，这次的学校才是真正的援建项目，当时还是上海市教育厅负责外联，国家教育部出人统筹，我院的方案（图1-3-1、图1-3-2）经过上海和北京有关部门认可后，才出国去现场介绍给该国教育部，并做了3个月的实地考察。出国考察的人员有建设厅的徐三元，院里设计四室的金春生书记（兼电气设计人）、舒祖荣（结构设计人）、和我（建筑设计人），上海教育厅二人（其中一人为英语翻译），国家教育部一人（兼西班牙语翻译），一行七人的考察组与中国驻塞舌尔大使馆的人员共同开展活动，并现场写出考察报告。历时3个月，到1978年底回国，进入施工图设计阶段。由徐三元和舒祖荣去现场作驻工地代表，很好地完成了这唯一的援建工程。

图1-3-1 设计方案图

图1-3-2　设计方案鸟瞰图

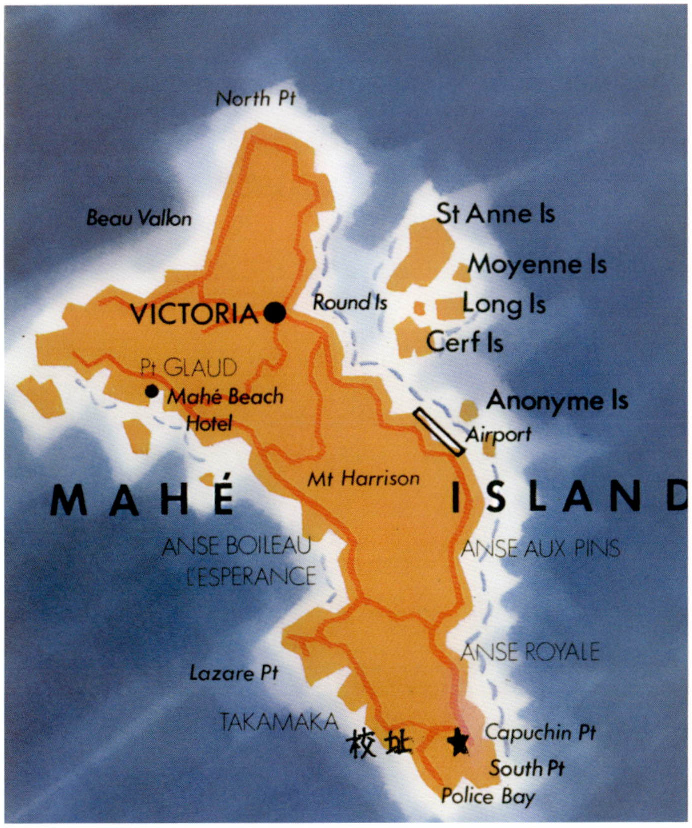

图1-3-3　马埃岛地形图

二、马埃岛概貌

（一）地理条件

塞舌尔共和国位于印度洋西部，南纬4°～10°，东经46°～56°，由92个花岗岩岛和珊瑚岛组成，总面积444平方公里，人口6.2万。其中马埃岛最大，面积148平方公里，人口5.4万，占全部居民的87%。该岛南北长、东西窄，岛中部沿长轴为一花岗岩体的列山，最高峰在北部，海拔905米，此处多云雾，亦是降雨量最多的地方。该岛乃是花岗岩体，并有部分红壤土与砂土。多丘陵山地，林木葱郁，气候宜人，常年平均气温21～32℃，历年最高34.4℃，由于地处赤道附近，受东南信风和西北季风的影响，一年分雨季（11月～3月，湿热多雨）和旱季（4～10月，干燥少雨）。因为在飓风区外，很少有大风灾，亦无地震影响（图1-3-3）。

首都维多利亚人口2.3万，旅游业发展很快，居民生活水平较高。住宅建筑多是一、二层，结构比较简单，但设计能多样化，并注意装修和采光通风，色调明快，室内陈设也较讲究。施工的机械化程度相对较高。教育事业比较发达，学校的建筑标准、教室、体育设施及其利用率都比较高，设备水平虽属一般但质量较好。儿童入学率已达97%，几乎每四个居民中有一个在校学生。岛上建有大型国际机场和一个深水港，可停泊万吨轮船，公路环绕全岛交通甚为方便。

安塞·罗亚莱，在马埃岛南部的东南岸，居民1.4万，为仅次于首都的第二中心，距首都17公里，其处三面环山东临海岸。校址位于环岛公路与进山土路西南角，现为椰林地和一个社会中心及一所小学。校址西、南两侧为沼泽地及冲沟，多生肉桂树及灌木丛，地势平坦，原为海湾沉积而成，地表为100～200毫米厚的腐殖质，其下为珊瑚砂，西部过沼泽区即为

图1-3-4　计划发展部

图1-3-5　住宅楼（一）

山坡，方显露花岗岩和红色土壤，校址北面为医院和四家单幢住宅以及椰林，东面公路两旁有商店、住户及鱼市场，均为单层建筑。

（二）建筑概况

早期建筑多属英法传统式木屋，屋面坡度较陡约50°～60°，属西欧、北欧类型，颜色简单，层数多为单层，亦有二、三层楼房者，但二层常出挑外廊，以适应当地气候特点：遮阳、避雨。近期建筑形式随着建筑材料的变革，逐渐脱离了传统形式，而更符合热带特色，平面自由活泼，体型轻巧，屋面平缓，出檐挑廊较大，颜色明快对比强烈，层数仍以一、二层为主，亦有三、四层至七层的某旅馆、商店办公组合楼，及计划发展部办公楼等（图1-3-4），此类皆属于民用建筑或公共建筑，而工业建筑除电厂为二层外，其他均为单层车间，厂房和仓库规模较小，屋架多钢结构，形式多种多样。一般建筑质量较好，除极少数简陋铁皮房屋和城边集装货箱房屋属贫民居住外，其余标准均较高。近几年兴建了一批中等标准的联排式住宅，有单层和二层，还有一批标准较高的花园式单幢住宅（图1-3-5～图1-3-7），随地势的变化可单层或二层，每户都有凉亭和车库，山上还有更高级的别墅，内有车库、游泳池、花园等附属建筑，室内电气设备齐全，装修、设施用料高级。

中上等标准的建筑物内部，一般设备有电风扇、窗式空调器（当地称冷风机）、浴室通过式电热器、电冰箱、电炉或液化气炉、电壶、电锅、电话等不一而足。电话号码五位数，全国6万人口，私家小汽车达8000辆，平均每八个人一辆，可见生活水平较高。

由于气候适宜，植物在一年中连续不断地开花结果，无明显的落叶期，庭园绿化容易，虽然街道两旁无专门的行道树，但建筑周围绿化已能连起，港口附近新修大道，行道旁每隔20米左右摆设有花盆种植花树，盆为高1～1.2米的钢筋混凝土预制，造型大方为街景增色不少。

现将该岛建筑构造的习惯做法分述如下

图1-3-6　住宅楼（二）

图1-3-7　住宅楼（三）

1. 墙基、勒脚

建筑物室内外地坪高差一般为450～600毫米或更高。不外乎填实和架空两种类型，其原因一是该处雨季多雨湿度大，二是山地皆花岗岩体，石方不宜平整，三是海边地下水位高，四是利用高架空层做储藏面积或是车库，故室内外高差较大。亦见有少数地坪高差小者，其木墙、铁皮墙的下部易腐朽、锈蚀，混凝土砌块墙下部易反潮，墙面抹灰有明显的湿痕，甚至有青苔生长。

2. 墙体

常见有以下几种：

（1）楞板墙——有镀锌瓦楞铁皮、铝合金瓦楞板或波形石棉水泥瓦等材料。

低标准住房或库房的外墙多用铁皮，钉于木骨架上，外涂油漆，颜色以土红、灰、绿等深色较多，吸热大，室内闷热。

铝合金瓦楞板做外墙，挂于钢柱架上，如汽水厂，外部漆深蓝色，形象突出。某仓库不涂，显露其金属板的银白色，对阳光辐射热的外反射效果好，并且颇有现代感。此类工业建筑，室内空间大，通风降温设施好，施工方便，外形美观大方且轻巧。

还有的建筑外为瓦楞板，内再加衬一层胶合板，对于室内的使用条件和隔热要求均有所改善。

金属瓦楞板亦可作屋面用，其材料规格有多种，厚度为0.7～0.9毫米等，宽度通常为900毫米，长度在3～10米，多从英国或肯尼亚、印度等地进口。铁皮的维护需三年油漆一次，铝合金瓦楞板为当时的新产品，还未通过实践检验其耐久性能，从理论上讲应该比镀锌铁皮防腐蚀性能强，塞方总经理估计可15年维修一次。

波形石棉水泥瓦墙面，如电影院的观众厅侧墙即是，为钢筋混凝土构架外挂该瓦，油漆土红色，内钉胶合板油塑料无光漆，中间为空气夹层，不密闭。

（2）木板墙——均为木构架，又有多种做法。

①钉单层或双层胶合板，外油漆。

②钉200毫米宽的条板，横向搭接成板状鱼鳞板。外油漆，如住宅常用以取得横条纹的墙面效果。

③钉块状鱼鳞板，每块250～300毫米见方，如贵州合朋石板瓦的搭接形式。外油漆，形成一种特殊工艺造型墙。较老的木建筑，有建成数十年者，原木材未经防白蚁处理，需用防白蚁药水喷涂，塞方有桶装防白蚁药水出售。现供应的外地木材均在原产地（新加坡、南非）进行药物处理后方准进口，使用后即可避免白蚁的危害问题。木材多为硬木，质重。

（3）混凝土砌块墙——预制砌块分实心或空心两种型号。

墙体内外均有抹灰，一般为木蟹抹平或砂浆喷毛面。该国人们喜欢毛面墙，很少见有铁板压光的墙面，如电影院门厅内喷毛浆，油漆白色，外墙面喷毛浆油漆土红色。计划发展部大楼内走廊墙面亦为喷毛浆，分开间喷油漆灰、黄二色。砂浆喷毛面有粗、细之分，细毛面经油漆后无划手现象，粗毛面则易划破皮肤。

由于该岛无石灰石，没有石灰生产，故砂浆均为水泥砂浆，墙面较少用分格线划分，喷毛面即可掩盖大片抹灰的开裂现象和不平整的缺憾。

另外有干粘石墙面，如美、英使馆外墙为粒径50毫米的红色花岗石小块粘贴，某小学的外廊栏板亦为预制杂色干粘石面，又可取得另类立面效果。

（4）石砌墙（图1-3-8）

该岛石工技术较高，石砌体应用较普遍，尤其高级建筑多用石砌墙体（取其隔热效果好），由于花岗石难以加工，多为虎皮石墙面，灰缝较大者以水泥砂浆和小石块填塞，且灰缝宽度呈不均匀状，忽窄忽宽，宽度自10～50毫米不等，砌筑断面，厚度在300～400毫米之间。

建筑以全石墙为最高标准，中等标准建筑则在局部应用石墙，如楼梯间、山墙、柱等处，甚至有将石砌体作装饰造型用，如在墙角、门窗框等处。灰缝多凹缝，颜色一般为水泥本色，有白色、粉绿色者为另涂油漆所致，此种石缝处理更加突出了石材砌体的花纹图案效果，同时由于其材质的硬实，也增加了建筑本

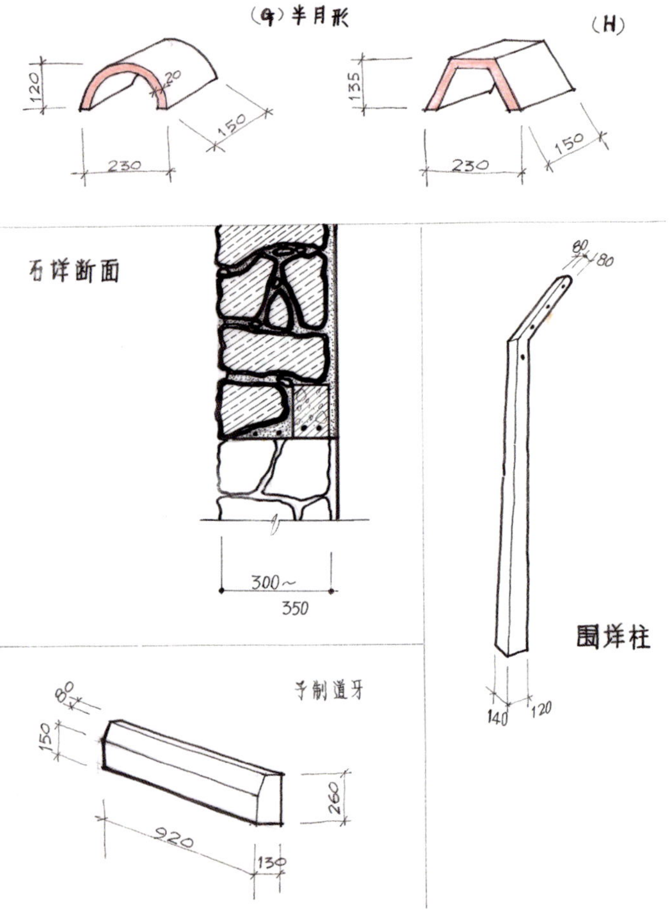

图1-3-8　石砌墙构件图

身的稳重、坚固感。

花岗岩有两种颜色，一种是黑、白结晶呈深灰色，为本岛所产，另种红、白、黑结晶呈褐色，为别岛所产，皆属于因地制宜、就地取材之实效。

3. 屋面

（1）瓦楞板（图1-3-9）

此种屋面应用最广，有镀锌铁皮和铝合金瓦楞板两种。前者质重、耐久性差，3年左右需要油漆维护一次，但价格较便宜，断面为波形有大、小之分。后者质轻、耐久、防锈蚀性能好，断面形式多样，如波纹状、梯形槽状、箱形肋状等，其板厚和跨度如图1-3-7所示。

板用带帽圆钉或带帽螺钉固定于木檩或型钢檩条上，施工简单，屋面坡度可陡可缓，老式房屋达60° 的坡顶，新式房屋多在30° 以下，一般为10° 左右的小坡，若整块长板者还可放平至 1 ~ 5° 而成平屋面形式。

屋顶式样一般为单坡、双坡、拱形、折形等，可作多种形式的自由组合，轻巧活泼。

防锈油漆多为土红色，次为绿色、灰色等，铝合金瓦楞板可不涂油漆，显示其本身的银白色。

缺点：下雨时滴雨声较响。坡度太缓者纵向搭缝处易倒灌水，如钢铁厂主厂房，单坡屋面为深波铝合金瓦楞板，坡度仅1：60，即1° 左右，效果相当于平屋面，大风雨天时排水不及有漏雨现象。

（2）石棉水泥瓦

有大波、中波、小波及平瓦多种。如港口木工车间屋顶为大波瓦，但以中波瓦、小波瓦者使用广泛，安装方式同瓦楞板。女中教学楼则为石棉水泥平瓦。特点：重量较大，价廉、施工简

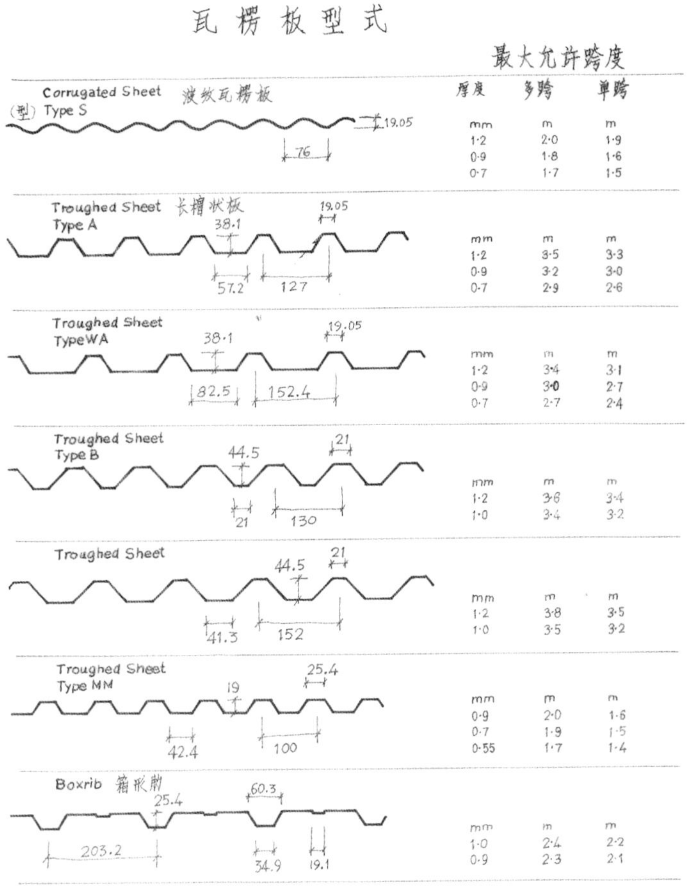

图1-3-9　瓦楞板

单、少维护，除美观要求外可不油漆，常用南非产品，质量较好、耐久。

（3）铁皮瓦

南非产，规格为1400毫米×380毫米，铁皮冲压成平瓦形式，外有皱纹防锈漆，土红色、黑色、深绿色等均有，重量介于瓦楞板与石棉水泥瓦之间。高标准建筑有应用，效果如陶瓦屋面，坡度大于10°。

（4）钢筋混凝土平屋面

新建筑有用此种屋面者，如议会大厦、水厂车间、某商店、植物研究所、男中教学楼等，均为现浇钢筋混凝土平屋面，上刷沥青或铺油毡，表面刷铝粉漆，此漆可减少沥青老化，具有防水、减少热辐射的作用。植物研究所屋面未刷铝粉漆，而是在油毡上撒粗砂，粒径如蚕豆大小，屋面有漏水现象。机场库房平屋顶挑檐的温度缝处漏水严重，沥青油膏下淌。

一般沥青油毡防水，耐久性仅五年左右，施工、维修不易，故采用较少。

港口大楼、电厂平屋顶等，于油毡防水层上再设混凝土方砖架空隔热层，如我国南方的做法。

某些建筑用高挑檐口来遮挡缓坡屋面，形成平屋面造型，如机场候机室、机场气象台等。高挑檐口可用混凝土或合金板横放斜置，以取得高檐口的横向变化，利用阴影衬出其轻巧感。

（5）小块材屋面

多铺于木望板上，如男中美术教室屋面，为油毡块材铺贴，将防水层在斜屋面上组合成图案纹样，丰富了屋面的艺术效果。某海滨旅馆用小木板瓦作屋面，木片本色，取其自然的情趣。

（6）草屋面

为椰树叶叠铺多层，取其山林野趣的自然特色，并非贫穷所致，相反工、料较昂贵，多数为旅馆的酒吧间、休息亭等建筑小品所用，此外如城内的高级幼儿园亦有此种屋面。

4．顶棚

分吊顶与不吊顶两种。

一般民用建筑、公共建筑多吊顶以隔热，用木龙筋或金属龙筋吊装饰板，如某商店雨篷用铝合金条板组成横向凸凹条纹图形，图书馆吊顶采用胶合板方块以与长方形吸顶灯组织图案，如机场的敞厅用金属网吊顶又是一种虚幻效果。

工业建筑的车间和仓库多不吊顶，由于跨度大需解决自然采光问题，便结合天窗和波形透明塑料瓦楞板来取得自然光线，如塑料厂的天窗、机场机修车间的塑料瓦屋面，如同我国民居中的“亮瓦”。

楼层钢筋混凝土板底平顶一般不吊顶，由于现浇钢筋混凝土时用钢模或厚胶合板做底模，故板底平整光洁，直接油漆即可。另有将板底用砂浆喷毛后涂色漆，如发展部办公室、女中实验室等。

5．地面、楼面

常见有以下几种：

（1）水泥砂浆：施工简单，为数较多，有光面及各种细毛面之分。

（2）木地板：旧式木建筑或架空建筑多用这种。

（3）水泥砂浆粉光，表面油地板漆，呈各种颜色。

（4）水泥砂浆找平层上贴席纹拼花木板：如国家图书馆之阅览室，拼花木条预制在纸基上（如马赛克），每张600毫米×600毫米，小木条每条120毫米×24毫米×8毫米。五条一组拼成方格席纹，施工时在找平层上涂刷塑料乳胶（P·V·A聚乙烯醋酸纤维素），再铺贴成张的木条，贴好后擦掉纸基，用磨石机磨光、打蜡。

（5）水磨石面层：此种地面属于高级装修。有各种美术水磨石和普通水磨石，但花色品种远不如我国多。当地不产彩色大理石子，有些石子还是从我国进口，由于价格昂贵用者较少，一般用于门厅、楼梯间中，均为现浇。

（6）水泥砂浆找平层上粘贴塑料地板，通常有四种：

①硬塑料薄板——规格为230毫米×230毫米，每平方米约18.9块，价值2卢比每块。用塑料乳胶粘贴于干净的找平层上，质硬脆，但光洁度大，可打蜡上光，花色品种较多，一般为花灰色。

②半软性塑料薄板——规格为230毫米×230毫米，每平方米约18.9块，价值2.25卢比每块。板底自带胶质，可直接铺贴于找平层上，质略软，可稍弯曲，光度小，质感如硬橡皮，花色品种多样。

③卷材塑料面层——当地名P·V·C，FLOM TILE地胶，每卷7英尺宽。有带胶者和不带胶者两种，面层花色繁多，有条木纹、拼花木板纹、花瓷砖纹、大理石纹等等，质较软，亮度小。

④塑料地毯面层——有卷材和块材两种，用塑料乳胶贴于木地板或水泥砂浆找平层上，花色多种，以素色居多。

6. 门窗及铁栅（图1-3-10）

旧式之木建筑多为木百叶窗，通风采光均较差，现已逐渐更换为玻璃百叶钢窗，一般建筑多为玻璃百叶钢窗或玻璃平开钢窗，此外如女中教学楼为折叠钢窗，某新建小学教室为连动旋转木板窗。

罗亚莱中学的旧教室为板条窗或通风花格窗，此两种形式通风虽好，但采光遮挡系数过大，并且不能防雨，多用于平房，以大挑檐或外廊来解决遮阳、防雨问题，如罗亚莱小学的屋檐净挑出墙外1.7米长。

窗要综合解决采光、通风、遮阳、防雨等要求，多以玻璃、

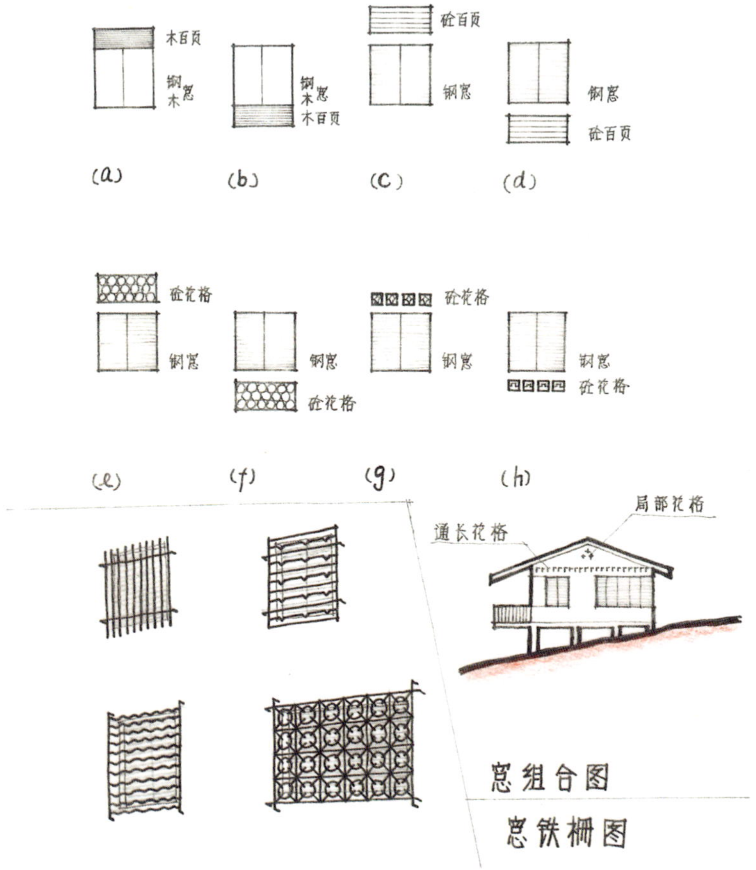

图1-3-10 门窗及铁栅

百叶、花格灵活组合。

当地开敞或半开敞的空间，多运用大片混凝土花格窗或花格墙。该岛的混凝土预制品厂生产有多种类型。混凝土花格用水泥砂浆砌筑，预制品表面粗糙，多呈麻面状，施工时并不再进行粉光，仅用白色油漆涂刷，或者不涂油漆只呈水泥本色。

一般建筑不设纱窗和铁栅，标准较高者方安设。因墙体较薄，最薄处才75毫米厚，没有铁栅设立位置，所以铁栅多架立墙面之外，并且很注意铁栅花饰的美观要求。

7. 围墙

由于当地植物生长快速，一般不做围墙，而以绿篱代替成为“生物墙”，绿篱有一人高，约1.7～1.8米。又有在绿篱外设金属网、铁栅栏或矮墙者，效果更为突出和讲究。

常见围墙高度多在2米以下，实墙较少，多数为矮墙基上加混凝土花格或金属网者，工业建筑常用预制钢筋混凝土围墙柱，连以刺铁丝或金属网，如水厂、电厂等处的围墙。

（后记）以上仅为在塞期间调查记录整理，由于是建筑、结构、水电、施工、教育等多专业集体行动，皆是一次性考察，过后不便补救，故疏漏之处在所难免。

三、塞舌尔学校建筑

被誉为“印度洋上的明珠”之称的塞舌尔共和国，位于印度洋西部靠近非洲，由92个花岗岩和珊瑚岛组成，其中以马埃岛为最大。由于它地处赤道附近，属于湿热带地区，具有热带地区气候的基本特点：温度高、湿度大、雨量多、日照长。其年平均最高温度为32℃，最低为21℃，年平均相对湿度为80.7%，年降雨量达2000～2500毫米，全年日照达2500小时。该岛位于南印度洋气旋活动带以外，无暴风雨也无地震影响。

这种温热而湿润的气候，对于丘陵山地的植物生长特别适宜，岛上热带林木葱郁，常年鲜花盛开，周围海水湛蓝，远近岛屿隐现，自然风光绮丽，海洋气候宜人。因之旅游事业较发达，建筑造型亦趋多样化。

塞舌尔的教育事业比较发达，学校的建筑标准较好，体育设施的利用率也较高，设备水平虽属一般，但质量较优，学生学习全属英国教材。政府当局很重视青少年的培养和学校的建设，现将学校建筑的特点分述于后。

1. 总平面布置

鉴于地理和自然条件的影响，在总平面布置中，有它一定的特色。

平面形式上，为符合湿热带气候的特点，不外乎采用集中式或分散式加连廊这两种方式，这样既防日晒雨淋，还可通风。即便是集中式的建筑，亦在适当的地方留出通风口或通风夹道，如女中教学楼即是一例（图 1-3-11、图1-3-12）。

竖向设计上，因多山丘，许多建筑必需上山，以留出较平缓的地段作运动场，如男中校区前后地面高差近30米，校舍即层层高起（图1-3-13）一般是垂直等高线建造，形成跌落或掉层，如男中的小学部平房，每两个教室为一段，随坡而起，阶状错落，平面虽无凸凹，立面却有变化，平淡之中节奏显然。又如中学部教学楼的掉层处理，使建筑与陡坡有机地结合起来。这样可减少土石方量，避免笨重厚实的挡土墙的危害，有利于自然通风、采光和室外排水，并能尽量保留原有的斜坡地貌和自然环境，使总体组合自由活泼，立面造型层次丰富。

现将两所中学作一简要分析。

男中全名为塞舌尔学院（SEYCHELLES COLLEGE），

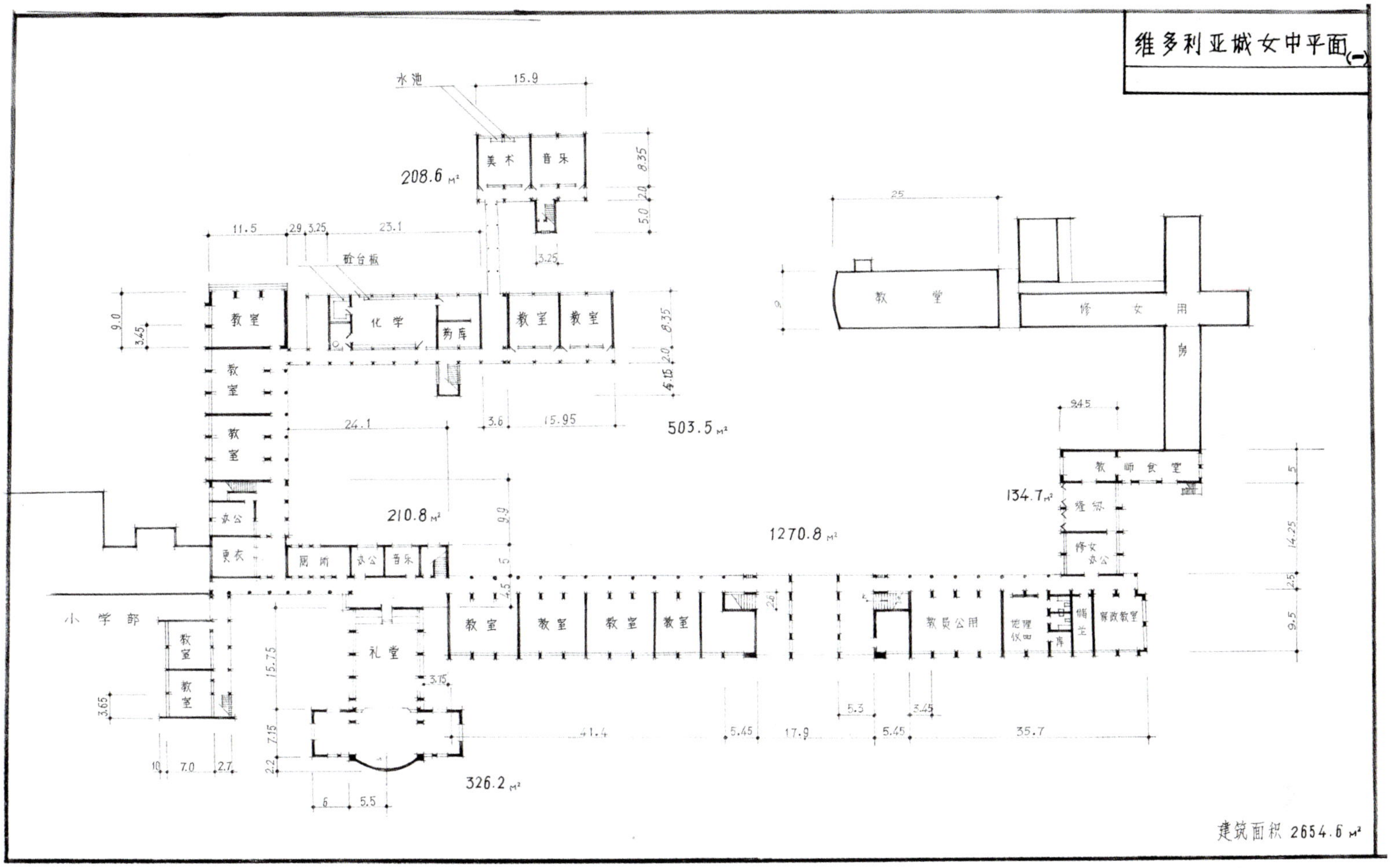

图1-3-11　女中平面图

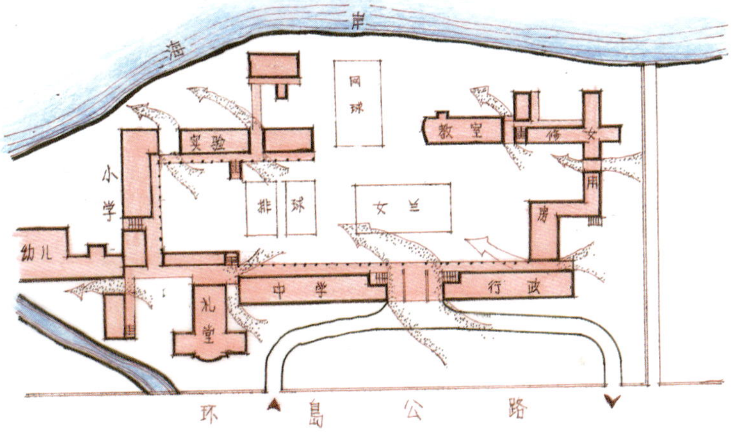

图1-3-12　女中自然通风设置

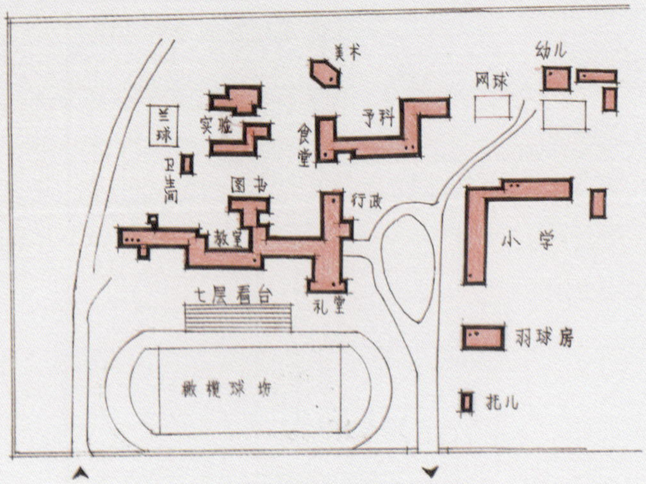

图1-3-13　男中总平面图

图1-3-15　男中教学楼

图1-3-16　男中教室

位于首都维多利亚市南区，环岛公路南侧，占地约6公顷，校内地形起伏，绿化良好。北部为运动区，南部为教学区，又以车道分为两部分，东部为预科和中学，西部为小学和幼儿园（图1-3-14），各成一组。东部的建筑面积为5140平方米，学生550名，每个学生合9.3平方米，高于我国标准。

学校行政管理用房——包括校长室、秘书室、教员公用室、教学用品库（统一供应学习用品）、卫生间等，交通方便，位置适中。门前有回车道和树下停车场，道路直达校门，周围以预科楼、食堂、实验室、图书室、教学楼、运动场、礼堂及小学部环绕部置，彼此联系方便，分区明确，互不干扰，各自形成一个独立的系统，这样既丰富了建筑体型和群体空间，也为分期建设创造了有利的条件。男中学生有木工房、陶瓷训练中心、学习制作室等。（图1-3-15～图1-3-21）。

运动区在校园前部，内外使用方便，减少了外部人员对教学区的干扰。包括有球场、礼堂兼羽毛球场，网球练习房等（图1-3-22）。运动场设400米跑道及标准足球场一个（图2-3-23），可作橄榄球场用（图1-3-24），附有石砌看台，距教学楼约50米，由于场地比教室地势低，教学楼又有外廊和树木隔

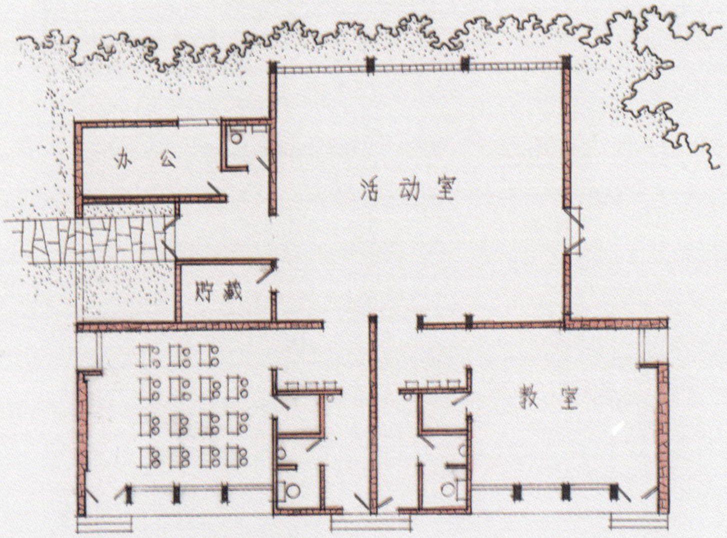

图1-3-14　男中幼儿园

图1-3-17　男中图书馆

图1-3-18　男中教室楼

图1-3-19　男中实验楼

图1-3-20　男中大教室

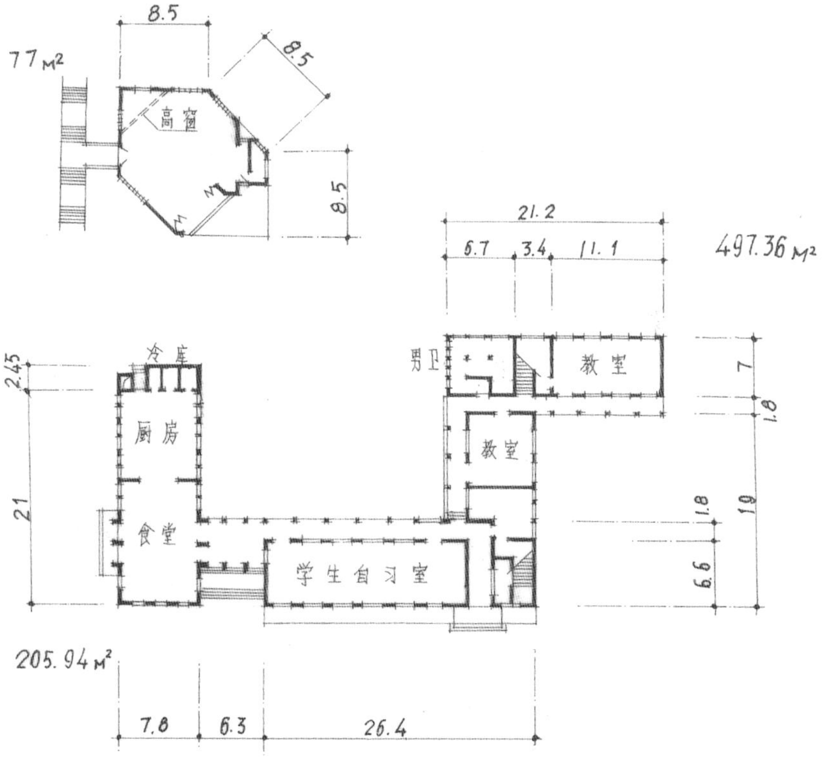

图1-3-21　预科教学楼

图1-3-22　男中网球房

图1-3-23　男中教室球场

图1-3-24　男中橄榄球场

图1-3-25　男中饮水器

离，对教室影响不大，场地面层草皮如毡，终年茵绿，减弱了光热辐射。由于地形限制，场地纵轴方位不是正南北向，而是偏东60°，与常年主导风向的夹角仅30°，故不够理想，好在其处于赤道地区对朝向有所变通。另外篮球场地亦分散。网球练习房楼下附更衣室，楼上有4米宽看台，观众与运动员互不干扰，建筑面积虽仅124平方米，但使用方便，内容与形式统一。此外，在小学与幼儿园之间有小足球场和网球场各一个，并且自成一组。

卫生间包括厕所和洗浴设施，在行政管理、中学部、预科部、小学部、幼儿部皆分别设置，中、小学集中设于室外，又离运动场较远，使用较为不便。幼儿园有其特殊要求，该浴厕设计在室内较为适用。教学楼上设饮水器可直接饮用自来水（图1-3-25）。

女中（CONVENT SCHOOL）是一所教会学校，位于男中之北，隔路相对，占地约2公顷，中学部建筑面积4820平方米（不包括修女用房），学生460人，每学生合10.5平方米。

该校地处环岛公路与海岸之间一狭长地段，校园平坦，主要教学楼平行道路布置，全为二层，组合为一个狭长内院（图1-3-26~图1-3-29），院内有排球场、网球场和英式女子篮球场，分区简单但不够明确，教学与行政互相穿插，体育、音乐与其他用房互有干扰。有二个校门标注车辆进、出口分开，校内为单向行驶道路。塞舌尔政府规定凡学校附近路旁均立有“SCHOOL”的交通标牌，车辆需减速慢行，更不许鸣笛，以减少噪音和确保安全，虽然教学楼距干道仅28米，但影响并不严重。

塞舌尔的学校多数未设围墙和大门，更无传达室值班守卫，下午两、三点钟即放学，校外居民便可进入校内使用运动场地。只有少数学校设置的围墙大门也很简单，或绿篱或钢栏杆，作为校界的标志和装饰，如男中入口建有石砌门礅并刻以校名（图1-3-30），围墙为高钢丝网，其上攀有藤蔓植物，使干道与足球场均较安全。女中有修女居住，一般外人均不入内，校区两侧以河沟为界，沿路设有2.5米高的石砌围墙和铁门，这是一个特殊的例子。女子中学每周有80分钟缝纫课及家政课。

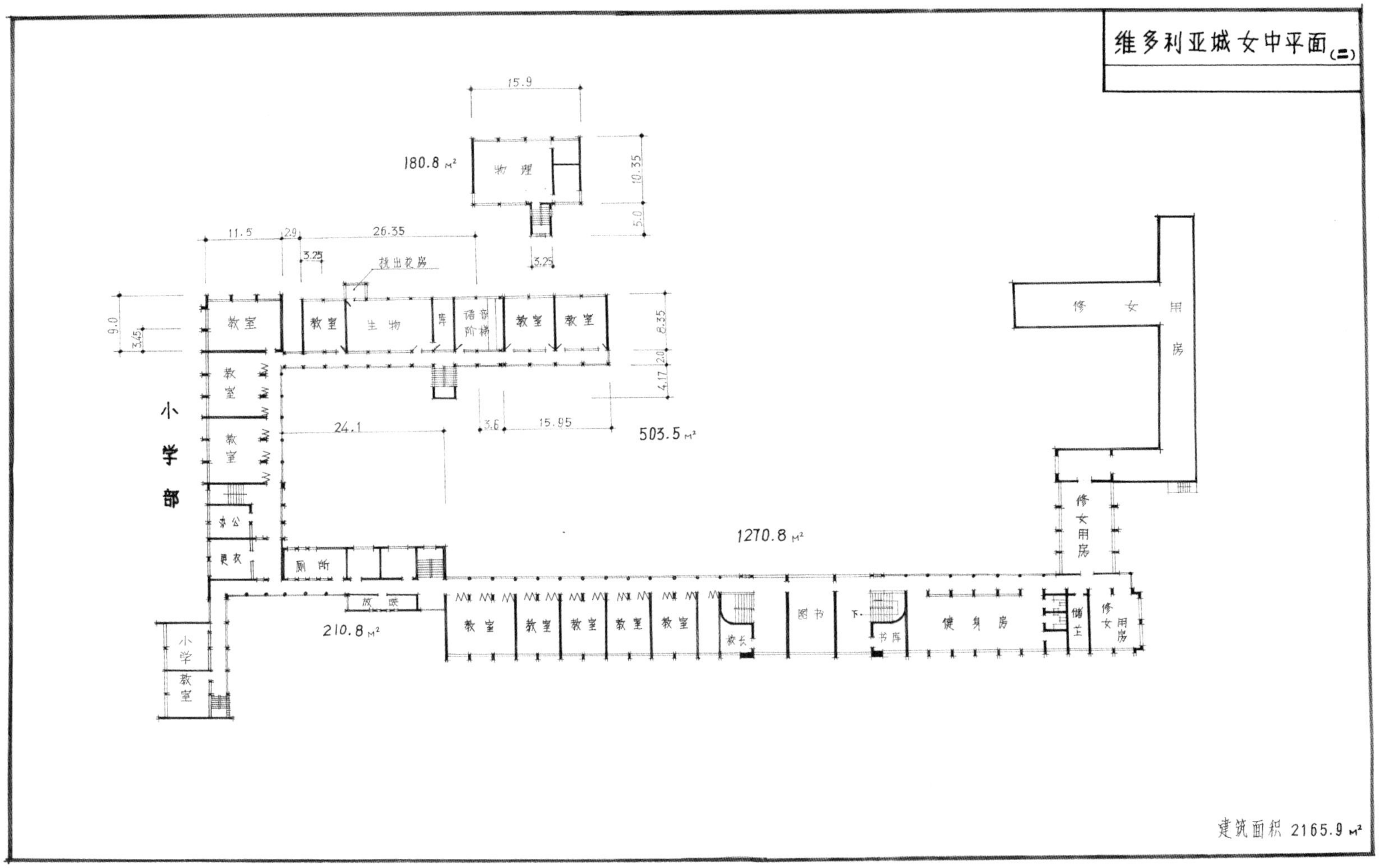

图1-3-26　女中平面图

图1-3-27　女中教学楼

图1-3-28　女中教室

图1-3-29　女中教学楼门厅

图1-3-30　男中校门内景

2. 教学楼设计

塞舌尔的教学楼内容单一，除交通面积外，全为教学用房。教学单元层数不多，以二层、三层为主，层高一般为3～3.2米，由于教室两侧除了柱子以外，均开有大玻璃百叶钢窗，所以能满足通风采光要求。常用以解决通风的几项措施如下：

（1）体形简洁，多为“一”字形或“一”字形加连廊的组合体，以免形成窝风区（图1-3-31）。

（2）多为南北向，以便在解决朝向的前提下，争取与主导风向（南偏东30°）形成大于45°的夹角，以增大迎风面。

（3）在上述两项达不到要求的情况下加大通风面积。如女中教学楼将门厅做成支柱层，教室除了柱子就是折叠式门窗，可成为半开敞式空间，大大减少了气流的遮挡因素。

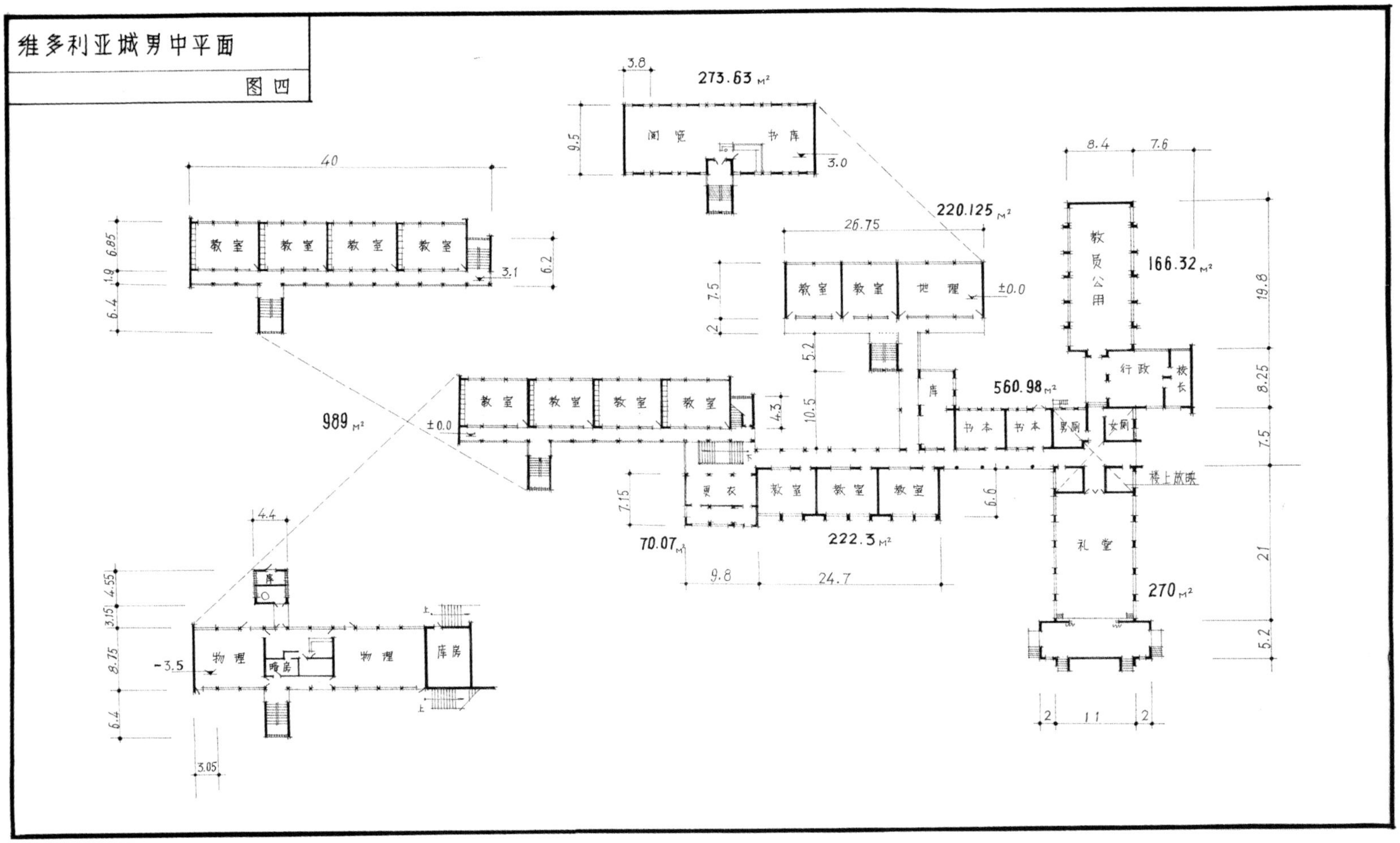

图1-3-31　男中平面图

（4）教室两侧全设百叶窗，上部为固定百叶、下部为活动百叶，走廊内侧窗与外墙窗同样大小，因是百叶窗，开启时并不影响走廊的交通使用。

（5）标准较低的建筑，以混凝土花格窗或稀钉木条窗解决通风采光问题。

由于地处赤道附近，一年中建筑物的东、西、南、北均能晒到太阳，为避免下午烈日照射，建筑物考虑了遮阳和防雨的措施：

（1）外廊宽度一般为2米，除交通功能外，亦起到遮阳防雨作用。

（2）挑檐挑出长度均大于1米，如罗亚莱小学校，檐口净挑达1.7米。以及男中美术教室（图1-3-32）。

（3）将玻璃百叶钢窗片换成铝合金板或木板，或是上部高窗采用木百叶固定窗。

（4）遮阳板与百叶窗组合运用。

（5）设置水平与倾斜的钢筋混凝土遮阳板（图1-3-33、图1-3-34）。

（6）混凝土花格与遮阳板相组合。

教室内部设计：

（1）面积指标：男中教室建筑面积62.7平方米，容30名学生，每个学生合2.09平方米。女中教室分大、小两种，大教室75平方米，五行六排共30名学生，每个学生合2.5平方米，小教室52平方米，五行五排共25名学生，每个学生合2.08平方米。为适应人体长、气候热的特点，课桌为单排布置，显然占用面积偏大。

（2）面积虽大，但是层高较低，环境安静噪声小，所以细小的声音后排仍能听清，开敞的外廊形不成反射声，因而各教室之间的声音干扰亦较小。

（3）室内前墙多为水泥黑板，眩光严重，靠黑板处的大玻璃窗均未进行遮光处理。有些改用磨砂玻璃黑板，眩光有所改进但仍有反光团。男中实验室改用塑料橡皮布卷拉黑板，分单幅或双幅并排，使用效果好。男中教室的黑板两侧墙面，粘12毫米

图1-3-32　男中美术教室

图1-3-33　教师进修学校

图1-3-34　男中教室遮阳板

厚纤维板，涂白色，供挂图用，后墙亦为通长纤维板，以钉图片及作业，下设木质更衣柜，每个学生一格。

男中教室内墙面为水泥砂浆搓平，上作油漆淡彩，相邻教室色彩各异，很适合青少年的心理状态。天棚多为白色，也有用银灰色水泥砂浆喷毛面的，色调柔和。木门油漆颜色种类亦同墙面一样，多用明快色调，如柠檬黄、橘红、肉色、粉绿、米黄等，它们虽然减弱了壁面的明度，但由于日照强烈，窗子采光面积大，室内亮度仍高，惟有红色的壁面对眼睛卫生不利，只是当地人的喜好而已。地面多为水泥砂浆粉光，近几年常用各色塑料板块材贴铺，效果较好。

教学楼楼梯位置多设在单面走廊的对面，如港口小学（图1-3-35）和某初级中学以及男中图书馆、女中实验楼等。这种安排既可减短建筑物长度，又不致因插入楼梯而把框架结构搞复杂了，同时施工亦方便。建筑造型上由于楼梯间用花格、石墙、抹灰面的不同处理而丰富，成为建筑物立面装修的重点，突出了交通功能，使上楼的人们一目了然。另外，利用地形斜坡建阶梯教室，使人一看就清楚，如男中阶梯教室（图1-3-36）。

绝大多数学校建筑均不设置门厅，如男中的行政用房以十字形的走道形成了“门厅”。预科教学楼只是一条走道。女中礼堂处的“门厅”仅将走廊稍加扩大，而教学楼中段的开敞式门厅是一特殊例子，此为架空支柱层，面积达215平方米，两旁各设楼梯，上下联系前后贯通，穿堂风大，课余时许多学生聚此休息，中间两排列柱下有矮台连接，可作为坐凳，集交通、休息、通风诸功能于一“门厅”，设计全为开敞式，符合当地气候特点，有利于前后院的通风。

塞舌尔的学校建筑，结合了当地自然条件和人民生活习惯，采用了多种多样的技术措施，而形成了朴实大方、色彩悦目的外观。然而，在多数的建筑群中，由于不断扩建的原因，自20世纪30年代至70年代，造成了不同风格的建筑物生硬而牵强地组合在一起，群体造型颇感零乱，从建筑的角度看是不够完整的，但在扩建时能较充分考虑到相互间的功能关系和地形的恰当利用，还是颇具匠心仍有可借鉴之处。

建筑设计规范：全部根据英国有关文件，考虑热带气候而制定。

图1-3-35　港口小学外景

图1-3-36　男中阶梯教室

四、关于援建安塞·罗亚莱高级中学工程大事记

1977年10月10日

塞教育文化部常秘送清单至我国大使馆。

内容：1. 项目：高级中学。

2. 目的：提供一所能容纳600名14～18岁的男女学生（3～5年级）。

3. 位置：安塞·罗亚莱（社会中心附近）。

4. 教学设备细目。

1978年3月12日～4月13日

中国经济技术考察组考察：

认为塞舌尔教育事业较发达，儿童入学率达97%左右。而学校集中于首都维多利亚。塞政府提出在南马埃新建一所高中，是有必要的，并建议中方同意援建上述高中，规模为600人，建筑面积为5000～6000平方米。总投资为人民币400万元。

1978年5月2日

塞舌尔总统弗朗斯·阿尔贝·勒内（France Albert Rene）在北京同李先念签订协定，确定本次援建项目。

1978年7月3日

我院收到贵州省建委《关于承担塞舌尔高级中学的土建设计和施工任务的通知》“设计任务由省建筑设计院负责承担”。

1978年7月10日～26日

在北京、上海两地对一些中学和有关单位进行了参观考察及座谈，并听取了之前综合考察组成员的情况介绍，对设计原则交待了意图。即考察了塞方提出的要求和国情，参照北京26中的校舍和教学设备标准提出了具体意见。

规模：面积同前。

投资：土建400万元，设备100万元。

设计项目：

1. 普通教室按三个年级，每年级5个班设置，共15个。

2. 专用教室：共6个。

3. 专业教室：共5个。

4. 其他细目。

意图：既满足国内要求，又满足其总统意图，标准比当地的适当高一些或不低于当地水平。面积上不能按我国国内定额，应适当放宽。

1978年9月12日

在北京教育部送审方案图，并进行修改。

1978年9月26日

出国去塞舌尔考察，规模改为每年级7个班，共630人。实验室、小球场改为2个。

1978年12月底

回国汇报，认为方案中教学面积偏小，可增加至6500平方米。

1979年元月

整合考察报告。

1979年2月9日～12日

在北京召开援建塞舌尔中学工作会议。援建塞舌尔中学工作

会议纪要（草稿）（1979年）教外字099号。

鉴于塞舌尔生活水平较高，又是一个国际性游览区，会议认为学校的设计标准不应低于当地学校的一般标准，必要时在有些方面，还应比当地学校的一般标准高一些，要精心设计、精心施工，在适用、经济、美观的原则下，必须确保工程质量，做到稳妥可靠，不留隐患。又鉴于塞舌尔的某些物质费用较高，工资较高及塞舌尔人口较少，为减轻塞方负担及我国外汇支出，认为：在援建工作中应尽量减少当地费用的支出，凡是能由我国供应的物资，尽量由我国运去，所以设计立足于国内材料及施工水平上。

会议进一步确认：规模为一所3个年级各7个班，每班30人共630名学生的学校，并附有相应的实验室、专业教室、行政办公室、多功能礼堂、餐厅、健身房、室外运动场等设施。建筑面积增至6720平方米，其中普通教室和实验室的面积标准，每间应分别不低于60平方米和100平方米。

会议讨论了一些具体问题：

（1）教学楼

①普通教室21个；

②专用教室9个，物理、化学、生物、工艺各2个，美术1个；

③专业教室 5个：家政 2个，商业、秘书、农业各1个；

④阶梯教室1个；

⑤图书室1个；

⑥行政办公10个；

⑦附属用房6个；

（2）其他

①礼堂：观众厅（630座）挑台兼放映室、化妆室、卫生间。

②音乐教室、乐器库；

③食堂：餐厅（容纳200人）、酒吧、厨房、库房；

④健身房：运动室、办公室、器材库、男女浴厕；

⑤室外运动场：标准足球场（带400米跑道）1个；标准篮球场1个；英式女子篮球场 1个；排球、网球场 各2个；

⑥其他：停车场（可放35辆小汽车）道路、旗杆、灯杆。

1979年3月6日

中塞双方在塞签订了《关于建设安塞·罗亚莱高级中学的会议纪要》。

塞方最多负担150万元。

以备存塞之设计方案，作为中方进行设计施工的依据，塞方同意按此设计的文件不再送审，但双方同意在设计和施工中可进行一些小的局部的合理调整。

1979年3月～6月中～7月中旬完成图纸，导致时间长的因素：

1. 由方案到直接施工图，易返工。
2. 工作量大，不能用标准图。
3. 在国内来看还是比较快的。

4. 原订8月初出图即可满足当年9月份订货。

1979年9月5日上午

1. 在上海召开协调会，会议内容如下：认真学习和领会周恩来总理提出的八项原则，以及中央领导同志有关援外工作的重要指示。

2. 工程质量要高，要高标准严要求，任何环节都要建立在科学的基础上，要经得起实践的检验。

3. 审查确定设计、施工的问题。

1979年9月5日下午

介绍设计内容及问题。

1979年9月6日上午

介绍设计概算问题。

施工单位介绍施工中可能出现的问题。

上海市设计室指出：

①塞方定点不当，现场属沼泽地区，室内外高差需加高以防潮（一般都希望建筑上山），在此地质情况，不宜用柱基，建议采用条形基础。在塞方提供不出地质资料情况下，更应慎重。

②建筑物应尽量对着主导风向，要求能随时达到最好最大的交叉自然通风。食堂、校长办公室应设窗式空调器。厨房应有小型冷藏库。

③根据当地气象条件：小雨大雨皆有，持续时间在10分钟到3～4小时。故建筑物间应加连廊，并能防避大雨或强风下的平射暴雨。为此朝向以南北向最好。尽量采用百叶窗，要防止眩光。木地板要架空，下部通风防潮好，要便于检修。

该学校为一所“高级中学”，实际上也是出国留学预备部（因塞舌尔无大学），不但要培养高级院士人才的后备军，也要培养一般技术人才，把学术性的和职业性的作用综合在建筑设计中。

由于是第一个援外工程，院里很重视，抽调了各科室的相应人员参加，进行了集体创作，并迅速按时地交出了高质量的设计图纸。如一室的张迪生、马骑原、伍培根、张则敬、吴正中，二室的童印佩、陆文君、杨运森、孙桂芬、黄荣昌、许贵如，三室的徐祥光、杨近溪，四室的李多扶、刘明高、舒祖荣、吕文龙、周涛、黄秋珍、魏奇、蒋绍勃、周长寿、唐世渊、钟应书、金春生、熊远志、姚天碧、罗信书、戎积裕，标准办公室的乔富、张荣恩、傅祖荫、黄昌棕、孔念慈，技术室的陈敦法等先后有35人参加。其他还有后勤行政人员，可谓是全院的大动员。画了建筑、结构、水电等工种的施工图纸（折合2#图）共274张，如期地完成了任务。

贵阳大觉精舍翻修设计纪实
贵阳文昌阁
贵阳黔明寺观音阁
玉屏钟鼓楼

意匠

匠意

贵阳大觉精舍翻修设计纪实

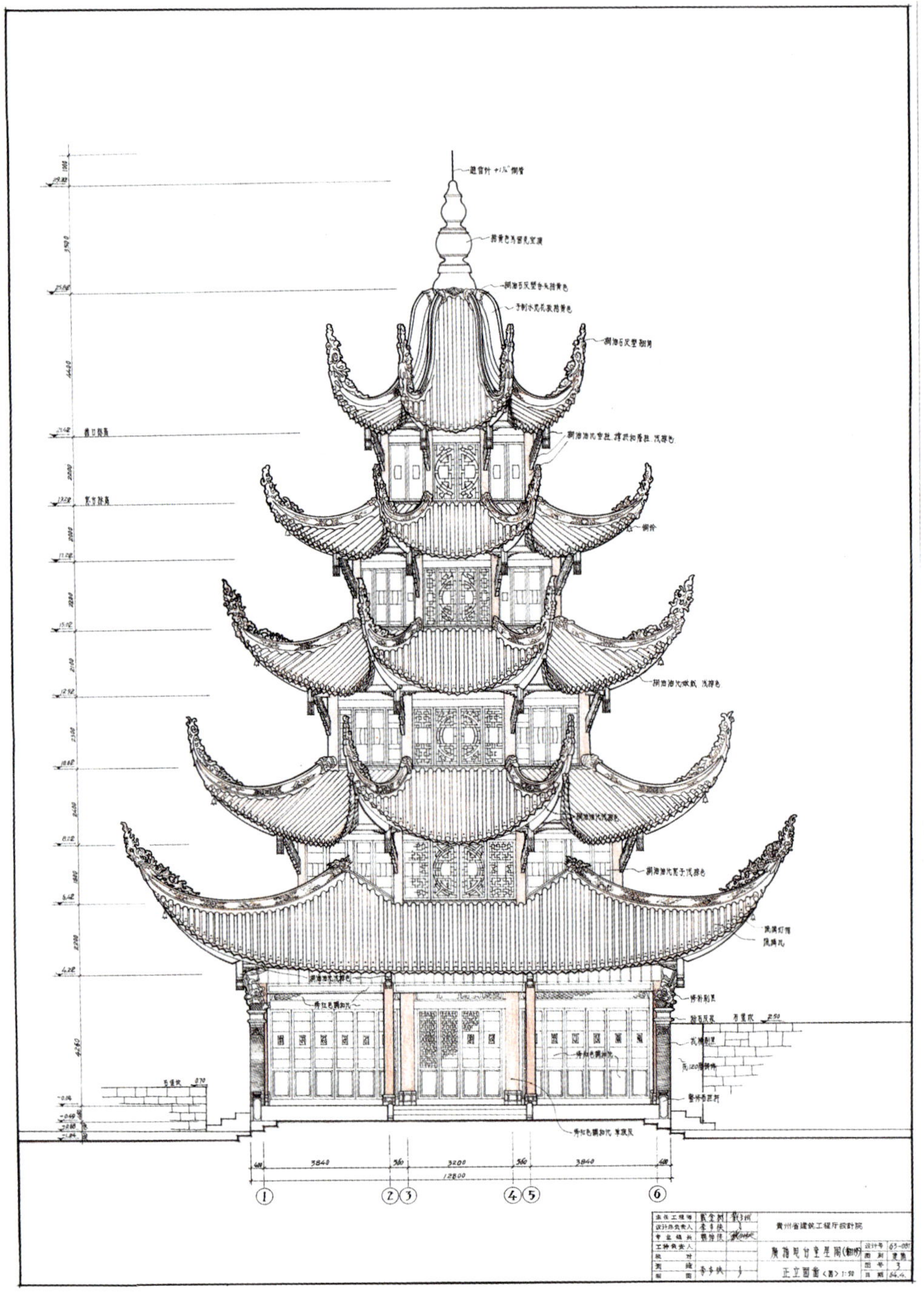

图2-1-1　大觉精舍正立面图

贵阳的庙宇与城墙，有三种组合方式：如文昌阁是建在东门月城上的；黔明寺是贴建在城墙外侧的；而大觉精舍是贴建在城墙的内侧，它们各有各的环境状态。后者位于一高阜之上，其东城墙外与大院前面均为下坡地段，该阁楼五层高耸于贵阳城东的老民居之上，城内城外皆相当瞩目，并有很好的视线走廊，与螺蛳山扶风寺和东山寺可隔田园相望，登楼尽赏城外田野山林和城内鳞次栉比的大片木板瓦房，景观收放对比强烈。北望相宝山的卧虎立狮相当清晰生动，朝南顺城墙近瞰文昌阁，远望甲秀楼，西望黔明寺的大悲阁，使得贵阳城的几个寺庙阁楼皆能对视互应，颇有鹤立鸡群的意境。这是20世纪60年代初的情况，如今时过境迁，什么视线走廊在规划中概不考虑，到处高楼林立展现着新时代文化的成就，昔日风貌一去不复返了。

大觉精舍坐东朝西，大觉大悟（图2-1-1、图2-1-2），始建于民国13年（1924年），为近现代贵阳实业家华之鸿的私家禅院，即华茅的家庙，俗称“华

图2-1-2　大觉精舍立面渲染图

家阁楼”，供其老母烧香拜佛之用。新中国成立后收归国有，该大院建筑群交于省广播电台使用，阁楼改称“魁星阁”。在1963年翻修时的工程设计号是63-081，名称是“广播电台魁星阁（翻修）”（当时尚无市电台）。

该阁楼为梓木结构和装修，乃一座底方（12米×12米），上部四层八角塔式阁楼。其中第二层八角平面面阔7720毫米，形成了每面3150～3200毫米的开间，其上逐层内收，荷载传下落到二根跨度7720毫米的Φ280毫米、Φ300毫米叠合木梁上承担（图2-1-3～图2-1-6）。随着年代经久，到1963年夏初此梁出现了裂纹。当时省委副书记吴实分管该部门，找了省建筑工程厅，厅长又督促勘察设计院，由我接收设计加固翻修任务。即与结构工程师孙克修去现场查看，决定“立钢筋混凝土柱托木梁”的保守方案，以求万无一失。

那时的施工、设计程序都很简单，工作效率也高，省财政厅也按需拨款，各工种各部门也较易调遣。施工单位迅即把满堂红的外脚手架搭起，提供了测绘、研究、复制的良好条件。

院里安排黄年松负责结构设计，在1963年6月他就把阁楼的荷载和基础的计算书做出来了，我也在6月下旬设计出了“琉璃瓦详图”，以出图抓紧时间烧制。院里安排雕塑师刘复莘负责花饰的设计和制作，组织省美术工艺厂等，在年底就开始复制36个角脊的双面花饰了。又安排常学余负责避雷设计，1964年1月出图，先期施工避雷工程，以免搞成引雷的灾难。院地质队白孝先负责地质勘探，在1964年5月初出了勘测报告，6月初结构加固设计出图动工：即底层室内增加了四根Φ300毫米的钢筋混凝土柱，冲直二层木柱，柱基埋深2米，柱顶用20毫米厚半圆槽形钢托托梁，施工时以“千斤顶”顶起原木梁，加30毫米厚钢楔打入钢托底面下即是。

院里又安排我去现场设计，作为驻工地代表随时解决施工中出现的问题，建筑图即随施工进度边测绘、边设计、边出图施工。

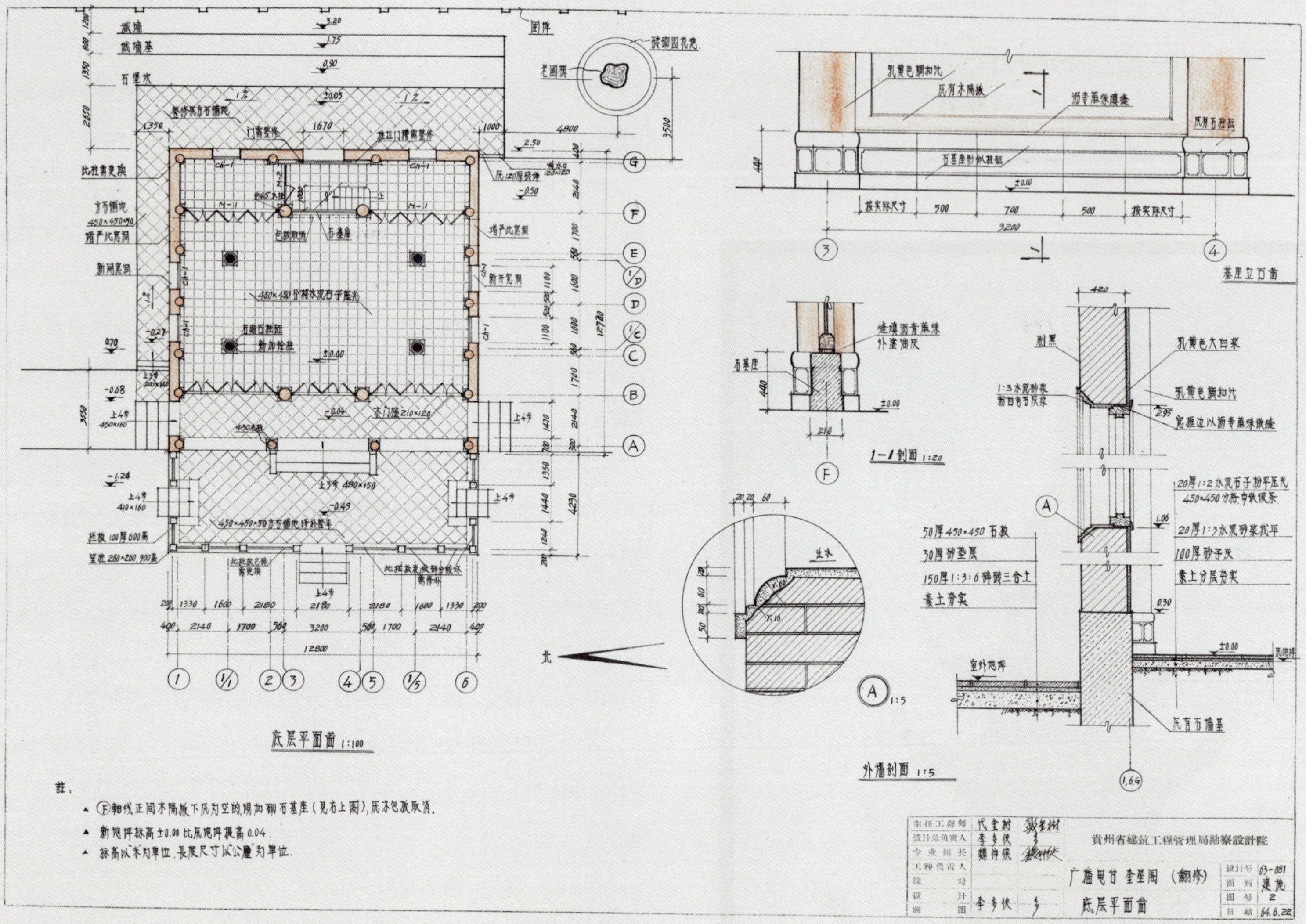

图2-1-3 大觉精舍底层平面图

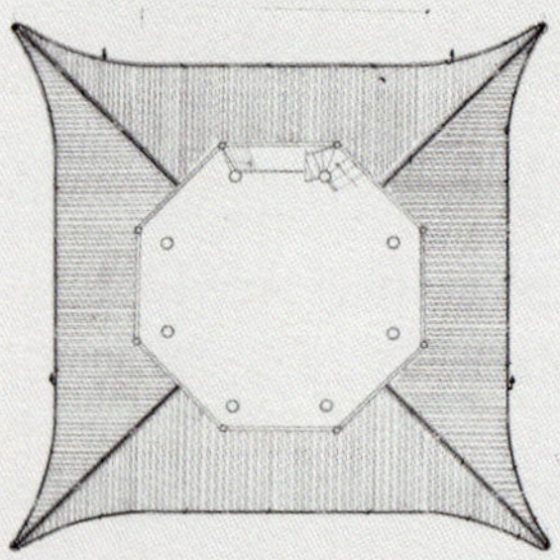

图2-1-4 大觉精舍二层平面图

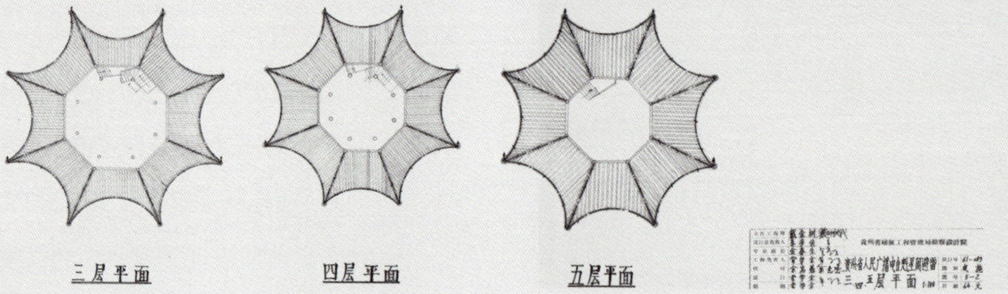

图2-1-5 大觉精舍三、四、五层平面图

图2-1-6 大觉精舍五层屋面俯视图

为减轻原屋面装修的荷载，作了两项大的变更：

1. 宝顶3500毫米高，原为砖瓦砌筑造型，桐油灰抹面，久未维护业已斑剥掉皮不少，现将其轮廓测绘好，改由1.5毫米厚铜板分段制作，银焊搭接成形（图2-1-7、图2-1-8）。当时铜、银均为战备材料，省委出面解决了，原有铸铜覆盆取下交由省博物馆收藏。宝顶表面铜板上刷生漆贴金箔（当时也是计划内产品），用的是南京金箔厂的大赤金，效果及耐久性都比较好。宝顶中间的雷公柱系八角形的柏木柱，其油性、弹性都较好。其上加设了Φ50毫米铜棒避雷针1500毫米长，尖端包银，伸出1000毫米长，下接四个方向的角钢（75毫米×75毫米×8毫米）支架，隔段由60毫米×8毫米的扁钢箍焊牢并联，固定到顶层角脊的木梁上，以将雷电分散到四边的角钢与避雷引下线上，这样就大大减轻了宝顶的重量，同时也作了避雷保护。

2. 原屋面为青筒、板瓦、吸水率高，且搭接过多，现改为特制的琉璃大瓦，参照陶板瓦的勾搭方式，并改进成翻边的造型设计，由于当时尚无此种改良大瓦，省委又安排贵定陶瓷厂做钢模具，按我提供的设计图纸和曲阜孔庙的黄瓦块样品，由我院乐群工程师参加厂里的多次试制，釉料终于烧制成功。瓦的勾头、滴水是荷花图案，又由我院雕塑师刘复莘设计并亲自到厂里制作样模的。这种大瓦因尺寸大、用量少，搭接小且翻边，大大减少了缝隙漏水的可能性，并减轻了重量（图2-1-9～图2-1-12）。

实践证明，这种瓦已使用四十七年几近半个世纪了，瓦釉面良好无酥碱起壳现象，屋面防水仍好，今在修复施工中倘无翻盖的需要，仍可继续保持使用。当时由于文物保护意识没有建立，且觉得贵阳城还无黄琉璃瓦的屋顶，故将瓦色定为黄色，希望后人再大修时能够改回原有青色就好了，以符合贵州的历史演变和地方建筑风貌。可惜该陶瓷厂和钢瓦模皆不存在了。

改进部分：

1. 按民用建筑一级防雷等级建造，由我院电气人员常学余进行设计，在阁楼上增加了避雷针、网及接地极，将顶部避雷针和每个翘角花饰内暗敷的Φ16毫米镀锌圆钢相接，在每层窗外沿明装成环网连线，再由四角引下暗敷于木柱内，底层暗敷于砖墙立槽中，直接通至接地极，接地极为Φ50毫米的厚钢管3米长，打入地中，钢管@4400～4500毫米，距墙基外2500毫

图2-1-7　贵阳大觉精舍正面（单斌　摄）

图2-1-8　贵阳大觉精舍立面局部（单斌　摄）

图2-1-9　贵阳大觉精舍角檐局部（单斌　摄）

图2-1-10　贵阳大觉精舍一层前角檐（单斌　摄）

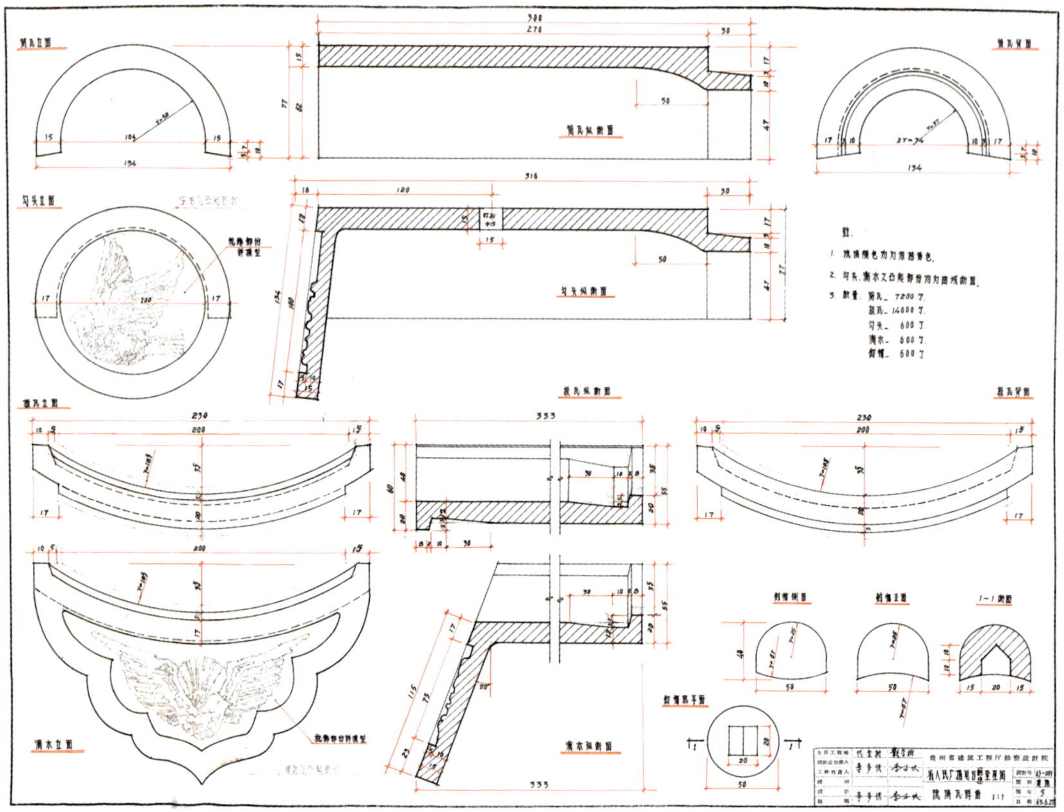

图2-1-11　琉璃瓦详图

米，管顶距地面800毫米深，管间由50毫米×5毫米扁钢水平网连，接地电阻小于5欧姆（干燥时）。为防止架空电源线侵入过电压波的危害，而采用了电缆线埋地引入室内。

2. 脊花：原为桐油灰在砖脊上现场塑制，早已残缺不全，为了复制时不失原样，特由刘复莘带领工艺厂的人员现场用石膏翻模，并进行修补，再在地上预制花板，用1：1白水泥白石砂，内加8号镀锌铁丝网浇制成形，脊的两面用预制花板立好后，中间40毫米宽处绑扎钢筋，固定于Φ12毫米旺脊钉上，现浇1：1：2水泥石灰砂浆粘贴，脊根部木柱处的吞头为砖瓦砌筑，外以桐油纸筋灰塑面层，形式按石膏模子制作，以求不失原状。翘角花饰是用三夹板在原花饰旁描出原状作模板，依照相片来修补，内设扁钢和螺纹钢作主筋固定于扁担木和嫩戗上，之后在扁钢上绑扎8号镀锌铁丝网成形，依模板在网内外贴砌碎瓦片以桐油灰粘贴，又以桐油糯米纸筋灰浆塑面层，表面刷地板黄颜料胶浆橘黄色。

3. 屋面防水设计，当年仅有油毡防水，并无现在的多种干铺的防水材料可选用，在向屋面板上浇沥青时，是在脚手架下加热沥青，手工提升至屋面，由工人（带脚防护片和手套）迅速浇铺，施工难度可想而知，由于加了沥青玛蹄脂，为防灰浆下滑，除钉挡灰木条外，随屋面板坡度的变化，用拐子钉勾牢板瓦，在筒瓦中加了12号刺铁丝和饱满的砂浆，用12毫米方铁钉（烘炉打制）隔段钉牢筒瓦，多种措施防灰、瓦下滑。

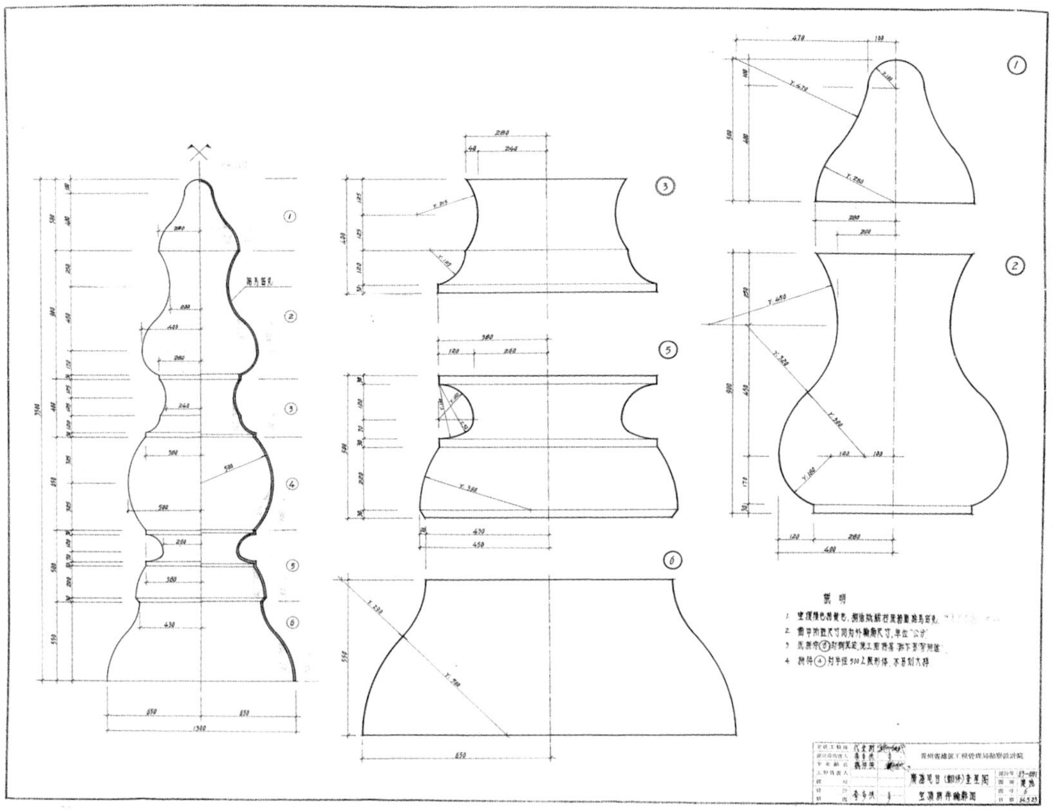

图2-1-12　宝顶物件轮廓图

4. 阁楼建好后将作为电台资料图书室，底层作为会议室，为保证通风采光的要求，特在后墙和两侧砖墙（420毫米厚实砌）上每面开二个窗洞，参照原有门窗花棂的风格形式设计施工，同时堵砌两侧墙上靠后端的原有窗洞口，由于使用要求，将楼梯间两侧次间用简化了的格扇门分隔，这样就隔出了一小间服务室以便于管理。所有门窗都增加了玻璃的安设，以满足使用要求。

5. 木作部分油饰：底层柱子为单披灰调和漆、绛红色，花格门窗为调和漆绛红色，其他木作均为光油栗壳浅棕色，外墙刷炭黑胶浆，白色花饰线脚按原样，均为梓木制作。

6. 为保工程质量，省委特请北京故宫修建队的各工种共十位工匠师傅，前来操作指导，皆严格依照古建修复的要求进行施工，的确是保持了原材料，原形式和原传统做法。工作中精益求精，严格细致，一丝不苟的作风给贵阳各界人士树立了良好的学习榜样，更留下了一座高质量的古建筑。

正由于是政治任务，所以各工种人员对设计、施工都很认真仔细，那时还不兴什么搞假、偷工减料之事。因为是电台，“文革”中从而也得到了保护，没遭到造反派的破四旧，只是遭到日后的某单位乱搭乱建，把大觉精舍的环境给搞乱套了。若不是电台的保护，该阁楼在“文革”中也像文昌阁、黔明寺一样成了街道工厂的车间了。

呜呼！幸哉！但愿把大院里的外单位迁走，还大觉精舍原有的完整独立的环境为善，以利于对文物的保护和老百姓的使用。

贵阳文昌阁

在贵阳老城东门的月城上，耸立着一座三层底方上九角攒尖顶的阁楼，城外隔田野与东山栖霞寺及螺蛳山扶风寺遥遥相望，顺城墙北观大觉精舍，南望甲秀楼相互应，城内皆是鳞次栉比的低矮木板房舍。月城与阁楼紧密结合，构成了东门城内外环境的突出地标建筑物。

该阁楼坐东向西，属东青龙之方位。系一座道教建筑，底层供奉武安王；二层祀文昌帝君，三层祀魁星（图2-2-3～图2-2-7）。乃文人雅士常来祭祀祝祷之地。阁前有露台。两侧各配四间重檐庑房（图2-2-1），面对倒座，倒座外依马头高院墙，成为内城墙“昭文门”、楼的照壁，照壁两端辟有“文经”、“武纬”两个1.2米宽的院门进出。入内即是它们所围合的四合院，南北宽17米，东西深11米，白石平台则占有院深的4.4米。城门处地面原有石板铺地，1981年将其修成了混凝土路面，标高则提高了0.5米，致使城门洞显矮不成比例（图2-2-2），院前入口台阶亦埋没了数步。

文昌阁的石城墙建于明洪武五年（1372年），阁楼始建于明万历二十四年（1596年），清康熙八年（1669年）重修，并改

图2-2-1　贵阳文昌阁厢房

图2-2-2　文昌阁瓮城门

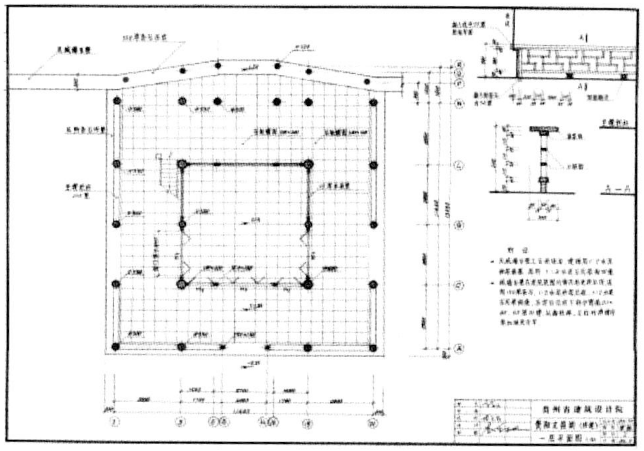

图2-2-3　文昌阁一层平面图

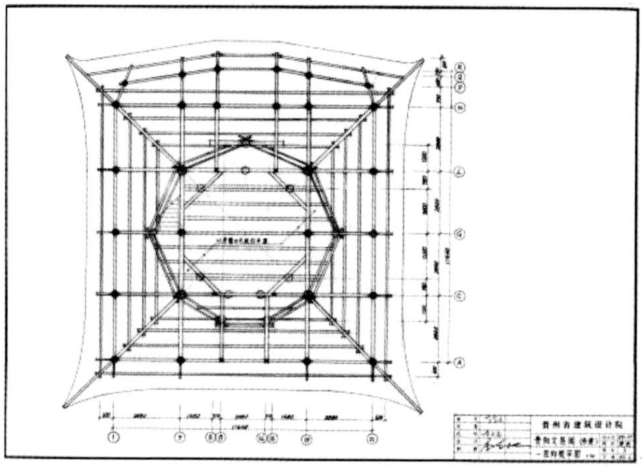

图2-2-4　文昌阁一层仰视平面图

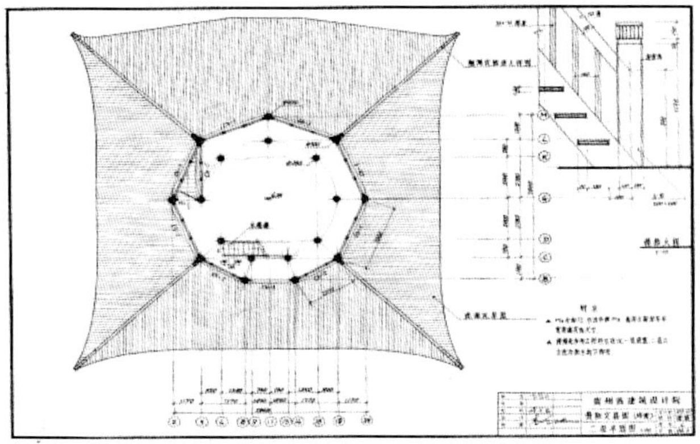

图2-2-5　文昌阁二层平面图

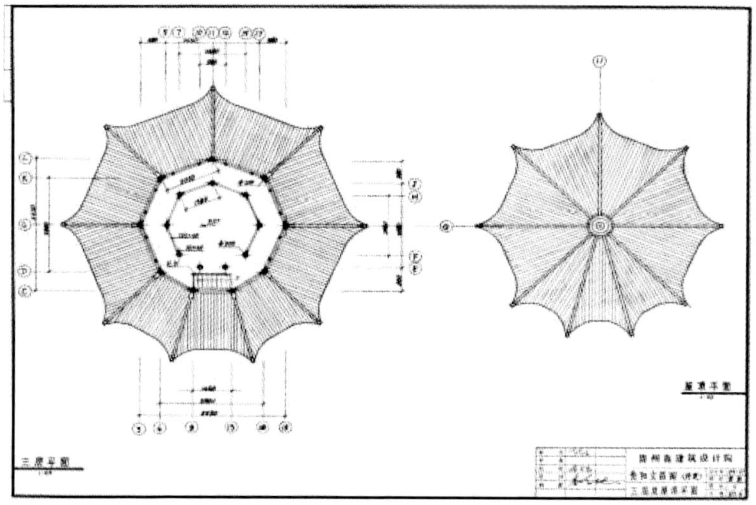

图2-2-6　文昌阁三层及屋顶平面

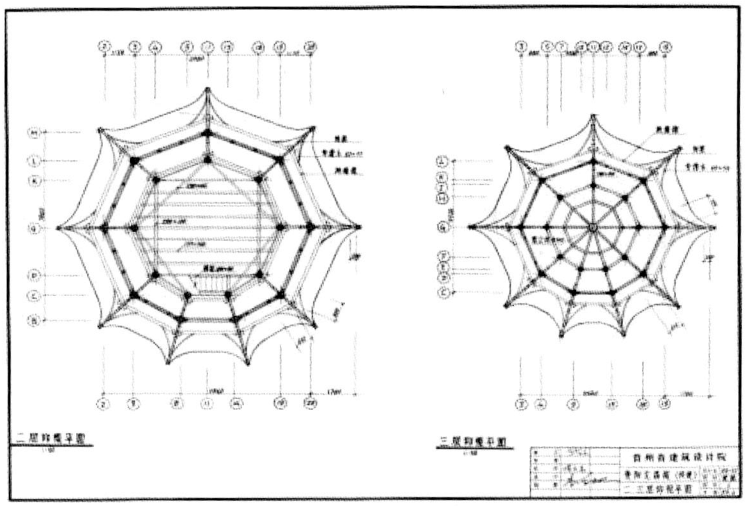

图2-2-7　文昌阁二、三层仰视平面

"昭文门"为"武胜门"，至康熙二十七年（1688年）遭雷雹灾害维修，直到康熙三十一年（1692年）方维修完毕，尔后在雍正年间和乾隆九年（1744年）亦有维修，直到嘉庆五年（1800年）维修时才增添了南北庑房，始而形成一个完整的四合院，嘉庆二十三年（1818年）秋，贵阳发生地震，"使阁鼎挫斜，墙垣倾圮"又维修，此后道光元年（1821年）和二十二年（1842年）亦有修复。

1950年代，曾一度作为文昌小学校舍。"文革"中大破四旧，神像、壁画均被毁坏，因无人管理而成为市民的大杂院和街道工厂，阁楼底层作铁工厂，有烘炉在内，致使一些柱子被烧烤焦糊劈裂严重，上层住人，檐塌屋漏成为危房，南庑则弹棉花、住人。北庑更被拆除，改建成二层红砖平顶的楼房住人。院内更搭满许多棚屋。

1983年市政府委托贵州省建筑设计院进行修建设计，由我和陆文君、杨莉等人参加，当时根据实际情况作了如下修改：

1. 局部梁柱更换或进行包镶，或根据劈裂程度用环氧树脂嵌贴木片或调制木屑加固，按照文物保护原则，尽量使用明清原材，不落架以保持原工艺及形式尺寸，使其保存更多的明清建筑信息，如结构构造布置和翘角装饰未变。

2. 原二层到三层的楼梯是在东面的金柱、檐柱之间，致使楼梯间在三层突出于檐柱之外的屋面上，影响了东立面的造型。修建时楼梯改在西面二层的金柱之内，即三层檐柱以内，可不影响结构梁架体系和交通使用要求。

3. 原铜宝顶已于1976年秋被雷击落，宝顶内藏有康熙二十七年（1688年）历书等物，据宝顶铭文和历书可知现存文昌阁的大木构架是立于康熙二十七年（1688年），竣工于康熙三十一年（1692年）。当时交存于省博物馆收藏（现展览于阁内二楼上），修建时依原物测绘，用1.5毫米厚铜板复制贴金箔。并增加了避雷设施：如Φ50毫米铜棒避雷针，扁钢架固定于Φ300毫米的雷公柱上，分四角（东北、西北、东南、西南）顺柱作引下线，与各角脊的避雷针、线联网，通至周围接地极，以加强防雷的保护。

4. 增加了屋面防水层。原为小青瓦望板的露明造，多年失修漏水严重，住户临时用油毡遮挡。修建时改为木望板，以增强屋面的整体性，并加铺一布二油防水层，取消原陶土青筒瓦和小青瓦，改为青黑色琉璃瓦来加强其防水性和减少瓦面的吸水率，以减轻屋面构件总的重量，确保其原结构的承载力，同时色彩又不变更。

5. 原一层两侧墙为空斗砖、土坯夹砌、方整石勒脚，已鼓胀开裂，酥碱风化严重，并毁坏了檐下蒲鞋头和桃檐枋，减少了桃檐的外观长度，造型笨拙。修建时取消了两侧墙，使四面透空，原佛台背后之扇面墙系乱石砌筑，亦取消而改为木板壁。侧墙拆除后在檐柱间设坐凳栏杆，以供游人休息，室内可作为品茶，展览之用。原立于底层侧墙内的石碑，移出到两庑东山墙处新建的偏厦碑廊中。

6. 室内底层原地面为三合土。由于烘炉打铁及多年未维修，致使地面高低不平，修建时改为50毫米厚的方石板铺地。二、三层楼面原为35毫米厚的企口条木楼板，已磨损毁坏，需全部更新。原二、三层柱子上部内外夹堂板系竹笆墙40毫米厚，未拆毁者虽历百年仍很坚实，修建时则按原样补齐，在编竹墙内外用桐油石灰糯米浆双面粉抹，呈白色，保持了贵州建筑的一种特有风格——木骨架嵌白粉墙（图2-2-8）。

7. 原一层楼梯位置不变，但其木作已朽，不敷使用，故各构件均作了重制。原门窗已毁，式样不详，只得依残迹另行设计，材料均用梓木作棂格门窗。一、二层檐下原有横匾恢复，一层正面柱上挂楹联一对："浓翠万重当槛出、清光一片抱城

图2-2-8　文昌阁（内隔断保留原竹笆墙）

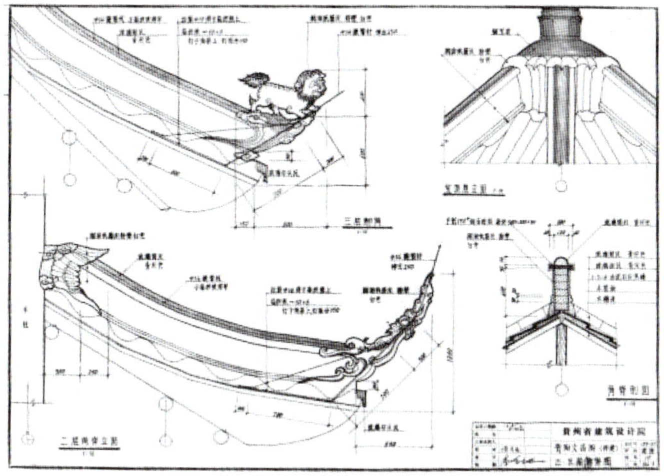

图2-2-9　文昌阁二、三层角脊图

图2-2-10　文昌阁二层抱脊吞头

来”——清·张光杰撰。点出了当时阁楼的位置环境之诗情画意。

8. 拆除“文革”中建的二层红砖房，按南庑的样式恢复原有的北庑。南北庑的西山墙恢复五山马头墙，与倒座的照壁墙廊、院门直线联成一体，成为南北40米宽的正立面。院内西边倒座前设一水池，既有睡莲鱼景，又可兼作消防水池的功能。

9. 色彩：原状由于多年失修而面目全非，仅露木材本色的旧样。修建中仍保持当地常用的青瓦、白脊、猪肝色地板漆，各层柱子为黑色退光漆，其余外露部分的木构件均作栗壳色光油。整个建筑的色调保持了平和、古朴、素雅的风格，泥塑仍保留着贵州的白色。

10. 泥塑部分：各层挑檐翘角与脊饰，均为传统的桐油灰绑扎瓦片塑形，桐油石灰糯米浆加纸筋灰粉面，原有花饰已残缺不全，只好把各角原状拍照、测量、综合完整。一层翘角高1.5米，长1.6米，为卷草龙头纹饰，共四角；二层翘角高1.2米，长1.15米，则为简化的卷草龙头纹，共九角；三层翘角尚保留了一个较为完整的下山狮原物，可作为模本，翘角总高1米，共九角。在此阁楼上既不用鸱吻，亦非鳌鱼吻，而是龙生九子之一的椒图，狮形喜守门，防卫性强。此种狮吻的造型倘属特例（图2-2-9）。另在一、二层角脊根部，与角柱连接处则塑云瓣龙头状的吞头（图2-2-10）。

建筑特点：

该地段南北宽40米，东西深20～29米，占地面积约960平方米。底层方形后扩，共151平方米，二层为不等边九角形50平方米，三层亦为不等边九角形24平方米，共计225平方米。

由于是底方上九角的木构架中筒结构体系，使得营造匠师们颇费心思。

1. 阁楼底层主体结构轴线尺寸面阔11.44米见方，但在后部（东面）另有六根附檐柱（Φ220毫米）是立于弧形月城之胸

图2-2-11　贵阳文昌阁（一层后部建在城墙上）

图2-2-12　文昌阁立面

墙上的，此胸墙高1.2米，宽0.65米，柱轴线东扩1.05～1.65米，成弧形排列，阁纳城墙于一体，形成屋面坡度平缓的后披厦（图2-2-11）。

主体部分的两侧檐柱为Φ300毫米、Φ330毫米，南北各为五根而组成四开间。正立面为四根，少了一根中檐柱，而以两根Φ150毫米的方柱代之，仍形成明间大开间的传统格式，成为五开间的效果（图2-2-12）。后部仍立六根檐柱与附檐柱相对，形成五开间。阁内金柱轴线为5.66米×5.72米的近方形平面，围合成一个中筒结构，从而形成了2.86米宽的外回廊。两侧金柱各三根，组成二开间，除中金柱Φ300毫米外，其四根角金柱均为Φ420毫米，前后金柱中间无中金柱，皆以两根160毫米×150毫米的方柱代之。即这四个面的中金柱，全是顶在四根大抬担梁的下面，只有四根角金柱直通二层成为Φ300毫米的角檐柱。

其两侧墙的中金柱抵至角金柱间的大抬担梁底，隔抬担梁上冲直另立Φ270毫米中柱作为二层南北两金柱，其上隔梁又立Φ200毫米柱在三层作为南北两檐柱，只此二柱是1～３三层冲直的，其余金柱隔梁枋冲直到三层另立为檐柱。

二、三层的结构体系亦为中筒结构，一圈外檐柱和一圈内金柱的布置，都形成了一圈九边形的内回廊，宽度分别为1.05米和0.95米。

此种作法颇如水族民居的传统干阑建筑形式：即下层铺好楼板后，在上另立柱搭建构架，各层柱子是断开的，其柱脚皆有130毫米×55毫米的地脚枋相连于木楼板上。这是由树上巢居演变而来的古老构架做法，同样每层柱皆有明显的3%～5%侧脚，加强了筒体结构的稳定性，同时也抵消了攒尖顶的外推力。

2. 平面奇特：在底层角金柱的范围内，二层、三层系将东、南、北三面各一分为二，外凸成六面；西向为正立面，则一分为三，外凸成三面，仍旧保持着三开间的效果。从而形成东西中轴线两边对称的九角形阁楼。除贵州独山翁奇奎文阁尚有一例外，在全国当属稀有，我国古代以九为“数之终”，为阳数最大者，以九角形的建筑供奉文昌帝君是对主宰功名、禄位之神的崇敬。

3. 1983年修复现场实测时，在二层楼面塌陷处，个别金柱悬空，原是柱底面置放于楼板上，有一块50毫米厚的八角形活动木垫板作为柱础，应是二层檐柱及与金柱间的叠合挑檐枋起到拟似杠杆作用，牵拉使内外平衡，还有底层的抹角梁和大抬担梁作实际支撑。而三层的金柱则是由隔角联系梁和楼枕、楼板作为实际支撑的。

由于阁楼面积较小：二层的轴线尺寸，南北阔7.94米，东西阔7.86米，三层则同为5.52米。而且每层的柱子林立，都有18根，柱间距仅0.9～3.0米，跨度不大，故其用料也较小，仅为Φ200～Φ300的柱子和叠合梁枋。阁楼总高度17.07米，其中底层高4.28米，二层高3.79米，三层高至顶棚3.80米，屋顶层3.20米，宝顶及避雷针2.0米。

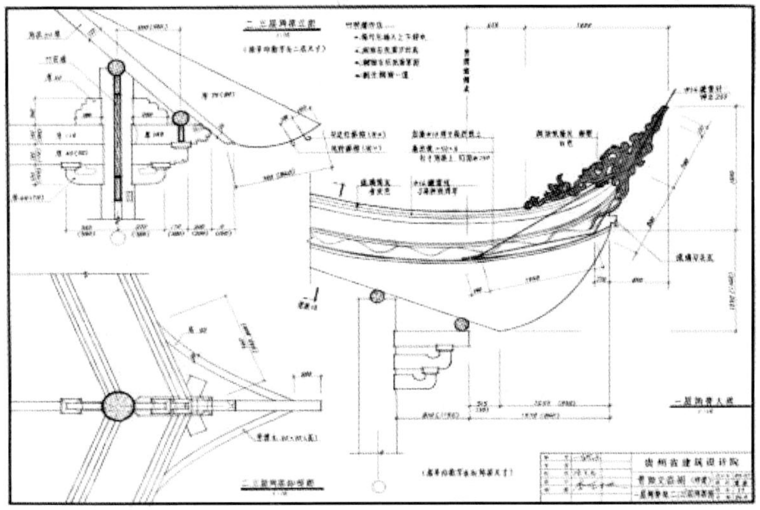
图2-2-13　文昌阁一、二层屋脊图

4. 屋架构造

系九根80毫米厚，120毫米高的角脊梁榫卯于Φ300毫米的雷公柱上，呈放射状散开，共同斜顶起雷公柱，上部尚有1.55米高的雷公柱固定宝顶和避雷针架；下部九条角脊梁中端有三层的金柱支撑，脊梁下端还有三层的檐柱和挑檐檩、枋、梁等四个点共同支撑固定，由于金、檐柱组成的双层筒架受挑檐梁枋的拉联而稳固，能抵消角脊梁的外推力。另有三层四个角金柱顶上的两根十字交叉梁枋穿斗于雷公柱底，作为实际支撑，其下方即为顶棚构造。

关于角脊起翘结构的特点：系在角脊梁上另加80毫米厚的“板刀戗”（图2-2-13），这在贵州是常用的起戗构件，既不同于北方“营造法式”的老角、仔角梁，亦不同于江南“营造法原”的老戗、嫩戗。皆因贵州古代巨木甚多，用厚木板锯成板刀形状或直接利用巨木根部弯曲材（此处材质紧密），即可解决角端的起翘和悬挑问题，这在黔北民居和湘黔一带的土家族民居中常用，后来巨木渐少，只好用胶粘叠合木成形，一直延续至今，此亦为贵州古建的常用措施。

角脊木挑、翘尺寸：一层前角脊出挑2.53米，翘高1.23米，后角脊出挑2.12米，翘高1.14米，二层角脊出挑1.75米，三层出挑1.34米。

屋面翼角挑出部分：则另加弯撑木，固定于挑檐檩和板刀戗上，来解决直铺椽子的曲线升高支撑点的问题。此亦为常用的措施。

该阁楼的建造，多方面地运用了贵州本地民族、民居构造的典型处理手法，灵活运用到具有地方特色的阁楼建筑中，可见古人的独具匠心、非同寻常。

文昌阁于1981年5月列入市文保单位，1982年2月又列为省文保单位，2006年5月升为全国重点文物保护单位，得到了维修，并将东门和城墙作了区段恢复，成为老城东门区的一处绿化休憩场所（图2-2-14）。

图2-2-14　文昌阁街景

贵阳黔明寺观音阁

图2-3-1　观音阁立面图

贵阳的城墙和庙宇有三种组合方式：文昌阁建在月城上，大觉精舍贴建在东城墙内，黔明寺则贴建在南城墙外。昔日庙前就是阳明路，连通朝阳桥和南明桥区段。路南侧则为斜坡至南明河北岸边，这一坡地上建了许多吊脚楼式的木板民房，与道路北边的贵阳三中、舒家祠堂、民宅店铺等建筑夹道，成了一条四五米宽的曲折小街，新中国成立后形成了早期的花鸟市场。该阁楼系供奉大慈大悲的观世音菩萨，故又称为“大悲阁”。

该寺始建于明末崇祯年间（1628～1644年），清乾隆三十六年（1771年）重建。“文化大革命”中，成为“中南五金厂”的车间和住户，殿阁倾圮，东院药王殿更作为烘炉车间和堆料场地，一片衰败景象。1983年市政府重又将庙产交回市佛教协会，修复任务由省建筑设计院负责设计，参加人员有我和宋仪贤、杨莉、谷军等。1985年11月被列为省级文物保护单位。

该庙位于一片南北最长处74米，东西最宽处42米的狭小坡地上，寺庙坐北朝南，踞于城墙外的高埠上，埠距道路高5米，原庙门处有一条4米宽、18米长的台阶甬道，两边筑有爬山墙与民居分隔。街道与河流均在其下弯护而行，街对面偏西有一条下坡台阶小巷通至河边码头，昔日挑水、洗衣等热闹异常。就在这台阶甬道的上下皆有山门，前山门为单檐庑殿顶砖石坊，刷土红色，坊额精刻“正觉禅寺”四字，系清代原物，后山门为单檐歇山顶砌券洞门，门楣上嵌刻剔地阳文楷书“黔明古寺”石额，门内照壁正面浮雕弥勒佛像，背面建小型韦陀殿，对面有三间大雄宝殿（匾额系赵朴初所书）。组成一横长前院，殿后中院两侧有厢楼二层，单檐歇山顶的明次三间外廊，西厢作斋堂，东厢为客堂。观音阁（大悲阁）即在这中院北侧，木构三层，底方上八角攒尖顶，阁前院落南北10.4米，东西宽15米。阁后还有一个5.5米宽的横窄后院，面对三层三檐歇山顶的藏经楼（祖堂），其后即为城墙了（图2-3-1）。

观音阁底层平面为正方形，面阔、进深轴线尺寸为10.45米×10.25米，二、三层平面为八角形，轴线尺寸面阔分别为6.65米和4.75米。通高18.35米，其中底层高4.8米，二层高4.06米，三层3.77米，屋顶层3.27米，宝顶高2.0米，室内外高差0.45米。结构为双筒空间构架（图2-3-2～图2-3-4）。

底层平面方形三开间十六柱，檐柱每边四根，尺寸分别为

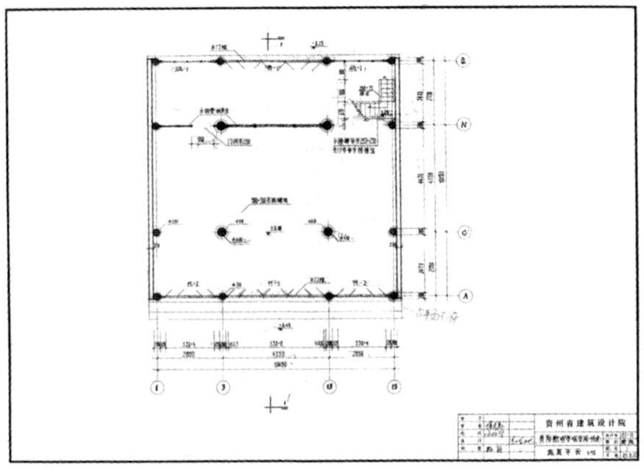

图2-3-2　观音阁一层平面图

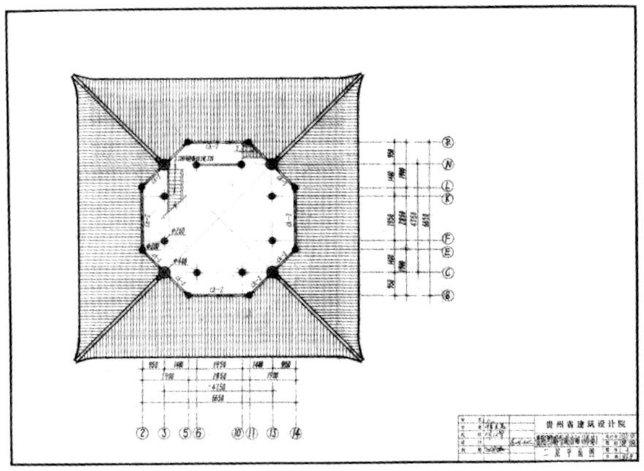

图2-3-3　观音阁二层平面图

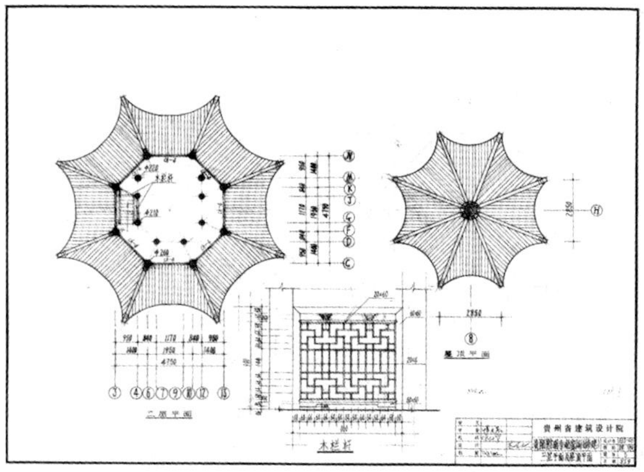

图2-3-4　观音阁三层平面及屋顶平面

Φ280毫米和Φ300毫米，Φ400毫米金柱四根组成明间4750毫米的开间，直通二层，作为中檐柱，同时作为底层四角的脊柱。四金柱间架设复合抬担梁，上立二层金柱，圆心夹角45°，平分出八角，其放射线延长至中檐柱的垂直线上，即可定位八角檐柱，共八根Φ200毫米，立于底层金、檐柱间的抬担梁上，二层的Φ260毫米金柱，上升到三层为檐柱，内收0.95米即为一圈金柱，仍组成双筒构架体系。

1983年修复时对当时的现状作了一些调整，今记载作为实录存之。

1．根据古建维修原则系整旧如旧，恢复古时原状，即全体结构，梁柱外形特征等必须保持原状，故不落架，而是尽量保留明清时原主体结构材料，毁坏的再行复制补齐。由于之前乱加改建，装修部分已散失无存，翘角上也塑了和平鸽，搞得不伦不类，今仍按殿阁功能尽量复其原貌。

2．原五金厂为把阁楼底层作为车间，而拆毁了一层楼梯，在后院加建了两层过廊，连通阁楼二层与藏经楼的二层。现恢复一层原楼梯，改动二层楼梯位置，取消三层突出窗外的小楼梯间，以使立面完整，并取消了后加连廊，恢复原状。

3．该阁楼建在原高埠的老土上，历久无恙，可不作处理，但需将阁楼四周增设排水暗沟，院内作好排水系统。

4．墙壁：原底层两侧墙为空斗砖与土坯夹砌，半包柱，墙已鼓胀开裂，需全部拆除，并移至边柱外侧，防止木柱腐蚀，改用370毫米厚实砌砖墙。

5．底层原佛台及扇面墙已无存，新设计加工石台座及20毫米厚木板扇面墙。二、三层木板壁残毁，则用15毫米厚木板依原样重新安装。

6．梁柱依腐朽程度采取不同方法用环氧树脂加固，校正垈直。并涂刷防虫药剂，而后油漆饰面防腐。

7. 屋面原为青筒陶瓦粉灰刷铁红屋面，小青瓦望板石灰坐浆，由于多年失修，瓦面毁坏，挑檐亦坍塌不全，檐椽、飞椽糟朽，设计改用10毫米厚木望板，以增加屋面整体性，改善室内露明造的简陋效果，并有利于铺防水层，椽皮飞椽按设计大样加工，更换毁坏的木檩。改用黄色琉璃瓦，以减少屋面瓦的吸水量。2004年市建院扩建时寺庙全部改为青黑色琉璃瓦，以符合贵州建筑特色。

8. 斜脊仍为原样砖瓦砌筑，桐油石灰糯米浆粉塑，翘角为兰花草头龙饰，脊、柱相交处塑龙头形吞头。

9. 角梁、角垫板原物倘好不动，起翘340毫米和480毫米。端头增设铜铃和节日勾边灯挂钩，每个角一套。

10. 雷公柱为柏木，室内Φ220毫米，出屋顶1.55米，上端为Φ120毫米，置放避雷针，四周由八根斜角梁攒尖顶固，下部立于三层金柱间大梁上。

11. 宝顶原为砖砌白灰粉饰，改为1.5毫米厚铜板贴金箔，按原造型宝瓶状做1.5米高。固定于雷公柱的外包扁钢支架上，顶端设Φ50毫米铜棒避雷针，尖端包银，沿八根支架焊引下线与翘角避雷针联网，埋入斜脊抹灰内，由二层中檐柱引下，粉入一层两侧墙面抹灰内，通至地下接地极，以确保木构架的避雷安全。

12. 油漆色彩：原油漆已剥落净尽，犹如清水做法，设计中一层所有柱子做退光漆、深红色。其他外露木构件均做桐油深红色。楼板油深栗壳色地板漆。顶棚井字天花均油深绿色。

13. 原一、二层顶棚无存，仅保留了三层的井字顶棚，现三层不动，一、二层加钉井字顶棚。

14. 原门窗已毁，式样不详，现根据残迹另行设计梓木棂格门窗。楼面原为20毫米厚木楼板，已磨损毁坏，需全部更新，选用35毫米厚企口条木楼板。地面原为方石板铺地，现仍按原样加工石板。用原有旧石料调整阶条石。

15. 木制匾额，一层檐下原有横匾一幅“大悲阁”，现恢复，柱上挂楹联一对，弧形包柱，木制刻字贴金。通过以上的处理，在修复设计中尽量恢复其原貌，并把影响立面造型而突出于三层屋顶外的小楼梯间取消，而把该楼梯移位纳入檐柱之内等措施，以使其完整，又不影响结构构架的原有布置。另外增加了防水、防雷设施，对保护古建筑的安全更为有利。

此座阁楼虽然同是双筒空间构架，又同是底方上八角组合，但它又是一种组合方式，用底层角金柱直通二层作为中檐柱，左右两边分列二柱成为角檐柱，从而形成了八角平面的四个正方向为二柱间，另四个角方向为三柱间的规则变化形式，直到三层的八个面才均为二柱间。这就形成了三层有三种开窗方式，丰富了立面造型，同时为底层四个角脊设立了完整的收头柱，同为八角面凸出的梯形空间中，却有了宽窄高低不同的开窗效果，这又是一种结构处理类型。

玉屏钟鼓楼

玉屏县位于贵州省东部，紧邻湖南省，是湘黔路和㵲阳河进入贵州的第一个古城重镇，自古水陆交通方便，城北㵲阳河又是洞庭湖水系，北通长江，可达江南。昔日商贾云集，物产交汇，明洪武二十三年（1390年）即建石城，由江边北门拱辰门入城的南北通衢上，钟鼓楼建在这一繁华主干道的城南部，为一过街楼。街道两旁原有低矮的木板房民居和商铺，鳞次栉比如鹤立鸡群，系一中心建筑。

20世纪80年代中期恢复建筑时，阁楼按规划立于近处十字街中间，从而形成了四面皆为立面的开阔环境中。楼高20.45米，系全城当时的最高建筑物，属县城的标志性建筑，古城的晨钟暮鼓皆发于此。

该阁楼系一道家建筑原名谯楼，又称南明楼、钟鼓楼，内设钟鼓各一故名之。始建于明永乐年间（1403～1424年），据《平溪卫志》记载：三层二十八柱，四角石基均高四尺，各层精雕龙凤花鸟，雄壮精美，四角均系铜铃。二、三层四面各挂匾额，三层东书“控制”，南书“靖远”，西书“宁塞”，北书“绥柔”；二层东书“黔楚襟喉”，南书“四镇屏藩”，西书“一方观望”，北书“贵滇冲要”。后遭兵燹。清顺治七年（1650年）及康熙三十年（1691年）两次增修。清乾隆元年（1736年）毁于火，九年重建并增高五尺，同治三年（1864年）毁于战乱，光绪初年再建，底层方改为南北通道的过街楼。1936年元月中国工农红军长征时，过玉屏曾在此楼向群众宣讲红军北上抗日的革命道理。新中国成立后，20世纪50年代县政府拨款维修，保存较好，曾作为群众文化活动场所，“文革”中许多雕刻被毁，1966年改为“东风楼”，1972年初被拆除，那时难以拆卸，因其许多构件应用的公母榫，构造相当精良，只好锯断，可叹可惜！为的是将明清木材用作修建人民会场。一九八四年县政府委托省建筑设计院进行重建设计，参加的人员有我和冯双媛、宋仪贤、方小玲等人，1985年动工修复，1987年竣工，依照古建保护原则，按当地原测草图及照片，并根据当时的老人回忆，将其梁柱结构、造型特征等原样保持，并搜集利用原鼓形石柱础复制配齐，新旧一起以使人瞩物联古。

建筑为一座三层四方二十八柱十字脊的木阁楼。底层四角作

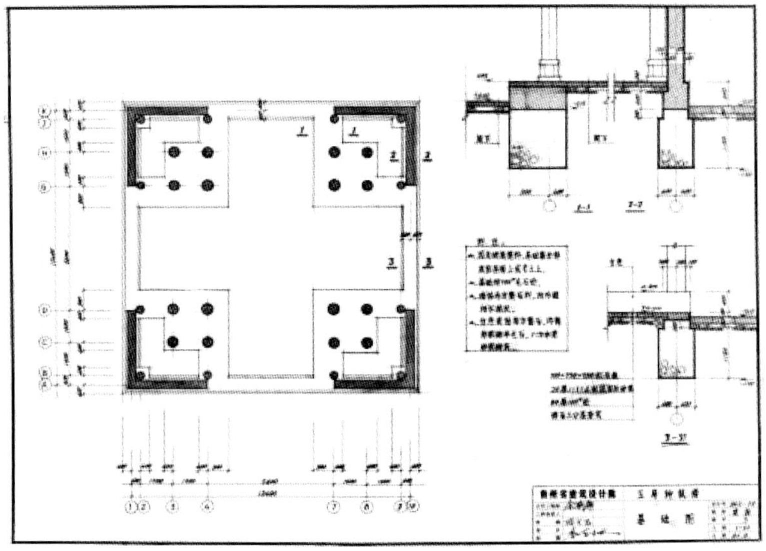

图2-4-1　钟鼓楼基础图

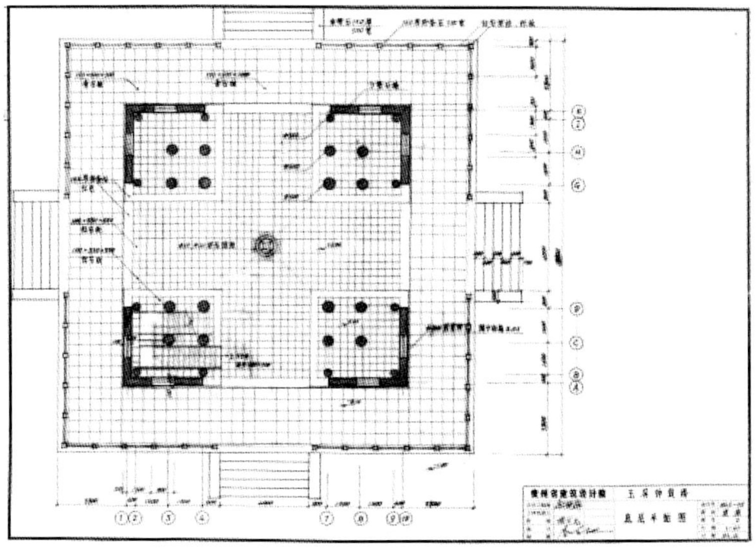

图2-4-2　钟鼓楼底层平面图

拐角墙，为0.4米厚的方整石砌筑，墙面共设八个Φ900毫米的圆形漏窗，内塑花饰按原样。石墙轴线尺寸12.4米见方，外围3.3米宽、0.9米高的平台一周，室内外高差0.1米，白石栏杆围护，四面皆有4米宽的垂带踏步联系。

底层檐柱Φ350毫米，共十二根，寓示一日十二个时辰；金柱Φ450毫米，共十二根，预示一年十二个月，并作为二层的檐柱；中柱Φ500毫米，共四根，寓示一年四季，上达二层作金柱，通达三层为四角檐柱，另在二层中设八根内中柱Φ300毫米，立于四边中柱的大梁上，从而形成了1.5米宽的外环廊；三层另设四根Φ250毫米的金柱，立于二层内中柱的大梁上，就形成了一圈1.2米宽的外环廊，此金柱支起了十字顶的屋面（图2-4-1～图2-4-4）。

层高：一层6.60米、二层5.00米，三层5.00米，屋顶层2.00米，至铜宝顶端总标高20.00米（图2-4-5、图2-4-6）。

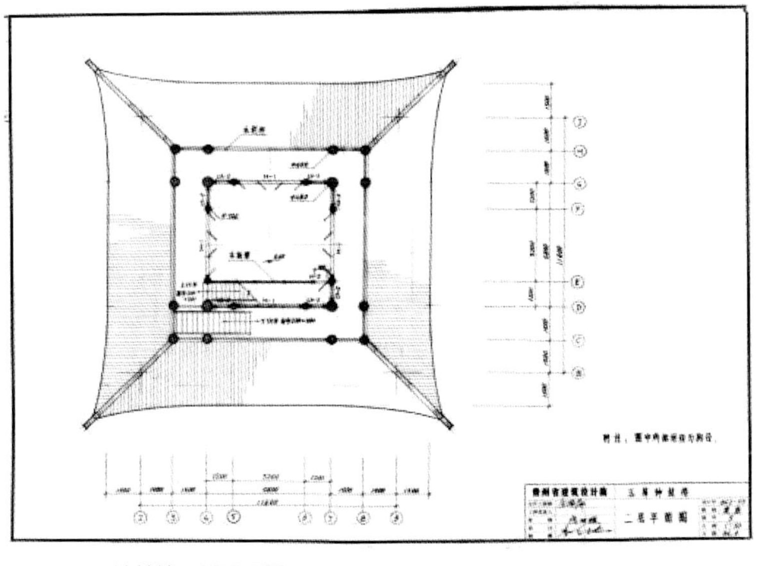

图2-4-3　钟鼓楼二层平面图

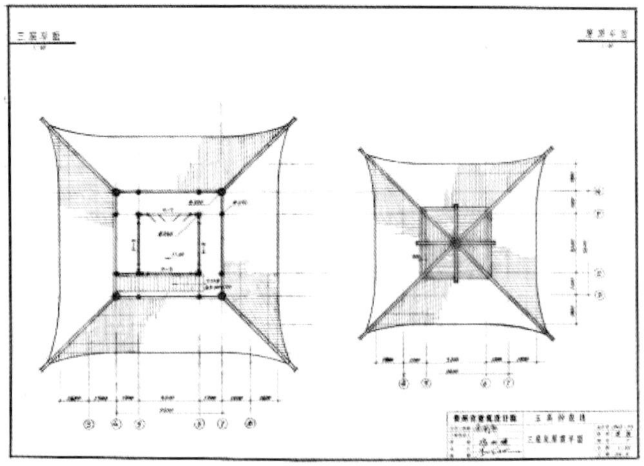

图2-4-4　钟鼓楼三层及屋顶平面图

建筑面积278平方米，其中底层167平方米，二层79平方米，三层35平方米。

占地面积为19米见方，楼基面积为13米见方，属于传统的吉利数字。

修复后的钟鼓楼除台基外，其造型、结构悉遵旧制，唯瓦面及装饰工艺多有改进。原瓦为青筒陶瓦，吸水率大，为减轻荷载改为绿色琉璃瓦，并增加了木望板以加强屋面的整体性，为防水做了一毡二油的防水层，又改善了檐下露明造的简陋效果，屋檐作了飞椽，使其更加考究，提高了构筑档次。

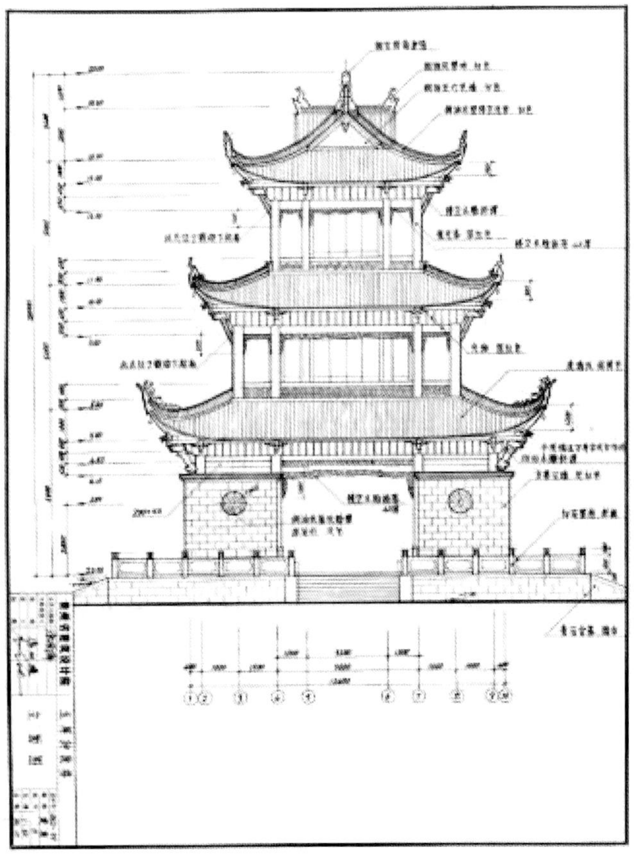

图2-4-5　钟鼓楼立面图

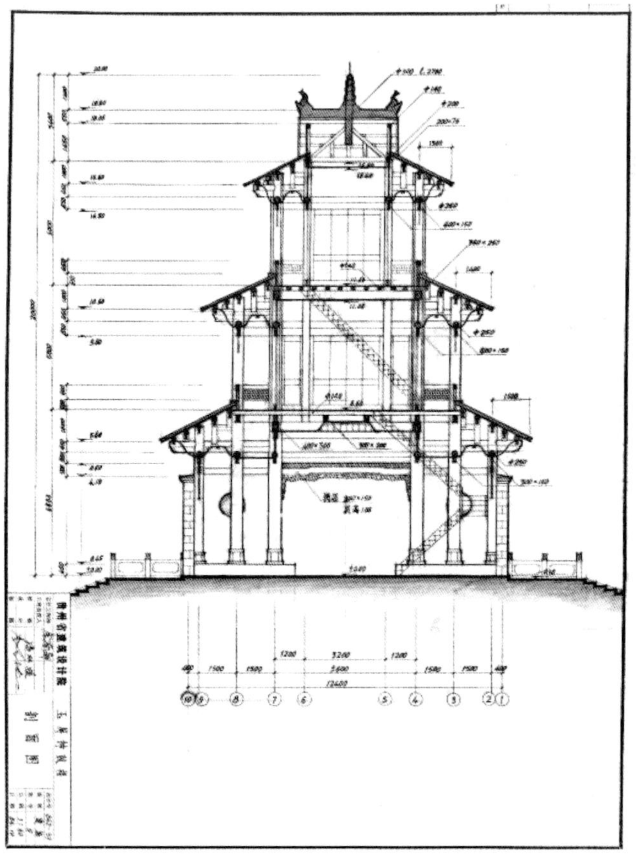

图2-4-6　钟鼓楼 剖面图

檐下均保持其鹤胫椽、卷板护檐，四角挑梁下立撑拱，底层为圆雕下山狮，明间檐柱额坊下装雕镂精致的挂落。二、三层角檐柱上装高浮雕“八仙撑”，额枋下装挂落。

屋面上：为桐油石灰糯米浆塑镂空花饰脊膛板，按原照片一层翘角为游龙，二层为立风，三层为卷草龙头。其每根角脊根部与檐柱联结处，均以云龙头饰塑吞头，屋顶十字脊，四面向十字街，脊端塑鳌鱼吞脊吻（图2-4-7～图2-4-9）。

宝顶为1.5毫米厚铜板制作，1.48米高，上口标高20米，顶端为Φ50毫米铜棒。避雷针伸出500毫米高，内立钢架固定于雷公柱上，并与所有脊翘预埋的避雷线联网，顺各层角檐柱引入平台下的四周十二根接地极，以满足避雷要求，对木结构建筑的妥善保护。

室内地面：底层为方石板铺地，四角砌筑方整石柱台基，4.4米见方，高450毫米，可作为路人休息乘凉之所。中间留出4米宽的十字路以供通行。按旧制正中心嵌一古钱状圆形石，周围用卵石铺就花瓣。二、三层系35毫米厚企口条木地板，油土红色地板漆。

顶棚：底层正中为圆形藻井嵌贴金的龙凤木雕，圆心为太极图，取其盛世兴旺，龙凤呈祥之意，周边装井口天花；二层正中为彩绘“河图洛书”，周边为井口天花；三层为八卦图案。

三层金柱间装梓木雕花棂格门窗，形成外回廊内方室的组合空间。原三楼供奎星像，左悬大钟右支木鼓，故称钟鼓楼。

色彩方面尽量取其素雅古朴的格调，底层木柱为退光漆栗壳色，其他外露木构件均油栗壳色光油。泥塑脊饰、翘角、宝顶莲花座等均为白色。铜宝顶贴金箔。二、三层檐下原有横匾，退光漆黑红色，恢复其木刻字贴金箔（图2-4-10～图2-4-12）。

翘角梁上按照原样挂铜铃，以使建筑静中有动；又增设勾边

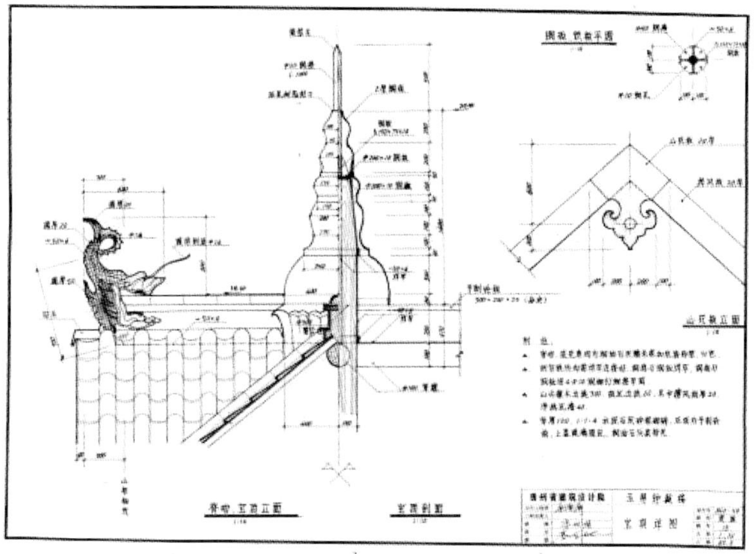

图2-4-7　钟鼓楼十字屋顶

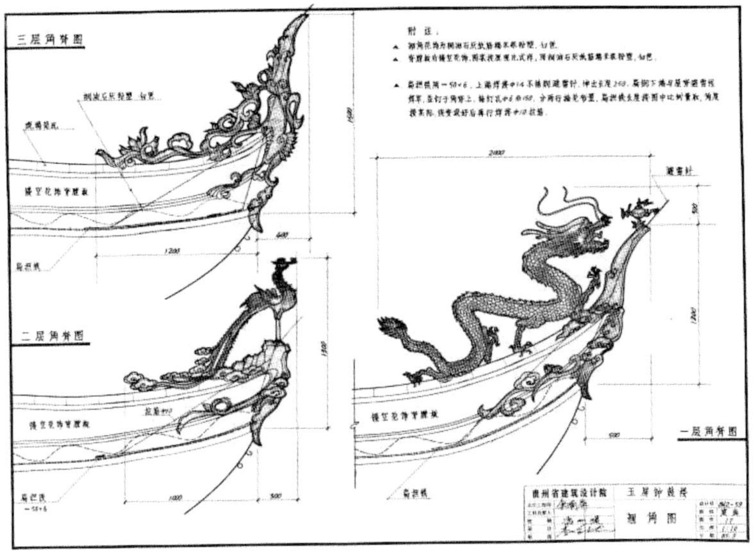

图2-4-8　钟鼓楼翘角图

灯的挂钩，暗中有亮以增加节日气氛（图2-4-13、图2-4-14）。

该阁楼历史悠久，在当年也是规模宏大、气势雄伟、工艺精湛，虽几经重修复建，但仍保持原有形制，其十字脊屋顶更是贵州罕见造型。现为县级文保单位。

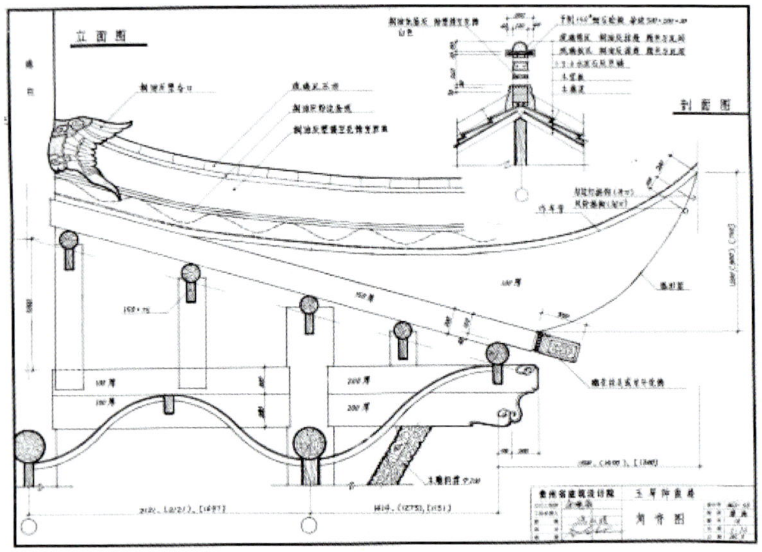

图2-4-9　钟鼓楼角脊图

图2-4-10　玉屏钟鼓楼近景（单斌　摄）

图2-4-11　玉屏钟鼓楼二层一角（单斌　摄）

图2-4-12　玉屏钟鼓楼（单斌　摄）

图2-4-13　玉屏钟鼓楼远观（单斌　摄）

图2-4-14　玉屏钟鼓楼侧视（单斌　摄）

贵州镇远青龙洞古建筑群
黄果树碑林——规划建设览略
深圳中国民俗文化村——侗寨、苗寨之设计
北京中华民族风情园——侗寨、苗寨之规划设计
北京中华民族风情园——土家寨、水族寨规划设计
北京中华民族园玉龙桥——工程设计实例

意匠

匠意

贵州镇远青龙洞古建筑群

贵州位于云贵高原的东部，素有“八山一水一分田”的地势特征，又处于喀斯特地带，洞穴峭岩密布，岩溶极为发育，在此地形条件下，历代筑造了许多具有浓厚山地建筑特色的寺观园林。又因地处西南偏远是一个少数民族众多的省份，古时受封建传统影响较弱，故其建筑不拘一格，而能因地制宜地创造出一些自由的构图形式。此外，由于气候温和、木石丰富、经济薄弱而形成了简朴的地方风格。其古建筑形式既不同于江南、岭南，又不同于东北、西北，更不同于中原的“法式”建筑，贵州就是贵州，同时它受到了川、滇、湘、桂等邻省的影响，而形成了其古朴、素雅的山地建筑风格。真乃胜境自天开，飞阁绝壁悬。

镇远青龙洞古建筑群是一个典型的实例。它集山水、洞岩、藤木、建筑于一体，具有众多情趣各异的景观。本书对其地理环境、历史沿革、选址布局、构图艺术以及装修特色等方面作了较为全面的分析探讨。可供园林、建筑、文物、民俗等专业人员研究和参考，亦为旅游者提供了有益的启示、导游。

一、前言

1963年，省、州人民政府关心青龙洞古建筑群的维修工程，拨款抢修危房古建。当时省博物馆的罗会仁副馆长约设计院搞古建筑的工程技术人员同去现场考察，此类事自然落在了我的身上，于是二人搭乘长途汽车（背后烧杠炭的）班车，先到凯里，次日到镇远。当时这座两山夹一溪的小县城仅二万人，都是沿河靠山布局。我的主要任务是局部勾绘青龙洞古建筑群的中元洞大雄宝殿，我在记录的同时也对其摩崖碑碣进行详细实录，罗副馆长负责实地拓片，晚上去访老问古。回到设计院后，我把中元洞建筑群画出，并提出抢救措施，供省、州文物部门进行抢修时参考许多木构件被白蚁蛀空，全靠油漆皮连接，一抓一把碎末而成了危房。

这次的资料、拓片和照片交于省博物馆收藏，在以后大修时成了第一手的复原依据。

“文革”中适逢湘黔铁路修建，这一片古建筑群成了多座残墙断壁的废墟。

到了1982年时，百废待兴，这一处名胜古迹也被列为省级文物保护单位，国家文物局、省、州齐心出资一百四十余万元，把这一大片古建筑群修复完成。当时省里成立了文物管理委员会，我作为其文物建筑顾问，把1963年的记忆逐条恢复，方便今后的古为今用、开展旅游，并把这一片的六组古建筑群用小路联起，并增加了消防设施。把登道岸旁岩石顶上的旱厕取消，改建为三角小亭供休息赏景，取名“谐趣”。把万寿宫东墙外与崖壁间的夹道利用起来，增建一座旅游公厕。把玉皇阁木构悬挑部分改为钢筋混凝土结构。老君殿三层建筑其下部的粗木柱易受潮腐朽，也改为钢筋混凝土梁柱框架，形成干阑建筑抬起上部二、三层木构架，以尽量保证其安全性、耐久性，并保持其文物的原貌。其他如将观音殿作为贵宾接待室，利用地形增加一处小卫生间。另外，在整个崖顶开挖一条截洪沟，进行有组织排水，以减少雨水对山崖的冲刷……较全面地满足其不同要求。

那时候还没有“设计费”、“劳务费”的概念，我只是星期五下午乘火车（慢车）来现场，住在万寿宫的西厢楼上，星期日晚上乘火车回贵阳，顺应当时流行的：实行三包（吃、住和工作条件），代办托运（报销来回的路费）。其中只是兴趣使然无偿劳动！尽力为文物建筑的保护作贡献而已。

二、概述

镇远系黔东一山奇水秀的苗侗古城。汉晋时即设无阳县，隶武陵郡，唐宋属古思州地，据清乾隆五十八年之《镇远府志》载：镇远之名始于元初置镇远沿边溪洞招讨使司，旋改为镇远府，明洪武五年（1372年）改为镇远州，隶湖广，明永乐十一年（1413年）镇远府隶贵州，明史所谓贵州为内地当自镇远始矣。清袭明制，民国初年设镇远道，新中国成立后设镇远专员公署于此，1956年为黔东南苗族侗族自治州首府，1958年首府迁凯里，古城乃为镇远县，其历有“滇黔锁钥”、“湘黔咽喉”、“西南重镇”之称谓。

全境山峦叠嶂，诸水汇流。县城溪河旋绕，山岩森列，白崖东枕，碧峰西峙，崇岗复岭，城堡罗环，屏山为城，㵲水为池。城关建于两山之间，㵲阳河穿城而过，故有“两岩对峙一江中流”之说。㵲阳河远接沅江而入洞庭。李白诗曰：“杨花落尽子规啼，闻道龙标过五溪，我寄愁心与明月，随风直到夜郎西”。杜甫诗云：“支离东北风尘际，漂泊西南天地间，三峡楼台掩日月，五溪衣裳共云山。”其中所指“五溪”即为雄溪、满溪、辰溪、酉溪与㵲溪的合称，㵲溪即今之㵲阳河。过去水陆交通方便，镇远一直是从“湘楚”入“夜郎”的交通孔道，实为黔楚水陆之冲，物货富饶之地。自明代以来，建城设府官员云集，物聚货散商贾往来，开会馆、兴书院、修寺庙、建民宅，数百年间全城即筑有七寺、八阁、九庙、十二景。其他如祠堂、会馆、民居等古迹至今仍保留不少，是一个比较完整的具有地方特色的历史文化名城。荀子曰：“山林川谷美”，镇远集山、水、城三者为一体，可谓美矣（图3-1-1、图3-1-2）。

在这些名胜古迹中尤以青龙洞古建筑群最为著名，人称“入黔第一洞天”，誉为“海上飞来”，“小嫏嬛 ”仙界。内有中元禅院、紫阳书院、青龙洞寺、万寿宫、东山寺、令公庙等部分。它位于㵲阳三峡的下游，古镇城东中和山麓，隔河与城相对，㵲阳河自西向东穿城而来，至此急折而北流。

城中望其：楼阁庙堂贴崖建，藤树繁茂隐峭岩。其望城中：水分古城南北断，房舍层密铺山间。皆互为因借，相得益彰。

中和山两水夹流群山环峙，其上则层峦耸翠秀峰凌霄，其下则洞宇天井云垂花簇。中元洞曲穴交穿，青龙寺楼阁相连，林木掩映山水增辉，历为㵲阳名胜之区，人称黔山第一奇境。峰巅立有文笔

图3-1-1　镇远县城图（志书）

图3-1-2　镇远青龙洞建筑群一景（单斌　摄）

塔一座，形如巨笔之锋，更是独占风水宝地，尤其是点景之作矣。

在东关溪与㵲水交汇处，山势稍缓，边缘突现断层入河谷，而形成悬崖峭壁，崖顶离河岸17～51米，就在这长520米，宽仅30～40米的狭长范围内，建了六个建筑组群，使庙宇、祠堂、会馆三部聚一。而绝壁巉岩上溶洞多窍，有名的大洞有三处。北洞在山崖北腰曰中元洞，古称中和洞或东岩洞，三穴穿通较之深广；南洞一上一下，下洞临水，志载："在中和山下，广丈余袤倍之，幽折而上，旁有支洞深黑不可入，亦名南洞"。俗传"㵲阳河上每年端午节日，有龙舟竞赛河上，某年端午，河水高涨，竞舟之戏仍盛，忽有一龙舟被旋水直冲入南洞之中。三日后又安全驶出。舟人自说：有一青龙住洞中，性善，化一白髯老翁，引路送出洞外，回望时，青龙显形盘于洞口崖上，久之始离去"。后人即呼此洞为青龙洞。此种传说自不可信，若按中国古代风水学说解释之，还有其缘由：阴阳五行中东方属木，色青，气名青龙，寓意兴旺，洞在郡之东岩下故名之。后修路洞被填没，但其支洞仍上通紫阳书院，后人即将上洞呼作"青龙洞"。明万历《黔记·山水志》载："中河山南玄妙观后有太和洞，广一丈二尺，袤一丈八尺，旁有支洞深黑不可入，今塞。弘治己酉（1489年），道士李道坚修养于此山"。乾隆《镇远府志·方外》还载："李道坚，邑人，弃家访道，得水火升降之术，与其侣徐教洪修炼于中和山南洞。明弘治间，郡守以'太和'名之"。以与"中和"统一意说，但民间仍惯称"青龙洞"，流传至今，寺也因此而得名。其洞实为一穴，紧靠崖顶，洞顶板最薄处仅六七米，洞口贴壁凌空建有悬挑楼阁，即今之玉皇阁和望江楼。另外，在崖壁中部还有"紫阳洞"。

这里奇石怪岩不少，较有名的石岩为香炉岩、千佛岩、陆冶岩以及空岩等，后者突立河中，在开扩航道时早已炸毁无存。

图3-1-3　镇远青龙洞中段全景（单斌　摄）

此区集洞石、藤木与建筑融为一体。既有面水眺远的楼阁，也有幽深恬静的寺院，纵横排列错落有致，空间组合层次分明，形成了一幅瑰丽的立体长卷。正如清代同治十三年（1874年）碑镌："……人杰则地灵，镇东有青龙硐者，钟黔楚之秀气，大天地之奇观，固所谓㵲水之第一景者，斯中元硐之更上一层者也，螺结蚁穿曲其路，钩心斗角良其工，踵而增华后来居上矣……"

本区寺庙始建年代无详细记载，仅在《图经》、《嘉靖通志》、《贵州通志》、《清一统志》及《镇远府志》中可查到自明至清的建筑已有许多，最早是"元初（1277年）军民总管府，治中和山上"，当时森林茂密，居高临下，犹如寨堡。至元二十年（1283年）以后改为镇远府时方迁于屏山山上建城，直到"明正统三年（1438年）省州并府，府治乃迁移于山之南麓"，此时中元洞处已建有真武观，青龙洞处建有玄妙观，永乐十五年（1417年）在中和山上建起风云雷雨山川坛，自是之后，至清初相继建有拱辰楼、朝元阁、岁寒亭、有斐亭、中山寺、朱文公祠、青龙洞寺、张公祠、铁山关、东山书院、凝岘亭、文昌阁、东山观、飞山庙、万寿宫、关帝庙等二十余处。雍正五年（1727年）又奉旨建先农坛于东苍坪上，整个中和山上下满布寺观亭阁。因其浓荫密布、峭崖玲珑、楼台叠起、洞穴深邃，㵲水绕折于其下，曲径隐幽于其上，而被誉为"入黔第一洞天"（图3-1-3、图3-1-4）。

明清以降，由于地理交通的重要，这里来往游人络绎不绝，僧道名士多有题咏，留下了宝贵的墨迹，丰富了人文景观。然而风云变幻，几度毁坏几度修，才使得这片建筑群的历史面貌得以

图3-1-4　镇远青龙洞南段（单斌　摄）

图3-1-5　镇远青龙洞修复前（远观）

图3-1-6　镇远青龙洞修复前

基本保存。辛亥革命以还，地方多故，内战频仍，加以人祸天灾，变乱迭乘，寺中文物荡然无存。新中国成立后，省、州人民政府关心文物建筑，曾于1956年和1963年拨出专款维修，“文革”十年深遭浩劫，屋塌碑毁破败不堪（图3-1-5、图3-1-6）。1979年省、州政府又拨款抢修，1982年春节中元禅院修复开放。从1983年起，国家和省文物部门先后拨巨款，对青龙洞寺、紫阳书院、万寿宫、香炉岩、祝圣桥等各组古建筑进行了全面的抢救和复修。

1982年省人民政府公布其为省级重点文物保护单位。1987年国务院又公布为全国重点文物保护单位，同时镇远也列为国家级历史文化名城（图3-1-7~图3-1-9）。

图3-1-7　青龙洞古建筑群平面图

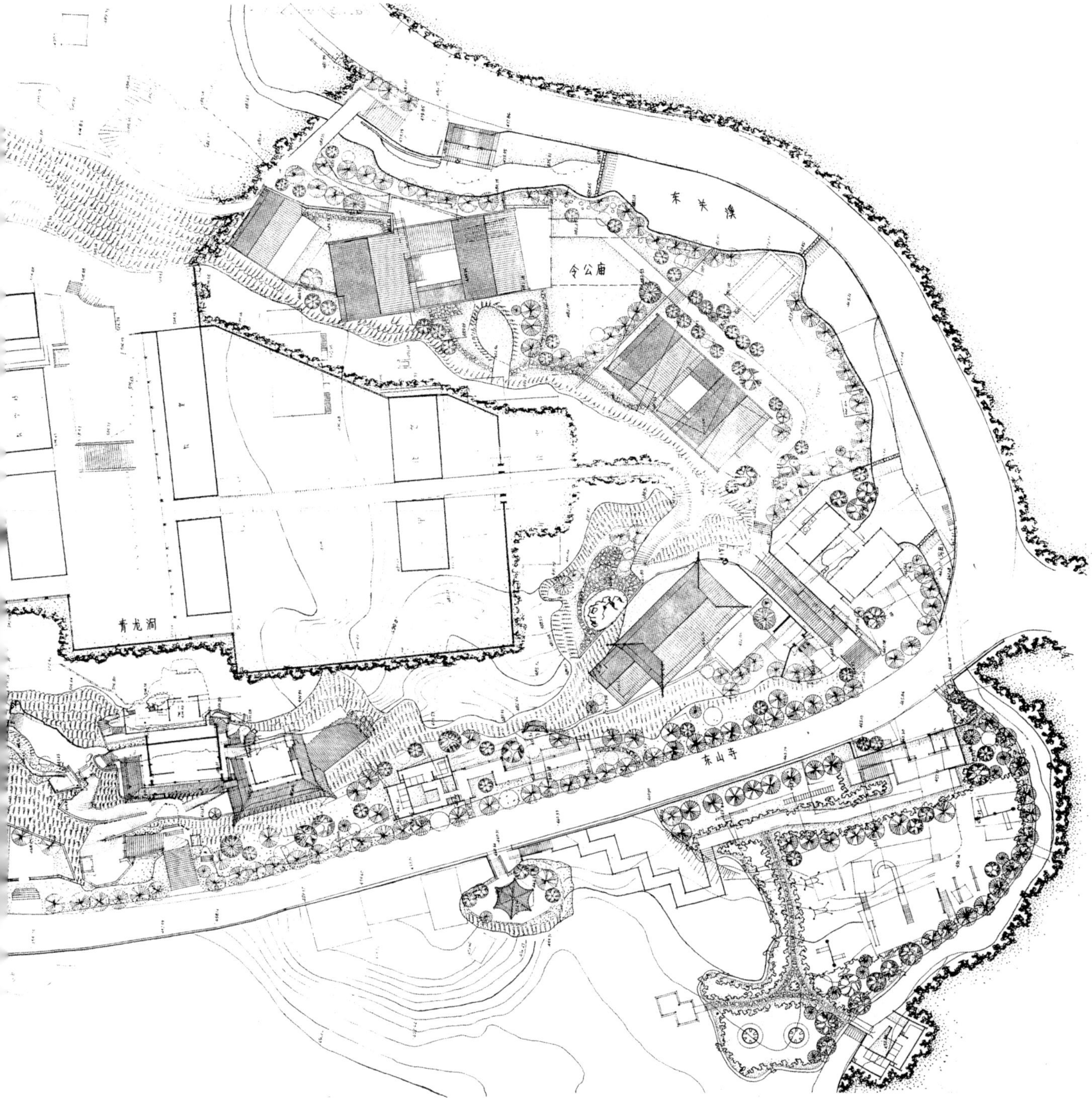
东关渡
令公庙
青龙洞
东山寺

图3-1-8　镇远青龙洞古建筑群屋顶平面图

至玉屏
水碾房
东关溪
令公庙
东山寺
中和斋
青龙洞
童乐園
香炉岩

图3-1-9　镇远青龙洞古建筑群立面图

鎮遠青龍洞
丁卯年季秋月

三、历史沿革

几经毁建，愈具规模。

（一）祝圣桥

原名“㵲溪桥”俗称“老大桥”，据传因庆祝康熙皇帝六十寿辰而改今名。清末建状元楼于桥上，曾一度改为“状元桥”。

此桥西接镇远府城东门，东连中元禅院。桥面海拔高程464米，全长135米，宽8.5米，高达14米。两侧砌大方石护栏，是一座七孔拱形大石桥。原湘黔古驿道和湘黔公路经此，昔日桥下可通行大客船东流沅湘，至光绪五年（1879年），山西知县贺绪蕃诗中还有“客船泛滥争拍浮”之句。解放初水路运输仍盛，可航行二十吨货船。

据《镇远府志》记载：土知县“何惠慰大夫保授，洪武五年（1372年）惠奏请修㵲溪桥以利往来，诏从之，即祝圣大桥之建始此”。但仅落基，桥面尚未建成，“明万历三十七年（1609年），知府张守让申请捐建”，“崇祯元年（1628年），总督张鹤鸣、巡按陆梦龙捐金再建，寻罢，继总督朱燮元、巡按刘世正捐金建成”。至“康熙二十七年（1688年），五月水溢桥圮，总督范承勋、巡抚田雯合道、府捐银”重建，工始于康熙二十八年（1689年）九月，翌年十二月建成。后“至康熙三十四年（1695年）五月，大水复圮，巡抚卫既齐饬知府李会生捐建未就”。“四十九年（1710年）巡抚刘荫枢捐通省官俸四千金，成之。”到“五十八年（1719年）五月大水又圮。雍正元年（1723年），巡抚金世扬合道、府捐俸一千八百有奇，修理坚好至今”。

从明洪武到清雍正前后历时三百余年，中间经过多次洪水冲塌之后重修，方使牢固至今，从大桥始建到现在已有六百余年的历史，它是第一座横贯㵲水的大型古石桥。

清初在桥之东起第三个桥礅上，建有关帝庙一幢，后毁而改为阁。《贵州通志》载：“郡城头牌尽处，有状元桥，跨大河上，郡守汪炳璈建桥上高阁三层，巍峨爽，颇称戏瞻，至于桥工之钜，可称东路第一”。按《镇远访册》云：“在府城东镇阳江上有桥，曰祝圣桥。祝圣桥为楚黔滇孔道，桥上有状元楼，清光绪初（1875年）知府汪炳璈建”。为一座八角三层高阁，亦名“魁星阁”（图3-1-10、图3-1-11）。

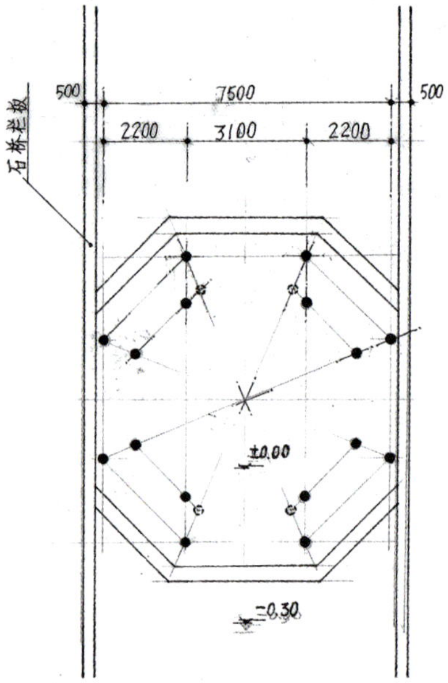

图3-1-10　祝圣桥上魁星阁平面图

图3-1-11　镇远青龙洞—祝圣桥

光绪四年（1878年）汪在阁楼两面各撰有楹联一副。西向府城一侧，横匾书“云汉天章”，两旁对联是：“人上翠微梯，蓬岛青荫天尺五；客来书画舫，桃花流水月初三”。其二楼对联云：“把笛作龙吟，东去洞庭秋月满；传书随凤使，西来滇海庆云多”。东靠中元禅院一面，上额为：“河山柱石”，其联曰：“扫尽五溪烟，汉使浮槎撑斗出；劈开重夷路，缅人骑象过桥来”（图3-1-12）。

桥宽阁高可行车马甚或进贡的大象，《贵山联语·胜迹》中述有：状元桥“为湘黔驿道所经，昔缅人入贡均从云贵以行，桥所必经也”。云南铜运亦取道于兹。可见该桥在很久以前就已成为我国内地与东南亚国家进行经济文化交流和友好往来的交通要道，故在20世纪50年代初，印度总理尼赫鲁曾向我国周恩来总理问及西南名胜镇远青龙洞和祝圣桥之事，原来尼赫鲁年轻时，曾以佛门弟子的身份和师傅一起来过，此处美景给他留下了深刻的印象，成为沟通中外交通的佳话。该桥确实曾为印、缅僧客，往来商旅的取道之地，在此顺水路通达长江乃至内地。

民国二十三年（1934年）楼阁被焚，是年冬红一军团长征入黔，由剑河经报京，再走苦李坪西进镇远，约一个排的红军战士打退据桥堵截的反动军队，而后西去施秉。抗战时修湘黔公路，桥面加高，东起第一桥孔被填过半。

1949年11月，刘邓大军挺进西南，国民党军企图毁桥顽抗，并已在桥西端两孔上埋了炸药，因解放军进兵神速，彼乃仓皇溃逃，大桥得以保存。

新中国成立后，人民政府多次整修，1986年公路改道，取消路面所填，而复露原石桥面。并参照照片重建了魁星阁，进一步保护了这座具有历史意义和战略意义的古桥（图3-1-13、图3-1-14）。

魁星阁

原名“状元楼”。平面呈正八角形（图3-1-10），共三层。一层面阔7.8米，层高6.2米，前后两间金柱外移，与檐柱开间

图3-1-12　大佛殿及藏经楼与望星楼（单斌　摄）

图3-1-13　镇远祝圣桥魁星阁（单斌　摄）

图3-1-14　镇远祝圣桥魁星阁（单斌　摄）

同，以便交通。原外墙封闭，为白粉砖墙漏花窗，现改为开敞式，既利于行人歇息赏景，又减少了风的阻力，改善了建筑的稳定性，加强了视觉的通透感，遮而不挡故乃取之。

二层高4米，柱内收，环廊一周，八面凌空。三层高3.1米，仅八柱而无廊，雕花窗又洞开，依栏俯视河水脚下流，凭户东观中和画山幽。楼总高17.7米，为三层檐八角攒尖顶，形同原貌（图3-1-15）。

正是：

一架高桥似飞虹，三层高阁立凌空；

七孔江水吐不尽，廿四檐迎八面风。

（二）中元禅院

位于中和山北段，前迎祝圣桥，南接万寿宫。崖腰一洞三穴，原名北洞、东岩洞、中和洞，亦为中河洞，后称中元洞。

本处寺观始建年代在镇远建置前无记载，一说是明洪武初年，即何惠奏请修㵲溪桥前后，因寺架桥或因桥筑寺。但据《图经》所载，明洪武二十一年（1388年）建有真武观。相传明太祖赐号张三丰、明英宗追赠为通微显化真人的云游道人曾修道于此，穴居中和洞内。考其年代当在明成祖永乐年间（1403～1424年），他离武当不知去向，镇远、福泉等地又有此传闻，两相印证或是可信。在张三丰修道之时，已建有真武观于洞前，最早系道教所创，后毁而建寺，并因中和山名而曰中山寺。

图3-1-15　镇远祝圣桥魁星阁（单斌　摄）

据《镇远府志》载："中山寺，在府城东东岩上，明知府黄希英建，工部郎中赵之绪构藏经楼，兵毁"。修建年代当是明嘉靖九年（1530年）庚寅。二十九年（1550年）庚戌，知府程节复修一次。《嘉靖通志》载，建有拱辰楼，或为望星楼之前身。据记载："中山寺，明末（1628年）兵毁"。至清康熙五年（1666年）丙午，有僧泰园募捐再次修复中山寺。按《重修中元洞碑记》所刻："康熙五十八年（1719年）岁在己亥，四月二十六日洪水为灾，前殿月台随波倾圮"，至雍正二年（1725年）乙巳十一月由住持国正及徒等募捐修复。咸丰同治之时屡建屡毁，到光绪初年重新修护，即今之中元禅院。

中元禅院洞门即是山门，南面建有大佛殿其上藏经楼，北接千佛岩、望星楼、后面有三径亭，南端崖下为流丹亭及中元洞，紧邻朱文公祠，北角门外循小路即达后山，南角门与万寿宫相通。分布在长100米，宽30米的地段中，占地面积约为1800平方米。

1. 洞门

"文革"前桥头距寺院前坎墙仅7米，北侧植古皂角树一株，绕树旁筑有长石阶通向河下。洞门前临溪，面前平台只2.56～3.85米宽，现已扩展不复见水面。

高高的坎墙上正对大桥立有照壁一方，瓷片镶塑"中元禅院"四个大字，字体浑厚醒目。墙下北端即是洞府山门。

山门乃由两突兀巨岩斜对，恰成一“人”字形的天然洞口，宽2米，高3.4米。门外凸至河岸的山岩上，浅刻“中元洞”三字，洞口两边各立石碑一座，现已无存。门框及槛、梁均用条石砌就，门洞宽1.55米，高2.05米，装有双扇木板门。洞口横楣上有一长条黑石额，长1.3米，高0.38米，其上阴刻“入黔第一洞天”六个篆字，旁有隶书铭文曰：“中元洞白石镇六字不知所始，年久剥落，属阳城刘广密溥篆，磨崖重镌存有迹也。道光三年（1823年）癸未九月淮南凌泰交识章”。凌泰交时为镇远知府。

入得洞来，登石级直上，迎面有灵官庙龛一座。左侧岩壁有磨崖粉刻一方，上刻阴文行书“奇石仙缘”，署名为善后总署同知魏慎题于清光绪二年（1876年）。另嵌有清顺治年间的诗碑一块，为《中河洞对月》：

月到招堤静　清光隔岸看
峰高轮影障　水阔露华漙
暝色通幽径　春流响急湍
坐听钟漏尽　返照佛楼寒

清郡守张维坚诗

再折回顺石级上行，但见千佛岩与大佛殿北墙岩石间，砌有宽2.2米石拱天桥一座，拱跨1.8米，高3米，其上连千佛岩。出桥洞下即达大佛殿前庭（图3-1-16、图3-1-17）。

2. 前庭

前庭中宽7米，长20米，距洞外高6余米。堡坎上砌砖花栏墙，高1.3米以分隔内外空间。顺栏墙南延可到文公祠和万寿宫后门。

殿前庭中砌六角花台，植被子金桂一株，已有二百年之久，因能结子而视为珍稀品种。每当金风送爽之时，金花盛开香溢四野。堡坎中部立有“中元禅院”照壁，高3.9米，宽1.95米，庑殿顶檐，其内侧原为韦陀殿一座，长2.3米，宽1.7米，今已无存。现照壁内龛中书一大“福”字，面对大佛殿（图3-1-18）。

图3-1-16　望星楼下中元洞门口

图3-1-17　中元洞门内景通大殿前庭

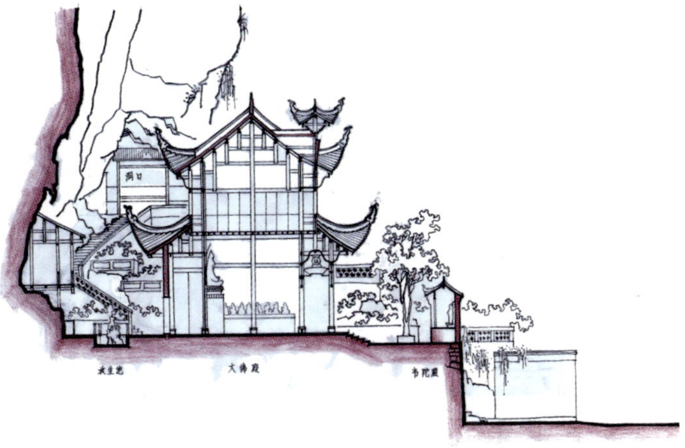

图3-1-18　镇远中元禅院

3. 大佛殿

大佛殿为一座二层四角重檐歇山顶楼阁，建筑平面呈方形，面阔12.4米，进深11.7米，底层高7米，总高15米。分三间，明间特宽达7米。底层前檐下挂横匾，上书“大佛殿”，两旁檐柱挂有楹联一副：

江南宝刹，蓟北丛林，三十年粥饭斋僧，已领略个中妙趣；

㵲水流青，屏山扬翠，八千里雪泥鸿爪，且欣赏此地风光。

殿中莲台高筑，原塑释迦佛，左右间后墙佛台塑文殊、普贤，两侧石台上塑十八罗汉，殿后有倒坐观音一尊，“文革”中均被拆除。

楼上明间檐前，突立木牌坊一座，嵌挂竖额，上书“藏经楼”三楷字。经书在清代遭兵燹早已毁去。楼四周有环廊，栏前观祝圣桥就在眼下。廊北接望星楼，只此唯一通道（图3-1-19～图3-1-22）。

4. 后庭

穿过大殿后墙的圆门洞，则是后庭院。院中有放生池一个，平面六角形，石栏石柱护之，每柱上刻诗一句曰：

古刹依岩立　禅轩就穴开

琼阶清雾绕　石径霭云迴

如斯幻境处　自有游僊来

如今古刹依然，禅轩已去，殿后十米即可直接面壁对穴矣。回首望大殿后壁，圆洞门上有蓝花瓷片镶嵌的“渐入佳境”横楣一方，白粉墙上有高堆塑“方壶圆峤”四个五尺见方的行书大字，系光绪年间许慎所书。方壶、圆峤、岱舆、蓬莱、瀛洲为古代传说中的五仙山，示以如入仙境之意。

5. 千佛岩

顺后庭转西折即见巨岩斜伸扑面而立，俯视岩下即山门洞口。上部石棱万状、孔隙千般，过去，每孔有佛一尊，大的尺许，小则五、七寸，或立或坐，形态各异，栩栩如生布满岩端，故碑名曰：“千佛岩”。岩顶处于望星楼下层吊脚木构附阶当中（图3-1-23）。附阶曲尺形，南北面阔9.4米，东西通进深11米，南端位于一架石拱天桥上，顺大殿山墙沿石级下接后庭，东端有墙门通“三径亭”。

图3-1-19　镇远中元洞（大殿藏经楼）

图3-1-20　镇远中元洞大佛殿（单斌　摄）

图3-1-21　镇远中元洞

图3-1-22　大佛殿及藏经楼（单斌　摄）

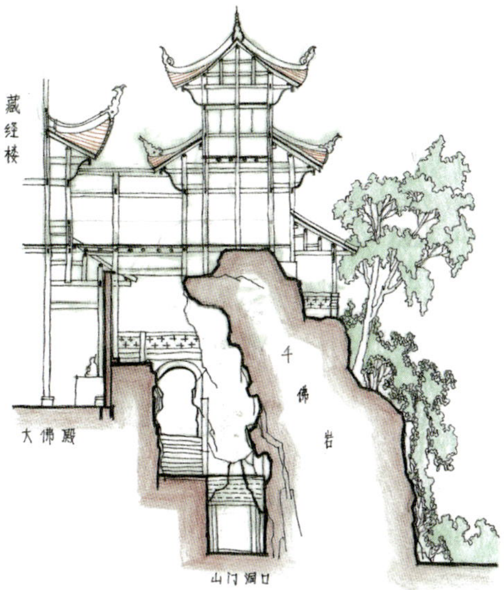

图3-1-23 望星楼立于岩端

6. 望星楼

循附阶中石级步步登高，即达望星楼，门口有对联一副：

骑象浮槎千古风流太守句

南箕北斗五溪烟水洞庭波

入门登石阶向左有架空阁道通向藏经楼，右进阁楼内，层高3.91米，外有环廊，开间2.65米。旋梯再上即至望星楼之顶层，层高2.35米，开间仅1.67米，六面开窗，正面向河，檐下横额“望星楼”。其两层六角阁楼突出于下部附阶披檐之上，顶层观景极佳，周围景致大不相同，前望城镇绕山，后对悬岩顶天，左观宫寺重重，右览峡谷曲蜒。星夜登临仰可观望夜空列宿，俯可瞰视碧水沉星，楼名“望星”即源于此。

7. 三径亭

出望星楼便到独柱亭，额书“三径”，其下蓄水为池，三方小桥相接而通三径，故名之。此处原为一曲尺形二层楼房，北屋下为客房上为僧寮，东房只一层筑于石坎上，利用悬崖下部长穴凹进空间半挑之，造成两间附崖披厦作灶房，其凹穴处恰有一泓泉水，终年不盈不涸，以供日用。

如今此幢建筑亦在“文革”中毁去，而改为院、亭，以扩大游览处所。亭之独柱实为一根3米多高的钢筋混凝土柱独立于水池内孤岩上，柱顶为钢筋混凝土板作亭下地板，承六根木柱建单檐六角攒尖亭于其上。开间仅1.33米，枋高2.13米。此亭建于1980年。

8. 中元洞

沿崖下曲阶拾级而登，便至中元洞。有窍三孔，曲穴交穿，宽处15米，深约13米，洞顶高4～7米。洞内原有炼丹台及三处佛座，顶部吊盒架内供燃灯古佛，其地面有小池如半月状，岩水滴滴入月池。洞内四壁钟乳垂吊，石笋兀起，如飞禽走兽、云垂花簇，奇态诡状，令人遐思。而其支洞则曲折幽深，风自洞口回转吹出，冬温夏凉。

中元洞的三洞口形状不一，北洞口宽大，中洞口矮小，南洞口瘦高。

北洞口为主要入口，呈三角形，底长6.5米，高4.5米，扁大开敞。内侧原有石碑二座，一为“永历丙申之秋……”惟字多被剥落不能读，查记载乃是陀国恩仙和尚碑刻。一为《重修中元洞碑记》，乃是清雍正二年立，曾述及“洞之形胜寺之巅”，又“毋以后居者之逸忘前作者之劳”，并记载康熙五十八年洪水为灾之情，而“于大桥落成之后鸠工采石始工，于七月十八日告竣，十一月初十日于是由洞而阶由阶而台以及四面围墙”，“通费百余金”之事记。惜“文革”中均被毁无存。

顶壁原有碑刻摩崖多处，尚留部分，如：

丹台玉室　明知府陶弘瑾书

岩峨

洞天福地　光绪二年善后总局知府魏慎

另有《中河洞晓钟》清顺治年间知府张维坚诗一首，刻石嵌于北壁上，其诗云：

白云缥缈敞诸天　漏尽钟传下界先

半壁藤萝初落月　千家砧杵乍生烟

霜空远度孤城外　日上晴浮大壑边

莫道洞中人未识　声闻何处不悠然

中洞口外石壁上嵌有一方石碑，阴刻楷书“别有天地”四字，铭文阴刻行书数行，为“此地有胜水名山，令人盘桓而不忍去，相传明炼师张三丰修道于此。民国廿六年春华洗题”。华洗系当时镇远专员。进内南侧果有石床，旁挂草鞋雨伞，上悬包袱葫芦，均为乳石滴化成形，而俗传为张三丰习静于兹时之“行具”。

南洞口内迎面有一天然石台，上塑送子观音立像，今已无迹。洞口外即是文公祠后檐墙。

9. 流丹亭

出中洞口即来至一平台，清末建一亭，后毁，现为民国时所筑，题额“流丹”。遮挡洞口前，面向桥阁中，系一座单檐六角攒尖亭（图3-1-24）。

其体量比三径亭大，开间为2.5米，枋高2.9米，外向三方设美人靠，以凭栏赏河景，内侧三方分别通向中元洞的三个洞口。左邻文公祠，右近藏经楼，居于禅院之高处，此地面已高于洞门外16米。

亭南沿文公祠山墙步下石阶，即至祠之北门，继而转下便可回至大佛殿前庭，或直接转下，经便门到河边而出寺外，现此便门已封堵，但开有角门与万寿宫相通。此处已扩出一间平房作小卖部以对外营业。

回顾禅院树遮岩障，正如明代文人高鉴诗中所感：

东岩乐　景物依稀俯城郭

江草离离江水绿　峰峦壁立危如削

空然一洞光闪烁

日光下照春雾薄　石瓶石炉似人作

云萍踪迹随漂泊　仿佛如梦还如昨

………

（三）紫阳书院

今名“紫阳洞”位于青龙洞与中元洞之间，中和山石崖中段的上部，东靠悬崖绝壁，西傍巨岩连理，南接青龙洞寺，北通朱文公祠，崖上文明书院，岩下江西会馆。

其地段狭长，是由悬崖和五个巨岩围成的一条凹槽空间，并巧妙地利用每个巨岩，或依、或架、或立、或跨地建起了圣人殿、老君殿、考祠、谐趣亭以及山门等建筑物。高低错落、疏密相间，如同玉珠一串，展列在陡壁之前。

图3-1-24　镇远中元洞流丹亭（单斌　摄）

据《镇远府志》载："朱文公祠，在府城东北中山寺洞前，明嘉靖九年知府黄希英建，并置田若干亩，立石碑于洞口，曰紫阳书院。二十九年知府程节徙于东山书院，明季圮。康熙十一年重修"。又云："中元洞在明嘉靖九年庚寅，经知府黄希英建紫阳书院于此，附祀朱文公牌位于其中，工部郎赵之绪复构藏经楼于其侧，二十九年庚戌，知府程节复修一次，万历十一年癸未八月知府杨守让刘叔龙等新建观音阁于其中……"

最初，黄希英建中山寺时，在洞前建有书院，据记载：洞口立有石碑刻"紫阳书院"四大字，每字尺余，右旁小字一行，为知府黄希英碑，言于此建紫阳书院，且立考亭祠于山半。此时并未单独立祠，只供牌位，当时规模甚小，与洞寺相连，即今朱文公祠旧址。该处在东岩北部，地势稍缓易建。尔后中山寺一带遭兵燹，程节复修时迁建至今紫阳洞处，称"东山书院"，修考亭祠作考堂，又依中间巨岩建有二层馆舍，至今岩上痕迹犹存。明末又毁。至康熙十一年重修朱文公祠并重建紫阳书院于此半山，复立考亭祠和馆舍，镌碑撰文以记事。

当时建朱文公祠和书院就是为了纪念宋代理学大师紫阳先生朱熹的，故名"紫阳书院"。是黔东地区最早的文化教育机构之一，它对传播文化起了一定的历史作用，距今已有四百七十余年之久了。

咸丰五年（1855年）毁于兵火后，书院便迁至中和山顶东苍坪上，仍名"东山书院"。光绪四年（1878年），在书院北端的乱石岈上架立干阑式二层楼的圣人殿，供奉孔子牌位于其中。改建考亭祠为二层，山墙到顶悬山式楼房，楼上是三官祠，供奉尧、舜、禹三官大帝，下为考堂，后废而作客堂。复修馆舍两层，作马头山墙以防火。石阶坎下嵌有光绪五年之"千古石榜"碑以记此举。此时紫阳书院中三幢建筑皆为二层楼，尚非今日之面貌。

光绪五年（1879年），知县林品南始在中和山顶东苍坪上创建"文明书院"。其构建是按红楼梦大观园图案仿置之，亭榭楼阁甚为雄丽，今已发展为镇远一中。此处即随着佛、道二教相继流入，儒、道、释三教并存，书院之名随废，而更名为"紫阳洞"。

光绪八年（1882年），一些政教人士改圣人殿为雷祖殿，上层为燃灯宫，"文革"前有《燃灯宫碑记》刻其灯光胜会之事，后改为千手观音殿，下层供奉雷神殷闻仲，昔时夏历六月二十四日曾有庙会"雷祖会"，以祭祀雷祖。

光绪二十八年（1902年），将馆舍改建，并利用巨岩筑附岩楼阁三层。下层吊脚架空并用作住房，中层为老君殿，上作三清殿，后祀孔子牌位和朱子牌位于其中。

至此，紫阳洞中三幢楼阁建齐。所居地段长60米，最宽处仅16米，占地面积只有600平方米。范围相当狭小（图3-1-25～图3-1-29）。

图3-1-25　镇远紫阳洞（单斌　摄）

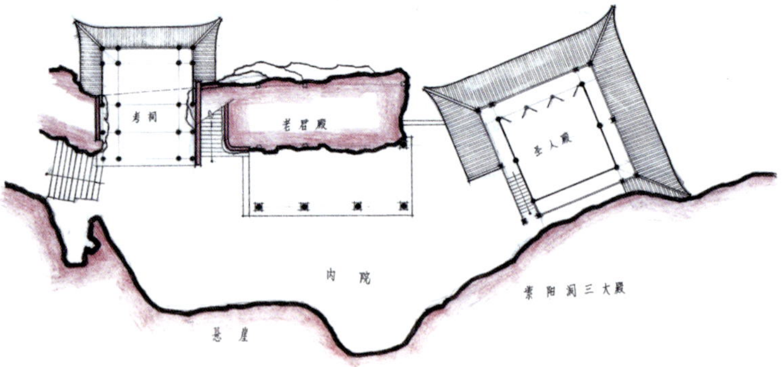

图3-1-26　镇远青龙洞紫阳书院一层

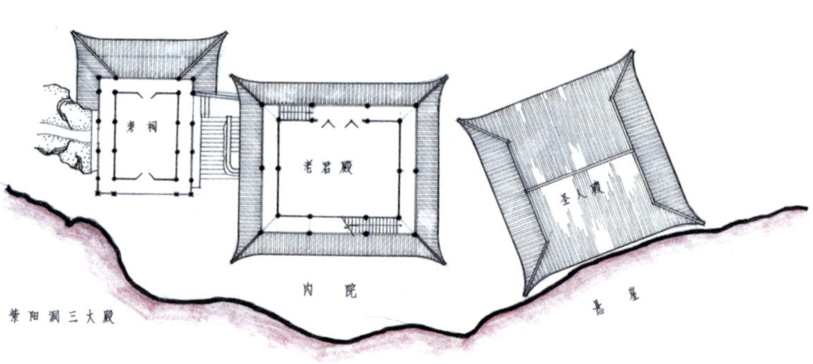

图3-1-27　镇远紫阳书院二层

图3-1-28　自老大门码头看紫阳书院（单斌　摄）

图3-1-29　镇远紫阳书院

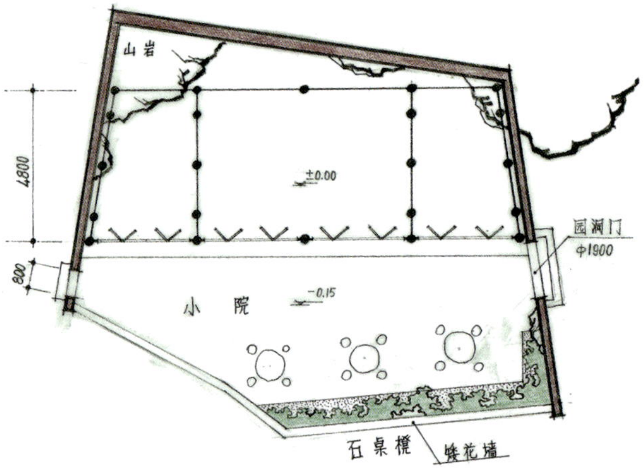

图3-1-30　朱文公祠平面

1. 朱文公祠

位于中元洞南口外堡坎之下，万寿宫仓房后墙之上，为一个独立小院。有正房三间，临北墙原有披厦一间，两侧为屏风山墙。院前围以砖花栏墙，依山面河，封闭中求得开敞。系初时紫阳书院旧址，供解惑授业的学塾，内供有紫阳先生朱熹之牌位，放于朱文公祠，俗称文公祠（图3-1-30）。

“文革”中屋架坍塌，1985年修复成五柱四开间平房一幢，面阔13.6米，进深4.8米，前檐高3.77米，旧有山墙保留修整完好，原建筑形式未变。后坎墙山岩突入室内，自然情趣颇浓，为紫阳书院早期建筑。出南侧圆洞门，近连万寿宫徐仙殿，沿贴崖栈道与紫阳洞相通。

2. 山门

据《镇远府志》之“镇远卫城图”所示，有曲折山路在今青龙洞寺山门前后位置。至紫阳洞山门已登阶74级而达山腰。两岩夹峙，筑墙辟门形同天然关隘，门上横书“紫阳洞”三字。粉墙瓦檐庑殿顶十分醒目（图3-1-31）。

门前蹬道北侧岩壁上阴刻楷书“蓬莱仙境”四字，并署有“沧海归人题”之后款，视其风化程度，疑为清朝中叶以前所刻。

门内右折顺夹道绕孤岩即至青龙洞寺观音殿。左折登卧岩即为“谐趣亭”。迎面绝崖陡峭，阶旁巨岩横卧，绝崖与巨岩之间形成一狭长前院，长16米，宽只有5米（图3-1-32）。院坝靠南地面有一小孔，为近年维修地坪时特意保留，每当严冬河面水汽蒸腾时，此孔洞亦冒水汽，可知其下为裂隙，仍与河边南洞通。

院左侧卧岩高3米余，中间断缝可容人过。右折而下即至考祠底层吊脚处，眼下万寿宫屋顶层层，院落重重。

图3-1-31　紫阳洞门外

图3-1-32　谐趣亭旁紫阳洞前院

临院坝卧岩壁上有摩崖粉刻，为清光绪二年冬月同知魏慎题的“翠云甘露”四楷字。其下嵌碑石一块，镌隶书凹字“幽趣”，另镶光绪二十六年（1900年）的石碑一方，为镇远镇总兵官粤西岑润之题诗，“辛丑任镇溕阳，秋登青龙洞总成”曰：

凿开混沌自何年　应是庄严别有天
山气郁吞飞阁影　钟声摇破隔江烟
日烘叠嶂晴光绕　浪逐轻帆峭壁旋
静坐忘机空色扫　此心常傍月明边

对面崖壁上亦有摩崖粉刻一款，是光绪二年冬月知府李稷华题的“卧佛醉仙”，与之对应。这些诗词题字，恰如其分地点出了该处情景。

崖下有一穴甚浅窄，高2.10米，宽2.55米，深4.60米，紫阳洞当指此也。洞内原有明万历十一年（1583年）《新建观音阁记》一石碑。洞之对面卧岩下亦立有《重修观音阁碑记》一座，“文革”中均被毁去。

原此两崖岩间筑有金刚牌坊墙门一座，长4.5米，门洞宽1.3米，上书“登道岸”，取诗经“诞先登于岸”之句，为学已大成曰已登道岸，即升道德之岸也。系书院早期所题。坊门后带披檐，现已坍毁无存。入门即紫阳书院之内院。

3. 谐趣亭

“紫阳洞”山门内，沿半圆曲阶上17步即至亭中。此处居高临下形势险要，原有露天旱厕一间，很不雅观，1985年改建为亭。平面呈正三角形，开间2.5米，枋高2.1米，单层三角攒尖顶，檐下挂匾书曰“谐趣”。

前临陡崖，凭坐美人靠中可俯视河面城镇，可远眺群山揽翠，右望玉皇阁，左观紫阳洞，诸景谐趣悦目怡神。出亭步至卧岩上，过石板小桥循岩脊北行数步便至考祠楼上。

4. 考祠

考祠位于“登道岸”牌坊门西侧，处于两岩间，面阔5.8米，进深6.3米。一层中两岩基部突入室内，随岩势补砖墙封两侧，所处之柱亦长短不一随势高下而立。纳天然山石于内，不乏自然情趣（图3-1-33）。

原考祠为二层悬山屋面，山墙封顶前后挑廊，崖外一层廊上带披檐，1984年坍塌，翌年重建。改为外面吊脚而成三层檐歇山顶。底层和一层外侧设腰檐与两岩接连，底层吊脚为一贴崖廊轩，由前院岩缝中进入。一层前后开敞，层高3.4米，上层四周环廊，层高3.1米，顺南岩可至谐趣亭，贴北墙筑有高石阶以上下通达。沿石阶再转而上行即至老君殿楼层。阶下堡坎中嵌有修复碑记一方，碑头刻有“千古石榜”四字，后刻“大清光绪五年岁在己卯……”等字样，风化雨淋碑文剥蚀难以辨认。立此碑时，该处系为二层依岩馆舍，老君殿尚未建造。

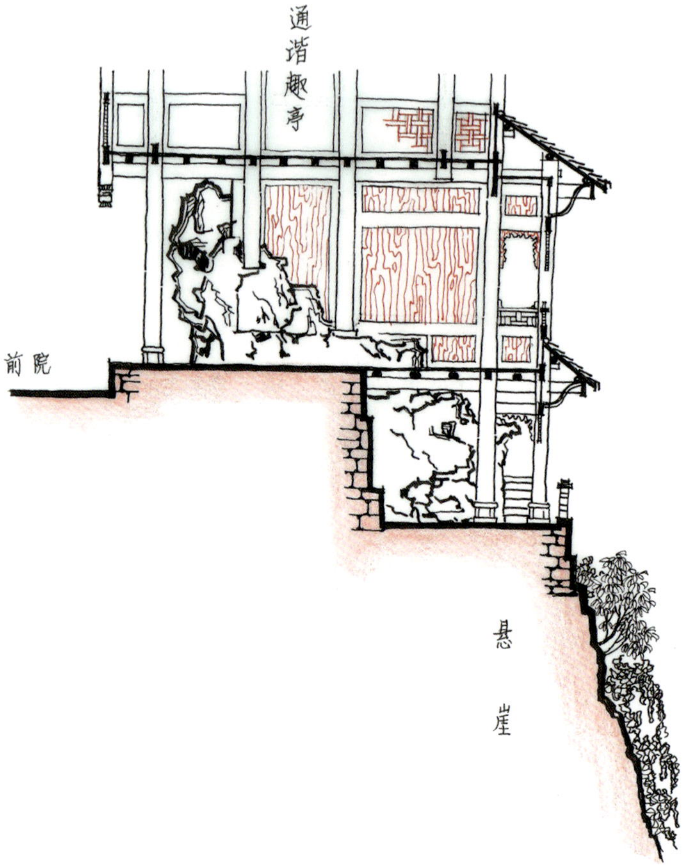

图3-1-33 紫阳洞考祠下部剖面图

5. 老君殿

老君殿架设于一个突兀巨岩顶端（图3-1-34）。前檐柱立于巨岩外侧悬崖上，中柱立于巨岩内侧，后檐柱底层向院内吊脚，民国年间维修时曾包镶粗大砖柱，并砌以侧墙。1984年重修时即将砌砖拆除，以恢复原有结构形式，仍为三间四柱落地，而形成一个长8.57米、宽3.4米、层高6.6米的钢筋混凝土框架半边廊轩，敞向内院。

廊轩内北端岩上嵌碑一块，为南明永历丙申（1656年即清顺治十三年）年间，台使任国玺之《宿镇远有赋》七言律诗一首，其诗云：

天堑深溪偃巨虹　岩峣箐屿郁青葱
道傍暂息图黎碣　石上嗣题汉使功
风静鸟喧屏嶂里　月明人度镜函中
呼棹直影窥牛斗　为问灵源几世通

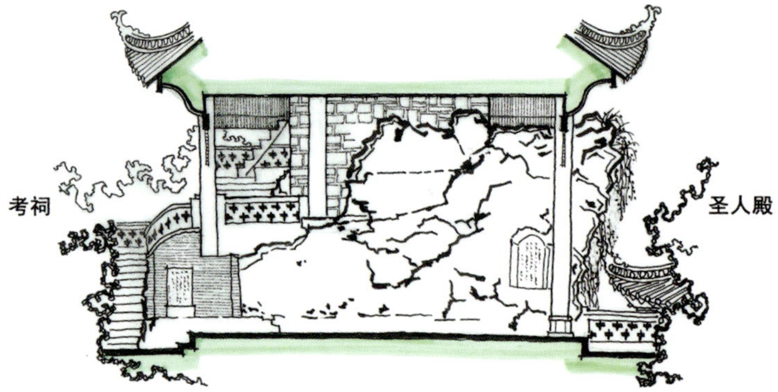

图3-1-34 紫阳洞老君殿下面附岩建筑

落款“永历丙申之秋台使任国玺偕邑令陈然得勒石”。据记载此碑当是在“紫阳洞石梯旁”、“立于道左”。按《滇行日记》中记有：“……立考亭祠于山半。又折而下石梯，旁有丙申台使者任国玺诗句云：‘风静鸟喧屏嶂里，月明人渡镜函中。’诗既佳，行书亦苍润，游者所当摩抄慨息也”。原碑在“文革”中被毁，今碑系近年修复，时据1963年的拓片复制而移此处。

老君殿为一座三层檐歇山顶吊脚阁楼。中层三开间，面阔8.57米，进深7.23米，层高5.4米，环廊一周，后廊设楼梯一部，直通上层。上层四周外柱均内收，使面阔缩小成6.85米，进深为5.5米，顶棚高4.8米。中柱间对脊阁栅底面写有“大清光绪二十八年岁次壬寅小阳月谷旦”字样。外面檐下挂有横匾“紫气东来”，系老君乘鹤之景。

建筑总高18.1米，顶高几乎与东悬崖齐，地势居中险要，殿阁高耸凌空，若问本建筑群中之最雄伟者，老君殿是也。

6. 内院

东贴24米高的峭壁，西有考祠、老君殿遮挡，形成一个封闭的狭长庭院，长处24米，宽处只有8米，距离山下路面已高起26米。崖顶树木斜挑，崖壁苍藤悬垂，“文革”前藤木茂密遮天蔽日，阳光下射斑驳点点，地面苔藓铺绿，潮润异常。此已是往昔之景矣！

在老君殿对面东崖下凹处，原筑有一座佛台，上砌牌楼式庙龛，谓杜康殿，供奉酒神，今已拆除。其上崖面嵌石，横长2.44米，竖高1.42米，阴刻特大楷书“飞岩”二巨字，每字高1.3米，宽1.15米，为镇远石刻中字迹较大者，系清“宣统元年春月徐印川书”，是时徐印川为贵州提督。其下侧旁直刻有“光绪丁未年”之“小娜嬛 ”三字。系天帝藏书之地。

内院北端即是圣人殿。

7. 圣人殿

圣人殿架空于几个凸岩上，成为干阑式建筑。实为三层，而在院中只露出一层半。自院中下石阶即至下层雷神殿，前、右二面设廊，在金柱明间圆洞门上，原有金字匾额“威镇寰区”，“光绪八年孟夏月谷旦立”。廊道顶棚作一枝香轩式卷棚顶。中间枕檩上写有“大清光绪四年岁次戊寅仲春月谷旦日立”，录有建造年代。

从院中登木梯上半层，即至楼上圣人殿，三面围廊，背面临崖。廊内明间挂有篆书横匾“春风化雨”，今人又撰写楹联一副：

㵲水绕岩疆万树烟霞千里江山如画

吉光盈古殿满蹊桃李百年文教方兴

于廊中左眺远山城郭，右看大桥高阁，下观万寿宫馆，几重院落摆列，远近景观层次分明。

殿堂面阔8.6米，进深6.9米，层高5.6米，其上层围廊内收，平面呈方形，5.2米见方，层高4米。立面为二层檐歇山顶。

沿后墙与悬崖间的夹道，顺石级下行28步，即至架空底层，层高仅2.2米。巉岩突起杂布其内，柱脚长短不一地支于凸岩上，形成一个长4米、宽3.4米的敞厅。

穿室向下52步蹬道，便至万寿宫戏楼。若循贴崖栈道前行就可通向文公祠。此两部分均是1983年整修时重辟的游览路径，至此即出紫阳书院（图3-1-35）。

透过树隙北望，中元洞、祝圣桥隐隐约约。正如清光绪年间，湖广总督陈夔龙诗刻中所题之景：

缅象桥东迈　一色藓苔苍

中元洞景幽　辟绝纡羊肠

……

图3-1-35　镇远紫阳洞步道立交一景

（四）青龙洞寺

中和山石崖中段偏南处，地势陡峭不易建造。在中元洞建真武观之后，过了十五年方在青龙洞前建起玄妙观，据《清一统志》记载，明永乐元年（1403年）始建，天顺八年（1457年）重建，弘治己酉（1489年）道士李道坚修炼于南洞，玉皇阁、望江楼是时已有雏形。中和山麓前有主体建筑澄江阁，阁下有岁寒亭。又据《嘉靖通志》载："岁寒亭，在玄妙观石岩下，明嘉靖三十年（1551年）程节建。"旧址即今山门内小平台上，清光绪年间仍存。"有斐亭在玄妙观竹园，明嘉靖三十年程节建。"《贵州通志》载："有斐亭在府城东东山观左。"早时吕祖殿尚未建，该处连下即为竹园。据两志书中所记，有斐亭或是今日之半亭。

之后，玄妙观遭焚而废，僧人随之建寺曰："青龙洞寺"。清乾隆《镇远府志》记载："青龙洞寺在府治东与中山寺相连。"又云：在明"万历十一年（1583年）癸未八月，知府杨守让、刘叔龙等新建观音阁于其中。"原在紫阳洞内有《新建观音阁碑记》，述及"郡之东有山盘旋耸拔，其上平原其半阿曲，选其中一小洞天，右联紫石洞左枕东山寺观，后坐中陵前挹江流，固郡中奇观也……有如作屏修平，磨砻穿剔，特建梵宫于上阜……有僧贞元世为镇远人，募资财、庀材用、鸠工匠，通阶绕径凿崖拓地，建观音阁焉……是举已经始于隆庆之四年（1570年）至万历十一年（1583年）而乐成……"延至明末（1628年）又遭兵燹。

到清康熙己未（1679年），住持尼僧定方重修观音阁时，其处已具规模而成大观。据《重修观音阁碑记》中程煜所描述："天下之奇辟险巇者，莫不以蜀为最……余历四川之山几遍，所见峭峰怪石、绝壁巉岩，出人意想者不可胜数。洎乙卯来黔，而黔山之嶙峋遒萃、窈窕骀岩，类皆中空而多窍，其怡情悦性又有不同于蜀者。潕阳为滇黔锁钥，以山为隘也，距府治东里许，有山曰中河，下临潕溪，其悬岩高数十百寻，极嵌空玲珑之致……上构精舍数处，或凿石为蹬或支木为桥，随石之转折高下，或为亭或为榭或为复道，随洞之大小浅深，或为堂或为室或为僧寮……而兹岩左右两洞尚完好，惟中之观音阁创自明季万历间，以时久独倾圮焉……"重修可"以成昔人创造结构之奇，以成左右两洞辉映之盛。"

随着朝代更换，历史变迁，扩建、废阙、修复、再建，几经变化规模风貌犹存。据清同治十三年（1874年）碑与宣统二年碑述及："郡之东有青龙洞焉，地曲而幽，环洞皆峭壁灵岩，树绕荫深，乃洞天福地也……"咸丰乙卯年（1855年）寺遭兵燹，"劫灰飞尽，云窟存真。殆至己巳（1869年）镇郡恢复"，辛未年秋（1871年）李至亮"住持此洞，即登斯地睹其前人创造之盛……"于是"普结善缘募资鸠工，一时楼阁焕然更新。"但仅是"已将右硐（注：中元洞）创成，观音殿及牌坊各祠及中左两硐（注：紫阳洞、青龙洞）尚未厥举，其庶民而可以少壮观瞻……”之后，逐年修筑，到“光绪癸卯（1903年）秋，忽被回禄，仅余洞左三间（注：即紫阳洞内三栋建筑）…… ”随即经住持黄宗禄、李宗启等“募化添资，不一年工竣。气象巍峨，较前更美。每当云开雨霁游斯洞也，凭栏一眺，则万家烟火夹岸青山，香雾与行云齐飞，绿树共水光并映，诚吾郡一大观……”故观音殿、吕祖殿、玉皇阁之脊檩题字均为“光绪三十年（1904年）镇郡官绅士商军民人等捐修”字样。

民国年间维修时，玉皇阁下挑出部分又加了四根长短不一的木柱作为支撑。

近百余年来，青龙洞古建筑群往往横遭天灾人祸，历尽了尘世沧桑，使昔日游人也多有感慨。光绪年间湖广总督陈夔龙重游青龙洞时题联云：

笠瓢一客携，重寻别后雪鸿，壁上犹留旧泥爪；

楼阁五云起，偶话劫余鸡犬，洞中亦有小沧桑。

寺区地段长45米，宽处38米，占地面积约为1500平方米。是青龙洞古建筑群中之重点。从下到上有山门、正乙宫（财神庙）、吕祖殿、观音殿、斗姥宫、玉皇阁及望江楼等建筑。视野最为开阔，景观最为深远，正如观音殿中当代书法家王萼华书之对联所言：

水曲山多幻

崖高楼与齐

当即是也

1. 山门

山门位于㵲溪河水弯折处，两岩凸至岸边，似环抱状。宽大的台阶居中面对河湾，左侧石台高筑与万寿宫牌坊相连，右侧陡岩上刻有“九龙一钥”四个篆字，系民国十年（1921年）李烈钧所书。坎下一水洞，泉水常盈，人称“青龙泉”。正对台阶，两侧突岩凹入，上砌石拱形成一洞，其内钟乳垂吊，敞迎来客，旧称“水晶宫”，昔日曾建有龙神祠，后人在洞口筑起一座三山牌坊墙，中间竖刻三个斗大草体字“青龙洞”，白底黑字十分醒目，两旁水磨青砖柱上刻黑字对联一副，曰：

㵲水无双福地

黔山第一洞天

坊左侧斜向列碑二块。又，在水洞之上靠陡岩处原筑有一座小庙，为“福德祠”，白墙青瓦面向山门。台阶在此北折，顺阶继续上行，八字山门迎面洞开。

山门为一座六柱五楼式牌坊，高踞于43级石阶之上，坐北朝南（图3-1-36）。

文笔临溪，二水潆洄环古刹；

香炉鼎峙，万家烟火接丛林。

其柱上部在竖额旁还有一联：

图3-1-36　青龙洞寺山门台阶

问何处飞来，凤翥鸾翔，看缥缈翠微聚秀，居然南海；

从此间上达，星辉云烂，知峥嵘碧落弥高，尚有东山。

两旁柱砖刻楹联一副曰：

胜境自天开，不让娜嬛称福地；

仙山容客到，无须矶畔问渔船。

可知当年湘黔公路未修之时，驿道甚窄，岸边石矶靠近台阶，自矶畔便可下至河中，现已路基高筑，隔断水面久矣！

次间泥塑花鸟纹饰，戏文故事，右为“香山”，左为“金山”，原作均精美异常，“文革”中破四旧被毁。

大门两扇，木漆暗红色，衬以青砖绿树、陡崖悬石，远观近视引人入胜。墙后门上挑出披檐一顶，门后堡坎上嵌有“福缘永结”碑一方，字已剥蚀难辨。

入得门来，平台高敞，迎面筑有“灵官殿”，此殿本是一座佛龛，置于石台座上，后邻万寿宫南坎墙，距山门5.2米，两坡瓦顶，观音兜山墙宽1.9米，高起如巨碑矗立台上，白墙黑字仍书“青龙洞”，系放大之山门竖额字体。隔河遥对城中，特别注目。

大门前后之殿、祠、坊墙、石碑已毁于“文革”，如今“灵官殿”位置已辟为一条蜿蜒陡阶下到万寿宫的牌坊门内。

平台西边为一弧形凸向河边，倚栏墙赏河景如同脚下，早时曾建有“岁寒亭”于此。东侧顺阶曲折而上，迎面石崖藤蔓，吊挂如垂帘，崖下并排嵌有四方石碑，为同治十三年（1874年）立的修复碑记。崖上粉书特大横幅“海上飞来”四个黑字，上款“道光己亥夏”，落款为“果勇候杨芳书，时年七十”，即道光十九年（1839年）之物，因年久复修代代描摹，字已失真。循阶南行，即至正乙宫。

2. 正乙宫

财神庙供奉财神赵公明，道家尊他为“正乙玄坛元帅”，故财神庙亦称为“正乙宫”。

正乙宫位于观音殿前下方，贴崖而筑，是一座四柱牌坊式佛龛。面阔2.4米，进深2米，高4.6米。门洞上方竖写“正乙宫”三个隶字，两侧八字墙，中柱上对联为：

应物自平心，手执金鞭常耀武；

生财原有道，身骑黑虎乃扬威。

边柱上亦有对联一副，耐人寻味，其联曰：

颇有几文钱，你也求，他也求，给谁是好？

不作半点事，朝也拜，夕也拜，教我如何！

面前平台即处于“水晶宫”顶部之拱券上。南侧贴岩立有二石碑，即宣统二年（1909年）仲秋月立之《重修青龙寺碑记》。自此北去登阶达紫阳洞，南面即为吕祖殿。

3. 吕祖殿

吕祖殿又名纯阳宫，位于山崖弯曲处，半置基岩半架于填筑的高台上，在寺中最南端，是整个建筑群中其体量为最大的一幢楼阁。面阔13.7米，进深8米，四层五开间，三层檐歇山顶。南接两间偏厦斜伸入崖洞中（图3-1-37、图3-1-38）。

底部为半边廊，是殿阁的吊脚层，内依石砌坎墙，外檐六柱落地，柱下仍是高高的坎墙砌于基岩上。廊宽3.3米，层高3.2米，北端朝向正乙宫，原有砖砌隔墙辟一小门，廊内为堆柴仓粮之用。南端又设小门进入偏厦底层，内有舂碓水缸，为昔日粮食加工房。洞内隔有厕所。另有楼梯贴崖壁通至偏厦楼上。偏厦开间4.02米，进深4.07米，层高2.17米。20世纪80年代初修整时拆除砖墙，充分显示其吊脚特点，檐柱间原木栏杆改为“美人靠”坐凳栏杆，成为一列休息廊。偏厦内拆除厕所和楼梯，而改为厨房。

自正乙宫旁登南阶21步，即至吕祖殿二层寮房。后墙露岩

图3-1-37　镇远吕祖殿（单斌　摄）

图3-1-38　镇远青龙洞寺吕祖殿修复前

脚、堡坎，处于第二层台地上，地面前部架空，层高3.8米。原门开在山墙中部，架空部分隔成三小间，以作僧寮。南侧廊后部设楼梯上登三层。贴崖开小门通偏厦楼上，原为厨房，今已改作他用。偏厦前面挑廊宽0.96米，檐柱高2.15米，顺崖壁下楼梯即回至底层加工房。此二部楼梯现已取消，该层寮房即不再通上下，而单独将门开在前廊北端，以方便管理。

右后侧墙外，与观音殿下基岩形成一条夹道，筑曲尺形阶梯到达殿阁后廊，由此顺崖下石阶继续上登则可到观音殿楼上。顺后廊前行便转入阁楼南廊，即至三层客堂中。登楼梯则到四层吕祖殿。

原客堂无后廊，平面呈凸字形，明间后凸，石阶到次间便可折转进入北廊内，或过架空阁道而到观音殿楼下。由于后墙贴近陡崖不利防潮，今已改去。其三面环廊内缩而成三开间，面阔10.2米，进深6.4米，层高3.7米。金柱明间置八角门洞，两侧有楹联一副依柱面江，颇有深意，书曰：

瓮里天，洞中仙，谁造这石头，未经混沌先开窍？

马蹄云，帆脚雨，我笑那溪水，一出江湖不问津！

此联为光绪十五年（1889年），镇远知府汪炳璈为文明书院筹募书籍，派人赴江苏藩司谭钧培（镇远人）处，仅获银二百两，汪嗤其啬，乃在青龙洞作联以讥之。谭遥悉，次年三月遂购捐经史子集全卷，价值纹银四千两。后人涉趣，遂将对联挂于此。

四楼吕祖殿，三面环廊又内收一步，殿堂三间，昔日后墙一列佛龛，每间装设一座，中间特别高大呈八字形牌楼，上书纯阳宫，内供吕洞宾，左间为古佛宫，右间为药王宫。地面至天棚高3.1米，后檐柱高3.13米。北角的后檐柱与后金柱间架设一条阁道与观音殿楼上通联。该阁道长2.38米，宽1.7米，后在修建中阁道取消，佛龛佛像早已破了四旧。现装有太上老君之木雕板壁，柱上楹联为：

纵观老子五千言，我来问道；

飞过洞庭八百里，谁为寻仙？

系今人易舜恺撰。顶棚对脊隔栅底写有“光绪三十年季春月官绅士商军民人等捐修”字样，现建筑仍为当时之构架，“文革”后修复中略作改动。

4. 斗姥宫

由吕祖殿下楼继续曲阶而上，右侧崖壁高处嵌碑一方，阴刻行草书七言律诗一首，乃是辛亥革命时讨袁二路军李烈钧将军撰诗刻石，诗云：

牂牁江上雨如丝　彩雉分明赋载驰

薏苡满车依石室　荒藤入梦拜孤祠

三军煦勃鱼龙动　十载丹诚草木知

欲挽银河涤苍昊　长风直待发萍时

一九二〇年　李烈钧

其丹诚为国之情，欲挽银河之志，与那矫健奔放，势若游龙的书法交相辉映，名山胜景更放异彩。

沿阶上行，迎面靠崖壁高处筑有牌坊门，上书“斗姥宫”，两侧对联云：

位镇中天霄汉；

执掌万象权衡。

内中一穴甚浅小，有天然石龛供奉斗姆娘娘。其洞崖上方即上洞。

回至坊下进入墙门洞中，一边为崖壁一边为观音殿后墙，形成约2米宽的夹道，再过石砌拱门洞便为一个小平台，依栏墙下望，紫阳洞前院就在脚下。

5. 玉皇阁、望江楼

自此平台再折登曲阶25步，便至一个矮小的山洞口，宽仅1米，高1.6米，而洞门只有0.8米宽、1.42米高，进洞后有一洞内门厅，再上12步台阶，地势升高2米便到过厅，前行便是主厅玉皇殿。从山下到此共登196步石级，高差37米。实际高度虽然不大，但蜿蜒曲折攀阶附崖，已近山顶犹如升天，凭栏处，其悬挑的效果，更增加了凌虚欲飞之感。

该洞为上洞，是一个扁穴，高处4米，洞长15米，深处9米。实有三个洞口，侧面一个小洞作为洞门，正面两个左大右小，其间钟乳巨岩分隔，洞口大张，距离下边夹道高约7米。就在这两洞口前，临空悬出3.2米的廊阁，形成楼中有洞、洞中有楼，半楼半洞、半实半虚，腹藏洞天、飞阁凌空的独特造型。

左穴为玉皇殿，洞口三间挑楼，重檐庑殿顶贴崖而筑，面阔6.1米，挑廊宽1.3米，一枝香式卷棚顶。殿堂前室嵌入洞口内，面阔4.5米，进深3.2米，其前部亦为卷棚顶，脊檩上写有“光绪三十年仲夏月镇郡官绅士商军民人等捐修”字样。其上形成重檐。洞内后壁凹入，砌就佛台，上有佛龛早已不存，原佛龛两边粉书楹联一副，联云：

功成道备妙相卓贯於诸天；

德溥恩宽佛光遍满在三界。

复修后，已将此联刻板相向挂于中柱上。

右穴洞口建有一间二层歇山顶亭阁，面阔3.15米，屋顶几乎与崖齐。有两折木梯附于中间钟乳石上，登高2.5米即至一间进深2.9米、层高2.2米的贴崖半亭中，此楼上是建筑群中最高处，望景生情，正是：攀岩扶梯升几何，洞口峻绝吐楼阁，凭高下盼㵲阳河，碧带一条脚下折，云落江面船行空，两山夹溪绕城郭，身临险洞阁悬空，望江楼名宜思索。

两洞中间一大钟乳巨岩接地，上丰下削四面临空，内侧下方有一平台，人称“神仙床”，外侧即是附岩楼梯，挑出部分接一短廊，长仅2.85米，连接玉皇阁和望江楼。其下腰檐舒展，平伸1.2米，连通于扁穴之两侧崖壁间，檐口通长14.5米。三层挑檐形状如同八卦中“震”的符号（☳，八卦符号），楼居东面西，位于地势最高处，是视野最为开阔，朝向最为讲究的一幢建筑，而居东又恰是八卦中雷震之位，独具匠心，可见当初建筑构思之奇（图3-1-39）。

6. 观音殿

在玉皇阁崖下的两层石台上，建有一幢二层吊脚楼，即旧时所称“观音阁”，今名“观音殿”（图3-1-40）。

自斗姥宫下面，沿山墙披廊进入观音殿楼上，以前左转可入架空阁道通向吕祖殿四层，近年修复时尚未复原。

图3-1-39 青龙洞寺玉皇阁、观音殿

图3-1-40 镇远青龙洞寺观音殿（单斌 摄）

图3-1-41 青龙洞观音殿通紫阳洞前院

观音殿楼上殿堂三开间带前廊，两侧是五山屏风墙，各有砖拱门洞以连山墙外披廊，而成为五间三面廊的形式。面阔12.6米，进深原为8.3米，近年维修中解决了坎墙的防潮问题，并利用北廊后端岩壁凹处，改建成一个小卫生间，大殿改作接待室用。室内后墙正中挂匾额一扇，为树根组镶“青龙洞”三个草字，工艺别致，字字皆如游龙一般，又颇具贵州根雕艺术的地方特色。廊檐下挂横匾：“是真南海”。

出北廊即小桥一座，桥宽1.4米，高3.4米，端部架于孤岩上与紫阳洞山门相接，孤岩顶上建有八角形三重檐小塔一座，底层边长只有0.56米，高2.5米，青砖砌就外加粉饰，乃是昔日之化钱塔。沿曲阶下行向左过桥洞便是紫阳洞之前院（图3-1-41），右去即进入观音殿楼下。

楼下大殿北端附披厦一间，南端加阁道一间，仍然形成五开间制，面阔18.1米，原进深5.8米，后墙即自然岩壁，正中原有佛台一座，上塑观音，善财、龙女像，犹如在南海仙山中，“文革”中被毁去。今已将后壁筑坎修齐，进深成为5.5米。前廊柱吊脚支撑于岩上，下面即是正乙宫，廊地面距宫前平台高差8.2米，层高4米，架空前廊宽1.35米，卷棚顶之脊檩上原写有“光绪三十年捐修”等字，檐下挂有“观音殿”横匾一块。廊檐与偏厦屋面相连，偏厦原为灶房，现已改为厕所。南端阁道宽1.2米，长3.6米，与吕祖殿三楼客堂相通。

俯视山外，河面波光闪闪；回首翘望，崖前殿阁重重。清康熙六十一年（1722年），贵州提督学政、前清名儒张大受游青龙洞后曾留诗曰：

> 迴步石梁渡，飞流下铁溪；
> 呀然古洞口，清绝宝坊西；
> 波暖龙鳞动，崖攒雁齿齐；
> 攀缘幽兴极，蛮榼正相携。

（五）万寿宫

位于紫阳书院之下的崖脚处，北接中元禅院，南与青龙洞寺山门毗连，前有公路、河流，距河岸仅7~12米不等。处于一个长111米、宽20米的狭长地段，占地面积约2200平方米。是青龙洞古建筑群中建筑面积最多、建筑密度最大的一部分。自南而北四重院落串联，外部围以高大的封火墙，形成封闭式的建筑组群。

旧时，镇远水、陆交通两便，是内地到云贵来的一个重要集散地，两湖、两广、福建、江西等省均有客商至此贸易，各自建起同乡会馆，万寿宫即是江西会馆。

据民国《贵州通志》援引《清史·传》称，清雍正十二年（1734年）由贵州按察使方显（原镇远知府），“奏请於苗疆各镇、协、营俱建万寿宫一座以为朝贺之地。”此即是建镇远万寿宫的发端与始建年代。又据清乾隆《镇远府志》记载：“万寿宫，有二，一在祝圣桥侧，一在府街西。”前者即是与中元洞相邻的一组庭院，有徐仙殿、客堂、小戏楼和仓房等建筑。到光绪五年（1879年），才向南扩建至青龙洞寺，增加了杨泗殿、戏楼、厢房、牌坊门诸建筑，而形成了现有规模。光绪二十八年（1902年）重修，此后虽有毁坏更改，然而基本形制保留至今。

1. 大门

为一座六柱五楼八字墙式牌坊门，右接青龙洞寺山门内之高台，左联戏楼后墙，面阔16.4米，其中坊长10.2米、高14米，坊顶形式如同青龙洞寺山门牌坊。砖墙石门框，门洞高3.05米、宽1.77米，两旁水磨方砖柱上，平刻阴文楷书楹联一副，是以徐真君为题所作，其联为：

惠政播旌阳，儒学懋昭东晋；

涤源平章水，道法永奠西江。

牌坊墙门立面满布雕塑图饰，多集中于明间。从檐下依次是泥塑双凤朝阳，泥塑五龙护碑，内有石刻竖额，上镌阴文楷书“万寿宫”，再下塑有老子、八仙，砖刻横额“水德灵长”四楷字，泥塑二龙戏珠，瓷片镶贴篆字横幅“云飞山静”，下有砖雕五幅夔龙纹饰和四个梅花形门簪。其下便是整块条石砌筑之门框。

次间中部腰枋上嵌有两块砖雕青龙洞全景图，分缀于左右，每幅横长0.9米，竖高0.3米。雕技细腻，构图匀称，层次起落分明，为少有的砖雕工艺品，其他还有泥塑花鸟、石雕书剑文武二宝等纹饰。

高大的牌楼坐东向西，面对河岸，高拔挺立，雄伟生动，二十支翘角簇簇指天，远观轮廓丰富，近看雕饰细致，整个牌坊如同一座雕塑工艺品（图3-1-42）。

图3-1-42　镇远万寿宫大门（单斌　摄）

2. 前院

进坊门后披厦内，迎面是紫阳书院考祠下边的陡崖。南面原是青龙洞寺灵官殿下的高台堡坎，因年久失修而倒塌，便依岩改建成为一条窄窄的石阶，从此万寿宫始与青龙洞寺相通。北面有宽大的台阶占据了院子五分之二的面积，登阶升高2.3米即是万寿宫二门，此门开在戏楼后墙的中部，在石库门两旁的石框上刻有对联：

更上阶墀，步步引人入胜境；

渐登台阁，巍巍得地壮奇观。

横额为“襟山带水”，如实地概括了所在的位置。

前院长17米宽5～12米，平面呈梯形。处在两面是墙、两面是岩的半封闭空间，在此仰望山上楼阁更觉险峻。

3. 大院

进入二门过戏楼底层，即是一个四合院，南北长12.5米、东西宽7米。迎面高大开敞的杨泗殿位于中轴线上，坐北朝南面对戏台，左右各有一排二层楼的厢房，挑廊悬出，昔时女眷观戏于此。戏楼两旁更有曲廊与两厢联系。四周全被殿楼包围，脚下方砖铺地，头上一方天空，侧看紫阳洞的老君殿、圣人殿巍然屹立于崖上，在封闭的空间中还能与外界有所沟通，通过借景纳紫阳书院于东厢后，扩展了视觉空间范围。

4. 戏楼

戏楼为一座干阑式的过街楼，是进入二门到院子的唯一通道。居南面北，底层六柱落地架空，层高3.35米，前檐柱处有石阶高起0.94米上至院坝中。

平面呈“山”字形，中部开间5.05米，通进深7.63米。戏台凸向院中三面临空，平面为方形，歇山亭式屋顶拖下后披厦，两侧各有小房一间，为演员用房。曲廊沿侧墙折向两厢楼，廊中贴墙设楼梯上下。

戏楼装饰华丽，集木雕之大成。飞檐下为五层梅花如意斗拱，两翼角有双狮透雕撑拱（图3-1-43），前额枋上雕有二龙戏珠（图3-1-44），侧额枋上雕有八仙人物。台口三面挑出，镶以“杨家将”等戏文故事之凸雕，更是生动细腻。台中藻井四层八角，中心有“龙腾云潮”之圆雕，高于台面3.65米（图3-1-45、图3-1-46）。台后太师壁为浮雕“福禄寿”三星图。

图3-1-43　万寿宫戏楼角柱撑栱（单斌　摄）

图3-1-44　镇远万寿宫戏楼屋檐撑栱（单斌　摄）

图3-1-45　镇远万寿宫戏楼中藻井（一）

图3-1-46　镇远万寿宫戏楼中藻井（二）（单斌　摄）

其上横匾高悬“中和且平”四凹字。前檐柱附有楹联一副：

不典不经，格外文章圈外句；

半真半假，水中明月镜中天。

此联乃是镇远举人黄伯琳于光绪十六年（1890年）撰写，原联已毁，今次修葺时将“镜中花”改为“镜中天”，对联内容更为切题。

现存戏楼系光绪二十八年（1902年）重修之物。

5. 厢楼

厢楼分东、西两厢，二者所处地势截然不同，东挖西填，东厢后边贴坎墙达一层半高，而西厢后墙却立于4.4米高的堡坎上。厢房平面呈长条状，长13.6米，进深甚浅仅2.6米，每列四间。楼下层高颇低，只有2.26米，楼上檐枋甚高，达3.4米。窄窄的挑廊仅0.8米宽，接曲廊与戏楼转通，北端设陡梯置于杨泗殿檐下。屋顶为不等坡的悬山顶。格调朴实统一，恰当地体现其厢楼的地位。

原上下房间均为观戏包厢，故面向天井一方的柱间并无门窗隔扇，新中国成立后作为办公用房而改设成小间。

6. 杨泗殿

前为敞轩后为殿堂，居于通长高1.03米的阶墀之上。坐北朝南三开间，面阔11.2米。两山筑有高高的三山屏风墙。殿堂进深7.5米，敞轩进深3.15米，之间距离3米，高差2步，两侧连以披廊，中间形成一个狭小的天井——庭井，保留着江西民居的特色，现已封闭而联为一幢大殿。殿轩中雕梁刻枋，在整个建筑群中构架最为精致。殿中脊檩上写有“光绪五年四月谷旦閤省士商公建”字样，系1879年所建。

原殿堂明间后金柱处有佛龛一座，内塑杨泗金身束甲之坐像。杨泗将军是镇河妖之神，以求保佑往来江西客商行舟安全。佛龛后有一石库门通向客堂内院。

前轩原为摆席赏戏之所，檐高且长，外挑深远，达1.8米，以便于遮阳避雨。两侧墙各开一个券门洞，东门洞上名“松风”，外有一夹道可通圣人殿后栈道。中凿一池，泉水甘洌，四时常盈，名“万寿泉”。西门洞上名“水月”，外有一门斗，折北沿高墙为一列石砌长台，名“水月台”，长53米，宽1.4～2.1米不等，高4米余，居高临下一扫墙内封闭气氛，而饱览长桥高阁，溪水映月之景象。

7. 客堂

杨泗殿后面是客堂，处在一条中轴线上，中间相隔一个内院，与前面大院空间迥然不同，东为崖壁陡直作墙，西为砖花半透高墙，封闭中纳入山水景色，又是一番境界。

客堂三间面阔9.2米，进深11米。两侧仍是三山屏风墙，后墙包檐，前檐外挑高5.8米。檐前阶下于外墙上开一石门通水月台，门上横额刻石“层峦耸翠”，其上门罩飞檐垂花，其前隔河房舍重叠。

堂内绕金柱架回廊一周，廊高2.8 米。明间后部有一宽2.1米、深3.2米的小天井，以便采光通风，近年维修中已加盖玻璃瓦屋面。后墙留一石库门与后院徐仙殿连通。

小院幽雅客堂敞朗，为早期观戏、餐宴之地。因靠杨泗殿后墙处，原有一栋坐南朝北与客堂相对的小戏楼，系万寿宫早期建筑之部分，光绪五年大戏楼建成后，内戏台渐失作用，毁后即拆除而扩大成为现今长11米宽7米的内院，客堂随之成为内眷聚宴之所。

修复中利用东山墙与崖坎间之窄空地段建二层公厕，平屋顶与坎上齐高，并植绿化，以求不影响景观。

8. 徐仙殿

属于早期建筑，坐东朝西，北连仓房南接客堂，背依岩坎前立高墙。墙中大宫门原为正门，西向面河，高2.9米、宽1.7米，顺水月长台北下石阶而通祝圣桥头。

宫门石框，由整块青石镶砌，为直线夔龙图案浮雕，下有石门枕雕以狮、麟、凤、鹿，石门槛雕以卷草、西番莲等纹饰，门墙高处镶以石刻竖额“万寿宫”三楷字，周边围以泥塑“双龙护碑”。门内天井一方、披厦两列、殿廊三合、高墙四围。形成一房两披厦的封闭空间组合。

正殿三间面阔12米，进深9.8米，后墙即山岩堡坎。每间置佛龛一座，正中供徐真君塑像，左为肖公右为晏公二像，后二者均是江西某方人士供奉的祖先，系当地有惠政的官员。

徐仙即是徐逊，东晋汝南人，第南昌，幼从仙人吴猛，后做旌阳令，感晋室势乱而弃官周游，以道术济民并除害安良。宋代封神功妙济真君，世称徐真君或徐旌阳，可谓江西籍的仙人了，故祭祀之。

大殿前廊两端各有石库门一个，与客堂、仓房相连，两侧廊进深3米，形成一个长6米、宽2.7米的小天井，使得宫门内外空间具有强烈的对比。

“文革”中全部塌毁，尚未复原，现为一个12米见方的空院坝，可步阶梯通向文公祠南门，或接栈道去圣人殿。

9. 仓房

仓房是万寿宫最北端的一栋建筑物，东抵朱文公祠院坝堡坎，为又一组封闭空间。与徐仙殿组合相同，一房两披厦，但规模较小。仓房三间面阔8.8米，进深7.6米，层高4.6米，其上部屋顶层利用储物，现已改为楼层，有小门楼于文公祠前，门上挂横匾书“小憩”二字，作为客厅使用。

图3-1-47　镇远万寿宫（江西会馆）老大门码头（单斌　摄）

图3-1-48　镇远万寿宫老大门临河一景

三合房中间天井长3.8米，宽2.7米，前墙正中砌有3米宽的透空砖花格墙。墙外水月台北端设一垂花角门，楣额刻石“秀挹西山”四字，此门近临台阶到河岸码头，以方便进出货物。此乃是早期万寿宫主门（图3-1-47、图3-1-48）。

后来在北墙外据地形扩建偏厦一长间，开小门通天井又辟小门至室外，即现今中元禅院下小卖部之院中。

万寿宫共有八幢建筑。自1983年开始修缮，到1985年已基本完工，保留了原有形式与风格，是贵州省内保存下来的最为完整的一组会馆建筑。

（六）香炉岩

一名莲花岩、钓鱼岩。位于青龙洞南，巨岩突兀孤立江畔，三面环水一阶连岸，㵲阳河迎面滚滚而来，在岩下急折北去，激流击石水旋浪翻。《㵲阳八景歌》中所谓“香炉岩下白浪多”即是赞颂此处胜景。

明万历《贵州名胜志》在“中河山”条目中写道：“巨石独立水中，上丰下险，呼香炉岩”，又在万历《黔记·山水志》

中载："蔡霞山建亭其上，曰'凝岘亭'，今废。景曰'香炉烟霭'。"《镇远府志 · 山川》中，在"香炉岩"条目中也作了记述："在中和山畔巨石立当水岸，上丰下削，形若香炉，岩上镌有'溯流光'三字，又有'楚峤风顺'四大字。昔人于顶上建有凝岘亭"。据记载，"溯流光"是万历二十三年（1595年）镌，系贵州巡抚郭子章之汉书，由右而左横刻于青龙洞前香炉岩，其岩东面临江，每字纵横各约0.8米有奇。清嘉庆二十四年（1819年）夏七月，林则徐游此，并在其《滇轺纪程》一书中写有："香炉山上丰下削，岩上镂'溯流光'三字"。

明清时，不少官宦文士常相邀在此饮酒赋诗。明弘治年间，知府周瑛以《香炉岩》为题，其诗曰：

一石盘空起　香炉旧有名
水连山共永　星与月之精
翠色余烟袅　悲风逐浪生
寰中多代谢　万古此犹横

明嘉靖年间，知府黄希英作《凝岘亭》诗云：

江心怪石大峥嵘　涛击孤根万古鸣
直讶鳌头翻浪影　更疑蛟室泣珠声
云开锦幛围春合　日射朱甍倒水明
光景撩人看不暇　满怀诗思欲彭亨

可知凝岘亭当在此时即已建成。又，明万历年间，知府张守让咏《香炉岩》之七言诗云：

溪边流水绕香台　瑞气金炉五色开
却是玉楼仙子度　冯夷捧出博山来

清顺治年间，举人许拱北咏《香炉岩》诗曰：

临江突兀见香炉　为爱清苔满岫铺
载酒登山看素月　浑疑身世在冰壶

民国九年（1920年）辛亥革命名将李烈钧驻守镇远时，常在此钓鱼。当时他在香炉岩临江一面的石壁上题字，刻有"乾坤入钓竿"五个横写大字，其后直书"庚申提师东出镇远数月，见山水清奇，恒与二三耆老垂纶于斯，觉宇宙旷爽万象只濛，顿而乐之，吾等流连不忍去，兹值局势进生，移师桂丹，爰志之以告来者。

辛酉夏武宁李烈钧泐石
宜国熊以福书丹"

岩上平台呈卵形，南北长15.5米，宽处9米，距岸5米，有石阶登上，正对台中之六角亭，横匾题"凝岘亭"，俗称"莲花亭"。为六角单檐攒尖顶，面阔3.8米。平台边缘绕以砖花栏墙，高1.05米。远远望去犹如一朵大石莲冒出水面。清初陈尚策曾吟诗咏此，诗云：

普陀移宝岸，种石已成莲；
根润三湘底，花开五岭前；
瑶池分瑞霭，银汉濯清泉；
不用仙人掌，朝朝滴露圆。

昔日蔡霞山所倡建之亭，早在明万历年间已毁，清代多次重建而成重檐六角攒尖亭。民国年间"凝岘亭"又毁，一度改建成方柱形纪念塔。新中国成立后于1956年仍修建单檐六角攒尖亭，呼为"莲花亭"。1985年维修并恢复其原名——"凝岘"。

（七）东山寺

东山寺位于中和山石崖的南端，北临青龙洞寺，在通向崖顶东苍坪的盘路北侧。周围陡岩环绕，地势前低后高，处于两层高台之上。地段呈三角形，南北长45米如三角形的高，东西35米是其底边长度，占地面积约780平方米。

据记载始建于明初永乐年间，称作"东山祠"，祭祀永乐十一年（1413年）知府颜泽，之后陆续增添，到天启年间将有德政的五位知府以及同知、通判、参将等人牌位供于内。明末焚毁。清初复建为寺观，为镇远旧时“七寺”之一。《镇远府志》又载：“东山寺　在迎仙桥后”，“迎仙桥在府城东山观前”。此桥即是中和山下沿河驿道跨越惠泉溪上的小石桥，圆拱单跨3米，宽4米，距东山寺门仅20余米。于民国二十五年（1936年）修建湘黔公路时，傍桥上游一侧扩宽3米，1983年又傍桥下游扩宽3.2米，今已不复见本来面目，但原有明代桥洞仍存。桥下瀑布跌泉注入水潭而入穿洞，轰鸣之声不绝于耳，自成一有声动景。依桥栏可观惠泉溪水汇入㵲溪。“惠泉溪”即今俗称“东关溪”。

始登盘路，在道口有一座四角单檐攒尖小亭，名曰：“知客亭”，取其喜迎四方客之意。过亭前即至八字形石库门楼式的山门。门内院坝外筑堡坎，系半坎半岩，高于道路约8米，坎上栏墙中部立有影壁一座，对面台基上大殿五间带前廊，两边五山屏风墙，明间屋面高起一个歇山亭顶的叠楼。殿堂面阔16.6米，进深8米，内设佛龛供奉观音大士。南山墙外在盘路坎下有一孤石，长2米、高1.7米、厚1.1米，形如犀牛向西回首，昔日为一景曰：“犀牛望月”。北山墙外接有厢寮两间。顺半崖上的“盲肠”小径北通“半亭”。

1. 半亭

半亭附于洞口悬出洞外，形成半壁亭台半壁洞的建筑造型，高悬于陡崖中间，面对香炉岩与凝岘亭正相呼应。亭子只有半边，三根中柱长短不一地立于洞边突岩上，外挑三根垂花檐柱支撑三坡攒尖屋顶及飞檐翘角。面阔4米，开间各不相等，平面甚为灵活。亭者停也，半亭亦只能半停而已，到此路尽只有循旧路返回殿前（图3-1-49）。

在半亭与青龙洞寺吕祖殿之间的悬崖上，有一条小瀑布泻下，终年不断，此乃东苍坪上的地下水至此汇集渗漏而出。据《镇远府志》记有“小瀑布　在城东半里，高二丈许，飞瀑如练”，即指此也。

2. 陆冶岩

沿盘路折而上行23级石阶，地势又升高4米，即绕到东山寺大殿后墙外，此处盘路南折，在其弯道北侧有瓦檐粉墙一道，中辟月洞门，粉书题额“陆冶岩”，陆冶即“六冶”。系晚清贵州考官何绍基所书。

入内院子为一椭圆形台地，东西长16米，南北宽10米。其东、北二面为中和山崖延曲至此，圆弧形天然石壁拱向庭院，崖高仅6~9米，其上绿树成荫，其下原有一洞可穿通而至半亭顶侧，数年前洞口已被坍堵。

院内东崖壁上有石刻摩崖数块，其中一块明代摩崖，因年代久远字迹已模糊不清，尚可辨认阴刻楷书“嘉靖七年春三月廿二日□□沉游览记”等字样。北侧另有一方横长1.04米，竖高0.3米的摩崖，中为阴刻楷书“□穗□趣”四个大字，落款“欧百川题”，是民国年间所刻。另有横幅粉书“洗墨池”三字，字迹潇

图3-1-49　镇远东山寺半亭（单斌　摄）

洒，其下靠崖脚筑有一个高、宽各1米，长3米的水池，原有小股泉水自石壁下渗出而入池中。

小院西边即高坎栏墙，中段上面立有一座孤岩，高5.2米，南北长6米，东西宽2.5米，玲珑形奇。上面长满小树藤蔓，岩根围以花坛，成为一个巨大天然盆景。此即是名岩之一的“陆冶岩”。

3. 文昌阁

沿盘路继续曲折上登，即至悬崖上方，崖顶有平地一小块，昔日建有文昌阁，系镇远旧时“八阁”之一。

据乾隆《镇远府志》载：“文昌阁　在东苍坪下。”按志书中图版所示仅二层，规模甚小。始建年代已不可考。咸丰年间遭焚毁，到光绪五年（1879年）知县林品南创建“文明书院”时，重立文昌阁于书院前，建成四角三层阁楼一座。辛亥革命后军阀混战，该阁迭受兵燹而片瓦无存。仅遗留下靠近令公庙的1座状元桥。

4. 状元桥

在东苍坪南端陡崖外，有一巨岩独立，其间飞架一座圆拱小石桥，横跨4米，落于高低不一的岩崖上。桥面宽2.6米，高于崖下地面近9米。过桥步至巨岩顶上，昔日曾建小亭一座，名为“状元亭”。旧时必须取得功名科第的人，才能过桥登亭，在此赏览惠泉溪水、桃柳夹岸、瀑布跌泉，可东观古驿道上的东关桥，可俯瞰状元亭下的令公庙，远望文笔卓立，近见书院重楼，自是一种殊荣。

循盘路继续北行便进入山崖顶上东苍坪的“文明书院”。

自从20世纪50年代以来，东山寺逐步改为住房，庙宇面目全非。1984年已将半亭修葺完善，其他尚在规划中。

（八）令公庙

自东山寺门外，离盘路右折，即是令公庙。处于中和山南端的峭壁之下。东关溪陡岸之上的一块狭长地带，南北长约100米，东西宽仅30余米，占地面积约为3000平方米。

始建年代无从考证，清乾隆五十八年的《镇远府志》记有“飞山庙”在东关，祀惠英侯杨再思。当时并无“令公庙”一词，尔后随废。大约在清嘉庆或道光年间改建为令公庙。到咸丰五年（1855年）毁于兵火，现存建筑系光绪元年（1875年）开工重修，至八年（1882年）告竣。据《重修令公庙序》碑刻：“郡城东山之麓旷地数亩，前临小溪，溪外为往来驿道，山幽而水清。先辈悦之，遂购其地而建令公庙焉……咸丰乙卯（1855年）遭兵燹，栋宇无存……爰于乙亥（1875年）吉月鸠工起造，其庙貌仍仿畴昔，规模惟期坚朴，永妥神灵，抑聊以继承先辈，事馨香之意云尔。”碑文后列有复修时捐银的官民士商名单，落款“光绪八年冬月吉日立。”此碑现仍嵌于倒座与西厢之间的墙上。

寺庙坐北朝南。由山门牌坊、影壁、前殿倒座、东西两厢、正殿及偏殿等单体建筑组合成群。为旧时镇远“九庙”之一。

1. 山门

山门为一座砖石结构的牌坊门，三间四柱庑殿顶，面阔12米，坊高8米，门上有竖额楷书“令公庙”三字。西侧有院墙直抵东苍坪下石崖，东侧院墙抵惠泉溪陡崖，而沿岸向北与倒座的东山墙相接连。

山门内前院东西长28米，南北进深12米。西北角即矗立着巨岩，其上飞跨状元桥，岩旁延列着前殿倒座。

2. 倒座及两厢

前殿为倒座式，与两厢和正殿共组成一个长28米、宽13.5

米的四合院。

倒座为一栋吊脚楼，三间二层悬山顶，面阔11.55米，前后檐柱分别置于两层台地上。其东间为上至内院天井的过厅，室内筑石阶14级。这种利用地形而偏置过厅的建筑，可保留明间的完整以方便使用。其西间与明间，底层吊脚高3米，进深4.8米，作为库房。上层高2.9米、进深7.4米，设外廊面向内院中。院内看其仅露一层。原为“灵官殿”。

内院天井东西宽8米，南北深9.5米，青石板铺面。两侧为厢房，东西对称布置，均为二间二层悬山顶挑廊式楼房，吊柱悬向院中，面阔8.6米，进深5.6米，下层高2.4米，上层高2.5米。原为客堂、膳堂及庙祝生活用房。

3. 正殿及偏殿

正殿建于第三层台地上，高于天井1.45米，明间前有10级石阶上下。为一座三间单层两坡顶硬山封火墙式殿宇，面阔11.45米，带前廊，平面呈凸字形，明间后墙外突，进深为11米，次间9.5米，檐高5.6米。昔日殿内中祀玉皇大帝，左间祀赤脚大仙，右间祀杨令公和佘太君，两侧山墙处又排列十八罗汉，真乃是人、仙、佛、道并存共荣矣！

正殿两山连围墙，出西侧门即至陡崖下，绕过状元桥下便可回至前院中。出东侧门可到后院偏殿。后院狭窄，南北长15.5米，东西宽仅4米。偏殿坐西向东，背靠石崖，三间单层两坡顶硬山封火墙式殿堂，面阔10.4米，檐高4.5米。殿内原供奉观音菩萨，两旁为十二圆觉。

4. 惠溪桥

出东角门沿墙边溪岸行，过惠溪桥而至公路。该桥为石砌半圆拱，跨长5.3米，桥宽3.14米，桥面上筑矮石护栏，距溪水水面高约3.2米，距公路高3.3米，设18级石阶上下，是从中和山的东坡登上东苍坪去的通道。始建年代不详。

5. 水碓房

由于惠泉溪河床落差较大，瀑布跌水众多，沿溪桃柳夹岸，水碓水碾数个。昔时这一带作为粮食加工地，负担镇远府卫城大量的加工任务。

就在惠溪桥拱下游1米处，因河床骤然下降而形成一个3米高的瀑布跌水，前人在桥拱下筑有15米长的石堰截引溪水，沿南岸通至水碓房，利用水力推动水车。碓房为两间悬山顶的吊脚楼，依岸架于溪上。其面阔6.2米，进深4.7米，檐高2.8米。在吊脚底层设冲击式木轮水车，直径2.4米，工作水头高3.5米，用以驱动室内的五架水碓工作。

自20世纪70年代以来，随着机器加工业的发展，此种碓碾已被淘汰，但这类利用水力节约能源的古老生产方式，仍是当前贵州民族地区常用的一种。它反映了历史，是社会生产的代表性实物，按照国家文物保护法的规定，已划归青龙洞古建筑群而受到保护。其下游附近还有两座水碾坊，但早已被废而拆除。

（九）文笔塔

距离青龙洞悬崖约五百米处的山顶上，有一座圆锥形的实心塔，如毛笔头状，人称“文笔”，所在之山亦因之得名曰：“笔岫山”。

城中东望此山，屹立于青龙洞古建筑群之上，山头三联犹如笔架，塔尖冲霄插云蔚为壮观，成为一组生动的背景山。站在塔前，镇远全城景色尽收眼底。山为塔增崇，塔为山形胜，装点河山美化景观，文笔塔乃是名胜青龙洞全景不可或缺的内容。

笔岫山西麓为中和山上的东苍坪，其东紧靠白云山，再东行即至吴王洞。塔基海拔高程为655.7米，高于祝圣桥192米。

文笔塔全高17.39米，笔身直径5.88米，由塔基和塔身两部分组成，塔基呈不规则的八边形，每边长2～2.5米不等，塔基山岩凸凹不平，基高在1.4～2.2米之间。形如笔锋的塔身，上端尖削，腰处略粗如饱墨状，是由青石砌就，仅尖端约6米高的部分为大型青砖收砌，桐油石灰加糯米浆粘结，至今合缝仍密实如初，表面灰浆粉面更显笔锋光闪。

1968年夏，塔尖一侧被雷电击毁，其余均完好地保存下来。

此塔既无刹顶又不分层，一扫浮图之旧制，而以象征性的轮廓造型取胜，是早期的寓意形体造型艺术应用于建筑上的一个实例。

塔正面朝向为南偏东120°，其侧伴以石砌方台，几被湮没，疑为最早之塔基或庙基，也或祭台？尚无从考证。

文笔塔始建年代无从查考，但据清乾隆《镇远府志》所载，明弘治二年（1488年），石阡知府祁顺来镇远时，曾以《文笔山》为题赋诗一首云：

巨笔卓晴峰　天然制度工
云霞妆五色　风物助三红
脱颖非囊底　生花似梦中
流年多少恨　终日漫书空

据诗之时间，此塔当在明弘治初年以前就已经卓立于世了，距今业已五百余年。历代都以它作为风水宝塔，成为镇远古城的历史文化之象征。后来笔岫山曾改称“文明峰”，峰下的东山书院也曾改称“文明书院”，均因塔名所致。

青龙洞古建筑群，占地面积约1.8公顷，计有建筑物36座，总建筑面积2964平方米。这里有纵贯古今横贯溪的长桥；有卓立晴峰插巨笔的石塔；有古道驿道红军道的大路；有穴幽岩巉禅房深的中元洞；有楼藏洞天洞悬楼的青龙寺；还有高墙深院雕塑绝的万寿宫等等。正是：长桥卧碧波，巨笔刺晴空，曲穴满崖布，奇宇绕青龙。真乃是一幅错综迷离的立体画卷。

近年，黄荣祺先生曾作长联赞镇远名城，今将其改咏青龙洞古建筑群，并作为概括语：

镇远此洞古，忆汉使浮槎，缅人骑象，紫阳传文，僧道修炼，名士留诗篇，将军垂钓竿。最难忘，迭遭变乱，而有识之士屡兴建。惜韶华难挽，叹过客匆匆，无论功过，都随大小波涛去。

㵲阳胜景多，看青龙叠楼，溪洞通幽，依岩造寺，长虹卧波，崖屏悬殿阁，文笔刺寥廓。尤可喜，天然常得，于贵州建筑增特色。贺国保又定，愿文物济济，装点河山，更惹中外游人来。

写至此，略改清乾隆年间贵阳知府徐日纪之赞镇远诗云：

溪北溪南府卫城，两山夹水岩崖灵；
今日饱览青龙洞，无限踌躇从此生。

四、选址布局：

利用天然　施以人巧

（一）因地制宜　巧创环境

但凡寺观多精心选址，常建于名山胜水之中，利用奇异地形和优美天然的山水地貌条件，能造就出超尘脱俗的仙境氛围，能形成寺庙以自然景观为主的园林。为求得自然美，为达到一定的意境，因而对于环境的选择极为重视，即《园冶》中所指的“相地”要求。但僧道相地更有特别之处。佛家宣扬“因果报应”，追求静悟境界、超尘脱俗的意念；道家崇尚自然，追求清虚，向往一种原始自然状态的生活，颇具浪漫色彩。因之他们又多选择洞府而居，来体现其意象中的环境（即意境）。

此处中和山不高不大，顶虽平但少水，下虽陡喜近溪，顶平空旷缺少幽奥意境，下陡峻峭多有洞豁怪岩。环境清幽地势险绝，既有据崖而设之势，又有滨临江河之秀，曲洞、峭岩更有利于创造神秘隔世的境界。另外，峭壁下建庙宇能避寒冽之风，易得山泉之水，岩洞更是神居仙府，藉洞建寺妙趣盎然，所以崖下具备应有的环境条件。

若单从施工方便、造价经济、用地宽大有发展余地等方面看，平坦的崖顶上有其优越之处，然而这里建寺观却舍此于不顾，主要还是在于立意——这一创造意境的首要环节。可见体现意境的重要。

在未修公路之前，崖脚直延入水中，虽有沿河驿道，但石路窄小弯曲起伏，并不影响其山势的连续性，依山傍水甚至“仙山容客到无须矶畔问渔船”，河水迎面而来，故在吕祖殿的石台坎墙上曾书刻有“中流砥柱”四个大字，可知当时山水景观之胜，桥头处亦自有码头，停船运货就近万寿宫仓房。自古水陆交通两便。

由于寺庙规模偏小，更需交通方便接近城郭，何况有大河之隔，若即若离，能自成佛道一统。城中东望此崖，梵宫佛殿历历在目，犹如立体彩壁，在天天召唤人们前来朝奉。万寿宫占据了水畔醒目的位置，也可见昔日江西商客势力之盛。因其地位置适宜，具备了应有的社会条件，故在此崖下选址建宫立庙自是顺理成章之事。

这片石崖的原生基岩，是距今5亿多年前的寒武纪所生成的海相沉积岩，只是从距今250万年前开始的第四纪以来，发生了几次地壳运动，这里的地块随着贵州高原产生了差异性抬升和断裂，同时河水对河谷的溶蚀切割加快，河床下降而与石崖高差加大。由于自然风化与水流的溶蚀，在原生岩的表面，又凝聚了数米至十数米厚的岩溶石灰华堆积层，致使这段520米长的山崖上，洞穴纵横奇石丛生。古建筑群从北到南顺其断裂带的走向建造，每栋殿堂巧妙地利用大块的砾石、孤岩上盘而立，前面以断层砾岩、后面以断裂斜坡为基础。从断裂带的擦痕和褶皱现象分析，上下盘落差很大，砾石的堆积厚度也大，可见原始地貌相当复杂，崖高坡陡危石突兀，石岈嵯峨砾石堆撒，穴窍遍布蚁穿螺结，虬枝盘藤生于隙间。想象当初兴建是何等不易，正因如此，前人有智有慧，巧妙地利用了地形特征，随其自然而又改造自然，设计建成这一片不朽之作。

最早开辟建设是在中元洞一带，该地段崖坡稍缓，并有山岩突入水中，便于泊船摆渡，“月明人渡镜函中”当是此处之写照。又位于㵲阳河弯曲之后河面窄处，岸基牢固，后来在此建成了祝圣桥，更利于寺观建筑的发展。逐渐由北而南，通阶绕径凿岩拓地，向陡峻地带展开，历经数百年的更建，方才形成当今面貌，成为独具特色的风景名胜。

大片悬崖强化了地段的奇险特性，对于如此复杂的地形地貌，构思中扬长避短，化普通为神奇，利用环境改造环境，将一片乱石嵯岈的窄陡地带，创建成依崖附岩的寺观园林。其处位于山际水畔、用地陡窄而景域开阔的枢纽地段上，是青龙洞古建筑群的环境特征。

（二）因山就势　巧建楼观

在这陡峻的地带中，建房虽难修路亦非易事，道路的经营相当重要，它关系到建筑之间组织的好坏，经营得好则对建筑环境空间带来无限情趣，体现其幽深或显露的个性，使其大为增色，否则适得其反。

通常，山地建筑中道路的选址，或沿山脊、或沿山谷、或沿等高线较为方便。如至山顶东苍坪的盘路，即沿山脊蜿蜒而上，沿途建有东山寺、令公庙、陆治岩和文昌阁等。如去紫阳书院的磴道，是沿水晶宫、紫阳洞山门到内院的一条裂隙盘旋上登的。而中元禅院的路径更妙，是由两块斜岩组成的天然洞门进入，沿裂隙窄缝上绕，前人在建设中并未毁岩填平，只是巧于构思善于安排，既节约投资节省劳力，又取得了不同凡响的意境，实属精绝之例。

一般在磴道的升高中，每一阶段的高度均不超过8米，以符合人的生理感觉舒适的限度，而在该阶段中仍有景或物，如洞穴、碑刻等，使其边行进边欣赏，以便分散攀登的注意力，而不觉枯燥乏累。

建筑之间的联系更可利用复杂的地形，作出多种处理，使之产生丰富的感受。或为阁道、栈道，或为阶梯、石桥，结合地势经营，法无定式，皆为随机应变，使其曲折自如。正如清代李渔在《一家言》中所指："径莫便於捷"，即"径欲曲"方能曲径通幽。登临中元禅院望星楼时，自山门到顶层，垂直上升高度只有17.8米，但其盘折迂回的路线却延伸成60余米长的游览路线。其间经过洞门、洞道、拱桥、院落、殿堂、石级、折廊、楼梯等不同的空间，使登临者从中生发出多种意趣。其实，折来绕去山门入口就在楼的脚下，当初设计构思之巧，的确不是一般。

为解决狭窄而又陡峭地带的交通联系，又多运用立体交叉之法，有的建架空阁道，有的筑立交楼桥。如中元禅院山门顶部和去前庭的石拱门洞，其上均是千佛岩的折廊；如贴崖栈道之拱桥，上通圣人殿下通万寿宫；如谐趣亭旁卧石上的石板小桥，上下分别通向楼层和底层；如观音殿上下层联系的梯桥；以及观音殿与吕祖殿之间的阁道与其下的石梯，均属立体交通之例。此外，还有戏楼、圣人殿，上则为楼下乃通道。水晶宫是上行路下洞穴。而令公庙旁孤岩与崖壁之间飞架的状元桥，又是点景观赏之功能甚于交通之实例。

尽管变化多端，均有一个共同点，乃是：外就其险半施人工。个体建筑亦然。

结合复杂地势，运用多种手法经营建筑，是青龙洞古建筑群的一大特征。有"筑台"、"吊脚"、"附岩"、"架空"、"悬挑"和"靠坎"等6种主要的处理方式，分述如下：

1. 筑台：顺其地形略加整理，半挖半填分层筑台建房，前低后高。房屋可平行等高线也可不平行原地形的等高线，此种坡地平基方法简便，构架稳固，节省土方工程，但需砌筑堡坎。此种处理方式可获得较为宽敞的室外空间。如大佛殿、东山寺、令公庙等是平行等高线筑台者。而万寿宫沿纵轴线筑有五层平台，则属于垂直原地形等高线列台者。

有的地形并非前低后高，而是沿建筑的纵轴线来分层筑台，称之为"错层"。如千佛岩处的折廊，两端地面高差3米，筑成四级平台，用石阶上下。形成既是游廊又是梯廊的双重作用，在不知不觉中进行攀登。

2. 吊脚：房屋的一部分筑在台上，一部分架设在坎外，犹如柱子吊于楼下，俗称"吊脚楼"。若单从字面上讲，"吊脚"二字并不确切，吊者，悬挂也。实际上柱子既非下悬亦未上挂，而是实实在在地支撑于下，故"吊脚"或为"掉脚"，即柱脚落于其下之意。可得"天平地不平"之效果。

吊脚楼之架空部分或是正面或是侧面，一般用木柱支撑外展之梁枋，常用于地势高差大，又不便筑高台之处，为争取空间扩大室内面积而伸出。下层视具体情况或可利用、或不利用，如考祠、吕祖殿底层均支撑在下面的小平台上，其空间作为廊轩。观音殿正面和侧面檐柱吊下，长短不一地支撑于基岩上，是典型的吊脚楼形式。由于地基处理简便，造型活泼自然，又能得到较多的使用面积，这在山区民居中是经常应用的一种处理方式，河边建筑亦多如此。

但是，吊脚层外柱间若用门窗、板壁或墙体围合，甚至用墙体承重，而显露不出掉脚之意者，则称之为"掉层"。此乃是"吊脚"的一种衍生变化形式。如令公庙中的倒座，楼下库房即是作为掉层处理的。

3. 附岩：房屋的一部分支架于巨岩上，另一部分吊脚于岩旁，常用在地形复杂处，可充分利用岩石争取建筑位置，并将巨岩纳入建筑中，成为建筑的一部分，化不利因素为有利。其吊脚部分仍可使用。如千佛岩的折廊、老君殿的半边廊轩即是。

有的房屋紧靠在崖旁，依崖而筑即为“附崖”建筑。多以自然崖壁作为部分墙面，而屋顶通常做单披厦或做半边歇山、半边庑殿等形式的三坡顶。当然也可根据需要将山墙向外做成两坡顶的，用悬山或封火山墙处理立面，不过，按古建筑的传统习惯，用山墙作正面的较为少用。如中元禅院昔日之灶房，即为附崖披厦形式的建筑，吕祖殿之偏厦亦同此。

“附岩”和“附崖”，两者对建筑造型的制约程度有所不同。前者半立于岩上，建筑周围多能临空，可使屋面和体形完整。后者则相反。

4. 架空：即是“干阑”式建筑，其历史久远，是从“构木为巢”的巢居下到地面时的建筑形制，属早期的建筑形式。据《旧唐书·南蛮传》解释：“山有毒草及虱蝮蛇，人并楼居，登梯而上，号为‘干阑’。”具体做法就是用支柱将整个房屋架离地面，其楼层有利于防水、防潮、防兽和通风。房屋可架于平台、坡地、水中、石巅等复杂地段上，其下可利用也可不利用。如戏楼架立在两层平台上，楼下作通道以便行人；圣人殿架立在一些乱岩顶上，其支柱随岩就势或长或短，底层作为过道还可容人停憩；又如三径亭更是一柱独架水中。

在贵州民居中亦常应用，尤其是粮仓，架空处理更为多见。均能得到“天平地不平”的效果。

5. 悬挑：利用挑枋、挑梁悬伸出的挑廊或挑楼，俗称“占天不占地”，意谓扩大上层使用面积，这对于基地范围有限，或在临坎、临水处，常应用之。可取得轻巧活泼的建筑造型，又能加强立面中的横向效果，体现亲切近人的建筑性格。

如厢楼、考祠之挑外廊，扩大了楼层面积；玉皇阁、望江楼、半亭等依洞建筑，且悬挑出洞外，扩大了洞口地面和观赏角度。具体做法是先立柱于洞口岩上，梁枋外伸并内压以求平衡稳固。内压手法有两种，可将梁枋后端锚固于洞底岩壁；亦可用顶天柱上撑洞顶下压梁端。

洞口悬挑建筑成为名副其实的悬空楼阁，使此古建筑群大为增色。

6. 靠坎：即建筑靠于堡坎上，在陡坡地带建房常用此种处理方式。它与“附崖”和“筑台”的性质又相近又不同。由于地段过窄陡度太大，在半挖半填的情况下，必然形成前后两列堡坎，建筑便利用后坎的部分或全部作为后墙或侧墙，有时按需要在墙外仍筑高台。如同今称之为半地下室者。在文公祠、观音殿以及万寿宫之仓房和东厢等的后墙处理上，均属此种类型。

但靠坎建筑的防潮处理很重要，通常是加强堡坎的密实性，做好墙外的排水暗沟和降低地下水位的措施。近年修复中已将旧时的砖砌堡坎拆除而改为石砌或现浇混凝土，以加强堡坎本身的防潮能力。又如在文公祠的后部设置了一道隔壁，形成通风夹道以隔潮气。由于全是石山，建筑只要不在山崖下的泉脉上，并把地面排水处理好，那么，地下水的影响就不难解决。

由于地势多变，环境不一，或每幢建筑的使用性质不同，经常将几种处理手法配合运用，例如：

“吊脚”与“台”、“靠”配合。观音殿是前吊脚后靠坎筑台三层；吕祖殿亦是筑台三层前有吊脚。但处理方式又有不同，观音殿吊脚柱位于下层台前，而吕祖殿之吊脚柱却置于下层台上，二者所形成的立面虚实效果则不同。

“悬挑”与“台”、“靠”的配合。如万寿宫的两厢，东厢楼是前挑后靠，而西厢楼却是前挑后台，它们的内立面虽然一样，但外立面则迥然不同。

“悬挑”与“台”、“吊”亦可灵活配合。如考祠是前挑后台、吊。

此外，还有许多组合方式。如吕祖殿之偏厦为前挑、前台、后附崖。文公祠又是前台后靠。仓房亦然。

总之，因山就势仍用石叠基，各种方式灵活处理，各随地势以构筑，以便在复杂陡峭的地貌上，筑造起所需要的殿堂。手法多变构思奇巧，而具有多种建筑造型，使得这一片古建筑群里，没有一幢房屋是相同的。这些建筑皆带有浓重的山地特色，与当地民居处理手法一致，颇有民间风味。

建筑之巧集于斯崖矣。

（三）因势利导　巧于布局

青龙洞古建筑群是在半开敞形的凸形地段上，依崖傍水呈半岛状，地段空间有开放感。建筑群体形成了并联式的空间序列，将六个主要建筑组群排列在这500米长的山崖前，而汇集成为一建筑群体。上有文笔塔使人文景观气贯山巅而达高处，下有祝圣桥、香炉岩及其亭阁势连江河而至远方，气势舒展，蕴藏着极大的生命力和延续力。

由于地形条件所限，建筑布置倾任自然，因高就低重台层建，依石傍洞疏建楼观，用其天然错综之美，取其宁静清雅之利，尽其层叠曲折之巧，得其神奇壮丽之趣。在这仅有1.8公顷的复杂狭陡基址上，宗教建筑的基本序列和格局无法维持，这里的寺观建筑布局与常规大为迥异。山地建筑的成功之处就在于：群体布局上较之灵活多变，视觉处理上注重自然景观。

1. 群体布局灵活多变

这里的建筑只能随山势灵活布局，或集中或分散，视其所处的地形和建筑性质、功能要求而定，一般没有条件向纵深方向发展，而较便于沿等高线横向排列。如万寿宫、令公庙、中元禅院等，有可能在半挖半填而筑成的大台上集中安排所需建筑，并建成一片。但紫阳书院、青龙洞寺和东山寺观却只能在不同的地点上采取散点式布置。正因如此，反而使得建筑与山势能充分结合，将建筑美与自然美融为一体，达到“虽由人作，宛自天开”的境地。

各散点建筑之间，以蹬道、院子串联成组成群。又把整个崖脚壁端用栏墙、房屋等建筑物或岩崖沟坎等自然地形，将小的组群围合成几部分，形成园中有院、园中有园。它们之间似连非连、似断非断，如同书画之要：笔断意不断，意断气连贯。虽然分散，但能多方运用构图原理——尽管前人可能没认识到这一点，但在传统的实践中，却具体地体现了出来——使其成为有组织的布局。

从大的布局上看，佛殿靠近崖洞易于造成神秘气势；万寿宫临近水畔便于运输货物。皆满足了其功能要求。

在总体布局上，它不同于贵州的其他山地寺观，如位于山上的梵净山承恩寺、黔灵山弘福寺等，周围以房屋或高墙团团围住，带有相当大的防御性，其建筑布局的内向性也就特别强烈。而位于山巅的寺观如天台山伍龙寺、云台山徐公庙等，登峰只有一条路，至少设置两道关卡，山门犹似关隘，真有一夫当关万夫莫开之势，其防御性更强，建筑布局的内向性也浓，但可以在一部分临崖的地方，布置外向性建筑。而此处建于崖前陡坡上的寺观，却一反古典庙宇的传统习惯和封建法统等特性，如同苗、侗之山地民居那种沿等高线散点式的外向布局形式，建筑大都显露在外。况且位于城镇边缘，其防御性要求不大。因之有条件按外向布局形式修建。如紫阳书院和青龙洞寺中的楼阁殿宇，既适应了地形，又能充分利用山地和水畔的环境特点，从而使观赏视野开阔，利用风景面创造优越的观景条件，还能发挥出它们的构景作用。所以，它是欣赏河山风光的基地，又是作为自然风景的点缀，具有观景与景观的双重作用。另外，如中元禅院内，大佛殿、望星楼与僧寮、灶房所围成的三合院，具有内向聚心在放生池的建筑空间组合，又有外向布局的形式，兼有两种特点。而万寿宫、令公庙的四合院则是典型的内向布局形式。其中的许仙殿、仓房均是一房两披厦的封闭空间组合，更是内向中的内向。

在整个古建筑群体布局中，由于环境的特殊和建筑处理手法的多样化，从而使得建筑与环境的结合甚为密切和巧妙，布局方式也是非常灵活而富于变化，更加丰富了景观效果。

2. 主次分明疏密相间

各个建筑组群随其所处的自然地形，或交错或分列地布置，有疏有密有前有后自由分布。在组群内的单体建筑亦同样如此安排，并不把整个崖前全部填满，而是注重建筑与环境的自然结合，在建筑群的组合中，一反寺观布局的旧制。

一般说来，中轴线表现强度的差异，可使人很容易分清建筑的主次，尤其是在严整贯穿的中轴线和对称组合的建筑空间中，单体建筑的等级、主次之分更明显。然而在这里既不便强调贯穿，也不可能强求对称布局，否则环境空间将受到严重破坏，那就失去了山地寺观园林的特殊价值而流于一般，甚至失败。人工痕迹过重则自然之美即黯然失色。

各组群的布局均视具体情况而变化。万寿宫的主空间是大院，它有明显的中轴线但不贯穿，两厢楼的位置亦不十分对称，仍能表现出杨泗殿作为主体建筑的分量。而对于徐仙殿的联系却十分牵强，后者又自立一条方向不同的中轴线独立出来，成为该组群中的副主体建筑。玉皇阁、观音殿、正乙宫、水晶宫与其前的大台阶形成纵向排列，如同在一条中轴线上，实则大有偏差，但也能使观音殿显出主体建筑的成分，这时的玉皇阁属于“后殿”之列。大佛殿与其后院的放生池、前院的韦陀殿、照壁，甚至越出寺外将祝圣桥、魁星阁以及府城东门都纳入这一条不规则的中轴线上，达到突出大佛殿作为主体的作用。其他建筑中轴线多为各自分散设置，这与平地上的传统建筑组合甚异。

除了用中轴线来表现对称组合中的主体外，在不对称的建筑组合中是更多的利用建筑体量的大小或高低来显示建筑的主次。俗语云：无小不成大。大与小是相对的。运用小中见大、以小衬大的对比手法，利用平矮的副体建筑衬托高大的主体建筑，从而造成主次分明的艺术效果。明显的例子如紫阳书院中的“并列”组合，建筑呈一字形排列在一条横线上，由五幢建筑单体组成，将山门衬托谐趣亭、亭再衬托考祠、考祠和圣人殿又共同衬托出主体建筑老君殿。如中元禅院中的“环列”组合，建筑呈三面环绕，灶房、僧寮、望星楼逐次衬托并共同显示其主体——大佛殿。其他有两面布置的“折列”组合、四面自由围绕的“围列”组合。在这些中，往往是单体建筑对称而建筑群的组合却不对称，形成不了明显的中轴线关系，便用衬托手法以表现主次之分。

在整个建筑群体的布局上，又有共同的重点建筑。虽然大佛殿近前庄重，老君殿居中高显，吕祖殿体量最大、层数最多、惜其位置偏颇，但是，重点建筑还在玉皇阁这条纵向轴线上。可见重点建筑不一定体型高大，这又是一个特异之处。究其原因主要有三方面：

其一，在此崖前的建筑组合多是以横向并列，只有玉皇阁及其下建筑能形成较长的中轴线作纵向排列，在形成立体构图中，这条不规则的中轴线仍然起到了较强的对比作用，从而点醒主体。

其二，玉皇阁位于最高处，几与崖顶齐。在那条等高线上没有别的建筑与其混杂和重复，故而重点突出。

其三，建筑造型上特别丰富奇巧，还有最高规格的庑殿屋顶，增添了作为重点建筑的份量。正由于体量不大，更增加其位置的透视效果，逾感崇高。它属于游览中的高潮所在，在此可获得最大量的观赏信息。符合重点建筑的功能要求。

此外，玉皇阁又处于整个建筑群的中部，两旁分列着的建筑组群起到环护作用，共同烘托制高点——犹如峰顶建筑，有控制全局的效果，其他建筑则达不到这种能力。

所以，无论局部或整体，其主次建筑皆分明。

3. 功能分区划分不严

此区最先系道人所创，当时有真武观、玄妙观等，随着佛教发展日盛而改为寺庙，但仍供奉道家之仙祖，后来紫阳书院反而划入道观曰“紫阳洞”。在这里，佛教的寺庵、道教的宫观并无严格区分，禅院寺庙虽属佛教称谓，然而神、仙、圣、贤皆可入座，致使释、道、儒三教混合，神、膳、舍、园四职混杂。

如中元禅院内之大佛殿、藏经楼、千佛岩、中元洞属于进行宗教活动的场所，而藏经楼、千佛岩、望星楼、中元洞等却又带有园林游赏性质。青龙洞寺中玉皇阁、望星楼、观音殿、吕祖殿同为供奉神佛并兼有观赏休息之功用，紫阳洞中三座殿阁亦如此，均具有其双重功能。

吕祖殿一层作为厨杂，二层为僧寮，三楼客房，在四层上才是殿堂，成为垂直式分区。由于寺庙规模小、地段窄，只好在竖向上将不同功能的房间进行分配组合，以满足基本的需要。

吕祖、玉皇皆属道教之神明，而观音大士亦属道教之神灵，他们同在青龙寺内；紫阳书院中则有道家的老君、雷神、燃灯道人与佛家的千手观音和儒家的孔子、朱子等圣贤共处。其他如令公庙、中元禅院亦皆如是。

可见此地寺庙具有多功能的特点，规模虽小但能满足昔日各界人士的信奉需要，以吸引更多的游客，拜佛与游赏具有明显的一致性，建筑少有宗教特性的区分。

从总的建筑群体上看，虽然楼阁不少，但以寺庙的格局要求都极不完整，缺少许多殿堂和祭祀空间。然而每组寺庙中却都供奉有观音菩萨，如中元洞里的送子观音、紫阳洞的千手观音、青龙洞的南海观音、东山寺的观音大士、令公庙的观音菩萨。

从其建筑布局中的功能分配上看，颇有原始而单纯的实用主义色彩，它属于一种素朴的中国古典自然风景园式的寺观建筑。

4. 建筑朝向因地而异

由于我国所处的地理位置，使得大多数地区皆以南向的日照条件最好，建筑方位多取“坐北朝南”的朝向，古时以居中之北屋为正房。《易经》上说“帝出乎震，相见乎离”，即帝王有出震向离之象，按八卦的卦位可知“向离”即面向南方。人间的帝王如此，神佛当然也不例外。因之殿堂多为面南而设，使人朝北叩拜为正统，所以前殿、后殿、正殿、大殿等主要建筑均处于一条南北向的中轴线上。其他如住宅、会馆等类型的建筑亦多是按此规制修建。此处由于地段形态的特点，多数建筑无法按照“坐北朝南”的制式布置，而是强调观赏面，形成依崖面水朝西向的排列布局。但在地形条件可利用的情况下仍然不忘旧制，尽量争取南北向，如万寿宫的二门、杨泗殿、客堂以及青龙洞寺的山门、紫阳洞的登道岸牌坊门等即是。

西向建筑便于结合环境地势，但需要解决好防西晒的问题，其措施有二：建筑处理——设外廊；环境处理——植树木。

外廊适合这湿热多雨的气候条件，夏日可减少日光入射，冬日可减弱寒风劲吹。这些殿阁的廊子合起来足有300米长，使其在有限的游览地段上，增加了许多休息游赏面积。这是一种将游廊等建筑小品与主体建筑合而为一的形式，以充分利用空间扩大使用功能。外廊可多可少、可长可短，不拘泥于平面的完整性，善随地势而定。如大佛殿有单面的前廊，圣人殿、吕祖殿有两面的折廊，观音殿有三面的套廊，藏经楼和考祠均有四面的环廊，等等，不一而足，甚至一幢楼的上下层廊子平面形式亦可不同，处理不拘一格，但不论哪种平面形式，在朝西的一面是必定设置的，其防西晒的作用与赏景功能恰好一致。

遍植树木进行空间上的遮阳处理。还可因为树木生机勃勃而使空间自然化。正如诗碑楹联中所题“山气郁吞飞阁影”、“岩峣箐屿郁青葱”、“香炉鼎峙万家烟火接丛林”等诗句，可谓昔时的真实写照。“文革”前所见殿堂多被林木遮挡，山崖亦悬葛垂萝石岩少露，颇有“藤木掩映，日涉成趣”之妙，配置植物是解决日晒、增加环境幽奥的好办法，还可造成“禅房花木深”的意境。

绿化将建筑与地段环境联系起来，并且在视觉上扩大了建筑组群的狭窄界线；而外廊更密切了建筑与环境的这种关系。

青龙洞古建筑群的选址布局，十分突出建筑美与自然美的融合，天然与人工缺一不可。利用天然施以人巧，巧创环境、巧建楼观、巧于布局，使得既有仙山琼阁的画意，又有天然林洞的幽趣，从而谋求诗情画意一般的意境美。它具有浓厚的感情色彩，相比之下，宗教色彩森严不足，幽秘有加，带有相当程度的人情味，寺庙建筑实际上成为景观建筑。而景观建筑设计布局的成功与否，很大程度上又取决于其构图艺术的优劣。

五、构图艺术

以崖为屏　构思有素

1. 总体构图

当人们步出府城东门，但见长桥浮碧水，飞阁破峡空；笔岫山文笔耸立，中和山秀崖如屏；殿堂依岩有疏密，楼阁悬浮欲凌空。前后近景、中景、远景具备，上下峰台、崖庙、路河齐全，构成了多层次的空间序列，先给人一种宽阔印象，即使进入崖下也无闭塞不适之感。桥上的魁星阁使得“凡尘”与“净土”之间有了过渡空间，犹如乐章中的序曲，乃是游览区的门户。游人的行为心理有了过渡阶段，从而酝酿情绪、激发感情、引人向往。由于此阁楼的存在，便自然地把山上古建筑群的气韵与对岸城门楼联集在一起，祝圣桥则成为总的前导。

崖顶自北向南呈平缓的斜面，轮廓较之平淡，但崖上树木参差、崖面曲折弯转，使得轮廓自然，稍弥其不足。恰与建筑群那富于变化的轮廓线形成了强烈的对比，使危崖绝壁更鲜明地衬托建筑，从而起到突出主体意境的作用。

建筑群的轮廓曲直起伏，如同乐曲之抑扬顿挫。风格统一的飞檐、翘角、棂窗、廊柱与马头山墙、石堡坎的虚实对比，像用多种乐器配成一曲和谐的交响乐，构成了一幅生动的画面。崖脚是陡岩、石坎、砖墙形成稳实的“基座”，照顾到山势的延续性，保障了山水间紧密结合。“基座”之上疏密高低地布置着崇楼飞阁，似石上天然生出。然而虚实之间并未简单的拼合，而是穿插生动布置灵活，如文公祠、观音殿、东山寺等山墙侧立，虚实参半。半亭、知客亭、凝岘亭等玲珑剔透，将“虚”的部分插入“实”中，又把空间拉开到水面，使建筑群与水体亦有了联系。

构图中的虚实对比是相对的，如在万寿宫的高墙实面中，砌有两大块竖向砖花漏窗，与长台上的横向砖花栏墙相呼应，建筑艺术处理巧妙，使得实中有虚、实而不堵，光洁但不单调，点缀在高墙面上的门罩轻巧玲珑更使其蓄有生气。

构图中还用显隐之法，景愈藏境界愈深，景愈露境界愈浅。崖中洞穴隐藏于内，不使一览无余。中元洞、紫阳洞、青龙洞洞名常闻，外面则不见其面目，更诱人入内去寻趣，如中元洞三个洞口各有树、亭、祠遮挡，紫阳洞被卧石所蔽，而青龙洞则被楼阁隐去，入内方知又一洞天。其他如千佛岩，外观不知处，近前方显出，均得到一种使境界深邃的效应。

青龙洞古建筑群铺陈于崖前，形成了立体构图。山崖衬托出寺庙建筑的巍峨秀丽，如同绘画中的背景，运用绘画、书法等艺术手法处理建筑、组织建筑群、构置园林环境，以取得美的价值。

《绘宗十二忌》中之第一忌即“布置迫塞”，建筑群的布局最忌排列填满、主次不分，而应以“疏可走马，密不通风”的意境，使得疏密、虚实、浓淡相间而相成，来形成多种组群，丰富画面突出重点。在这儿的密处如万寿宫、令公庙以长墙高院通连，青龙洞寺则三座楼阁紧靠，稀处如文公祠至紫阳书院之间，一大段峭壁直下，“如飞白书，虚中取实，以势为之”。又由对称的单体建筑立面组成不对称的建筑组合和群体构图，在不对称的空间构图中取得均衡，取得气韵生动。正如书画之要，“作书发笔，有欲直先横，欲横先直之法，作画开合之道亦然”。此处以山为屏，采用不对称构图，使得均衡而不呆板，构思和处理都很成功。

这一片古建筑群所形成的长卷画面，横笔的取势特别重要，望星楼如发笔之“欲横先直”，令公庙则为收势之顿笔回锋，望江楼、玉皇阁又似发笔之“欲直先横”，形成了画中主体，文昌阁、凝岘亭又属上下呼应的落点之笔，而凝岘亭与魁星阁则是左右照应的点划，它们共同组成了这一幅完整的构图。如同《芥舟学画编》所指：“上下交卸、层次明晰、山林掩映、虚实相生、疏密相间、浓淡相称”之法要。

以崖为屏，用对称的单体建筑组成不对称的群体构图，使之灵活生动是其特点(图3-1-50)。

2. 空间组合

如同其他的传统园林寺观一样，宗教场所其意境主静、主

图3-1-50　镇远青龙洞建筑群全景(单斌　摄)

幽，这就需要空间能相对独立，而园林环境为游赏活动空间要求连续，所以这里的建筑两者功能兼有，而所处的自然地势又实在狭窄，故在内外空间的组合中，运用借景、对比、渗透等多种手法来加强空间、扩大空间，以形成丰富的空间系列和环境。其空间组合的一大特点，就是地虽狭而景不窄。

3. 借景

借景分为因地而借和应时而借两种。正如《园冶》中所说“借者园虽别内外，得景则无拘远近”，以此来扩大环境空间。

青龙洞古建筑群充分利用依崖面水的地理优势，建筑布局前低后高互不遮挡，又不破坏悬崖的自然美，虽然地段本身无水景，但能纳水入景。主要观景点集中在崖腰高处、景域开阔地带，面向㵲水宽广的弯折处，观赏位置合宜，景致深远。因地借景使内外景色融汇一体，突破了这狭窄的有限空间而造成深远的空间效果。青龙洞寺的各幢殿阁，占据了“面视㵲溪收佳景”的有利位置，由近及远从山岩树木、溪水城郭、山峦云霞组成了多层次的景观，大大增加了进深感，将这只有几十米宽度的窄陡地段扩大到极目所至，使人心旷神怡。“远峰偏宜借景”，如“五老宾南”群峰斗奇，“二仙拱北”双岭相峙，“链子吊岩”古城盘崖，诸多镇远名景尽收眼底。故此并不感到空间局促。悠悠烟水、澹澹云山使得景区范围无边无沿，在小面积中争取到了大空间，其实际范围并不限于占地本身，它包括了周围的自然环境。

万寿宫为封闭型的建筑组合，而院子上空则可仰借山景入内，使空间得以延伸，故而不觉闭塞，同时又标定出了所处的位置，虽封闭、独立却仍然与山崖紧密相连，环境空间仍为一体。

在远景之前组织视线屏障，以构成前景，形成多层次空间，如在吕祖殿半边廊中，透过树隙俯视河面，水流船浮，又可借到动观水景。流丹亭则以树木作前景、桥阁作中景、山城为远景，展现空间层次更加丰富。

环境空间的构思受山水诗、山水画影响，使其具有诗情画意，景因文生，文因景成，岩崖洞壁多有题字镌石传说典故，而形成了人文景观，这些摩崖刻石是人们对天然洞崖的艺术加工，常置于主要游览线上，同时用诗词匾联来补充园林景色和建筑特色，借书法点醒园林意境，使游人通过联想产生共鸣，触景生情而产生意境、创造意境。借诗述怀，匾联又是一种表达感情的形式，它能贴切地起到点景作用。万寿宫墙门匾上的“层峦耸翠”、“秀挹西山”、“襟山带水”，大佛殿楹联上的“㵲水流青屏山扬翠”，以及诗碑中“天堑深溪偃巨虹”等都是因地而借所得的美景佳句。

《石涛画语录》中谈到“凡写四时之景，风味不同，阴晴各异，审时度候为之”。画是如此，构园亦是同理，即《园冶》中所说的“应时而借”，指借日月、云雾、风雨、四季不同景色，甚至动植物等均有可借之景。在这古建筑群里，石碑匾联中寄景于诗者甚多，如“山气郁吞飞阁影，钟声摇破隔江烟，日烘叠嶂晴光绕，浪逐轻帆峭壁旋”，指借雾、日、风以及钟声烟景；“风静鸟喧屏嶂里，月明人渡镜函中”，借了鸟声、水月之景；“琼阶清雾绕，石径霭云回”，借云雾；“清光隔岸看，返照佛楼寒”，借月光；“春流响急湍”又借到水声；最详细的描述是光绪五年贺绪蕃诗碑上所描写的集青龙洞上遇雷阵雨的景致，其中有“斜日千峰送雷雨……无边天空声霹雳……凭高下视万银鍊，森森谷地成霏烟……清风欻忽起空谷，埽开阴霾收雨足，城郭楼馆故依然，千里蛮江换新绿”。等等佳句均是应时而借之写照。

借景合理组景得当，方能使景观丰富意境入胜，青龙洞古建筑群就其天然之势扬己之长，多方运用借景手法弥补不足，来扩大景观范围。正由于建筑群视野开阔，从而获得了整体的开阔感。

建筑不但可借景、观景，同时亦可组成景观、景点。如在正乙宫前，见高处谐趣亭玉立岩端，位于透视焦点，表示峰回路转，佳境在前，成为景色的重要点缀。安亭得景引发人们的运动行为，起到点景和导向的作用。亭之平面呈三角形，面向三方，对景迥异尽收内外佳色。

4. 对比

道路是无声的导游（这在之前可是各个独立的，今为旅游而串联起，以便尽量不走回头路），游赏路线随地形“有高有凹，有曲有深，有竣而悬，有平而坦，自成天然之趣，不烦人事之工”。用路径将一个个不同的空间串联成空间序列，多采取开合、明暗、大小、虚实等对比手法进行组合处理，明朗开敞与曲折幽深兼备。在游览过程中能产生曲径通幽、柳暗花明、涉足成趣、豁然开朗的不同感受，用这些对比空间的变换，感受强烈而新奇，以达到游赏的目的。

中元禅院的空间序列运用对比手法至为精彩，当人们行进在大桥上时，魁星阁起到一定的遮挡作用，引人前行，过阁后一目了然，大佛殿雄踞高台之上，而山门却偏于下角一个夹缝中，巨岩形成的洞门作为中元洞的山门是非常切题而不一般，由于洞门矮小而衬托出体量不大的大佛殿雄伟壮观，可见入口不在大小，以奇为胜。从开阔明亮的桥上进入洞门，巨岩斜立狭小阴暗，运用空间的大小、光影的明暗，欲放先收来增加对比效果。一开始就使人感受到别有洞天，似由尘世进入仙境。转出拱桥洞口，豁然开朗，远对陡山故城，近观长桥卧波，视台下来路如属隔世，在心理上起到酝酿情绪的作用。过大殿到后庭，由高敞的台上到封闭的崖下，空间为之一收。至中元洞之内外空间又是一个强烈的对比。透过树丛可隐约见到山城桥阁。文公祠小院封而不闭，越过仓房屋顶则能清楚地观赏桥阁山城。沿崖下栈道行进时，山水之景或隐或现，到圣人殿侧面处疑无通路，走近方知贴崖夹缝中有石阶可循，以进入紫阳书院。

紫阳洞区的内院空间幽深，悬崖有森然欲搏之势，其状可骇，崖树有擎空相攫之形，遮空蔽日。上空如井口，建筑多暗面，与明亮的前院又一对比。前院虽小但明亮，处于半封闭空间，透过石隙、门洞却可瞥见园外天地。登上谐趣亭，景域宽阔，前后空间又形成强烈的对比。山门旁峭岩当空而立，上大下小片石多致，“石本顽树活则灵”，岩顶恰有一树，斜折垂首如招迎来客，树旁筑一小塔颇有“点景”之功，引发转折行为。崖岩阴处窄隙中射进亮光，引导人们循光过桥洞而步入观音殿，起到指示导游的作用。

青龙洞寺入口空间的安排是先敞而后闭，愈上行则愈狭窄，到达玉皇阁下之夹道中，但见厚厚的石墙门洞外另有天地，指示人们渐入佳境，石门洞内外空间的开合对比强烈。自从正乙宫旁登阶以来，一路行进在崖下陡窄而封闭的环境中，进入上洞中则外观水阔天空视野深远。由于洞内外空间开合、明暗的强烈对比，洞口建筑的奇特，从而使游览达到最高潮。

万寿宫利用前院之浅小，戏楼下过道之低矮，衬托出大院宽大，利用对比手法取得小中见大的空间效果。

在序列一侧，又可分出与序列境界迥异的空间来，如自栈道开朗的自然环境可进入万寿宫的封闭、规整环境中，从紫阳洞狭小的前院进入考祠下层的开阔空间环境中，都给人一种弦外之音的感受。

用对比之法以使人产生联想，在咫尺山林中，小中见大、大中感小、明暗交替、虚实相错，便可以制造出许多情趣来增强其空间效果，给人留下丰富而深刻的印象。

5. 渗透

在此古建筑群中，常使内外空间渗透、交流，以与自然环境有机的融合，或为扩大空间或求开朗明快。常将主要建筑设前廊或架空，使得室内外空间有过渡。如紫阳书院的内院，老君殿下架空，将内院空间延伸至楼下半边廊中；考祠向院中的一面完全敞开，室内两侧墙嵌理在天然岩壁上，将自然因素引入；万寿宫大院中，杨泗殿有前轩空廊，戏楼下架空，两厢楼悬挑；吕祖殿底层吊脚。许多实例均是起到扩大空间、内外交流、融合环境的作用。

而观音殿下几根吊脚立柱，将石坎墙隔出层次，即可减少高墙前面空间的迫塞；石坎、围墙“隐幻于萝间”亦可使层次重叠来加强景深感。

庭院围而不封，封而不闭，也是一种空间渗透的有效处理手法。如大佛殿、文公祠、青龙洞寺之院子，进深均浅，前面以砖砌空花栏墙围之，使景区内外空间交融，并敞开观赏面来扩大空间的景深范围。又如万寿宫客堂前之内院，面积较小，一侧连山以崖为墙，另侧高墙耸立，但在这片大墙面上，砌有宽大的砖花漏窗，隐约山水之景纳入院中，故致封闭而不堵塞，从而取得了良好的空间艺术效果。

6. 建筑处理

中和山麓形似半岛，环列着六组古建筑群。而崖不高如秀屏，地不宽似锦带，建筑以人为之美入天然故能奇，以清幽之趣出浓丽，故能雅。为达“奇”、“雅”之意境，必要“精在体宜”，需要处理好建筑物与周围环境的比例关系。画山水诀云：“丈山尺树寸马豆人”，即是尺度要得体。楼阁不与山崖比高大，具体措施多样。

建筑物实际尺寸不大。如体量最大的吕祖殿，下层面阔13.7米，大佛殿12.4米，圣人殿8.6米，老君殿仅8.57米。在整体构图中要求体量不能大，而在宗教功能中又要显出其雄伟庄重，解决这个矛盾的办法之一，就是以小体量的建筑物来衬托其高大。如用谐趣亭衬托观音殿和考祠，考祠又衬托老君殿，偏厦衬托吕祖殿，望星楼衬托大佛殿，半亭衬托东山寺，飞梁小石桥衬托令公庙和文昌阁等，均是此意。

建筑以横向划分为主，用层层挑檐和栏杆构成较强的横向取势，以减弱高度感。屋顶飞檐翼角高翘，突出建筑外形轮廓的轻盈造型。设前廊或环廊增加通透部分，使室内外空间交流，以减弱体积范围。并在通面阔设置镂空花棂门窗，花格疏密恰当，栏杆、栏墙高度1米左右，尺度适宜，造就出一种亲切近人的建筑性格。

建筑物入口安排、楼梯位置均因地而异，灵活多变。通常按传统做法正面入口，但像紫阳书院和青龙洞寺的几幢散点布置的殿阁则多为侧面入口，或从前廊端部进入殿堂，或从侧廊转至前廊，无法沿中轴线行进，然而却能使建筑构图活泼起来，步移景异，造成颇有变化的透视景观。楼梯设置的方式亦有多种，较多地利用室外台阶分层入口，室内楼梯如吕祖殿设在侧面，老君殿又转在后面，万寿宫客堂则位于一隅，圣人殿上下错半层处理，而藏经楼却利用望星楼的楼梯联通。随机应变而无定式，集贵州山地建筑特色之大成也。

建筑平面一般为矩形，也有因地形条件所限而呈不规则状，如文公祠、万寿宫客堂、偏厦等。在平面空间组合中布局更为灵活。如千佛岩与其下山门内部，上下流通功能明确，从而形成垂直方向大小空间相互穿插的空间组合；如万寿宫客堂，回廊楼梯上下贯通，形成室内共享空间；而许仙殿或仓房皆与其侧廊各围有一方小天井，从而形成“户外室”，成为室外的共享空间，在江西称“庭井”，其当地民居中常用此种形式，俗作“印子屋”。此外在平面开间的组合中亦有特殊之例，如明间特大而次间特小，实际上殿堂只有一个开间，周围设环廊而组成三开间的形式。明间屋架为减柱穿斗式做法，楼层外廊内收，全在次间环廊中缩小，歇山屋顶既不推山也不收山，同当地民居的歇山顶构造，施工简单且整体性强。如大佛殿明间7米，次间仅2.17米。圣人殿明间5.15米，次间只1.72米。另外，建筑还以封火墙两坡顶的做法，将明间屋架做成抬梁式，边榀山架为减柱穿斗式，即抬梁与穿斗组合结构，来取得明、次间贯通，使用灵活，同样也可得到大的室内空间。

由于地势的复杂，故而能使建筑的形体效果多有变化。如老君殿外观为两层如置台上，内视实为三层附岩吊脚楼阁；考祠恰相反，外观是三层吊脚楼，内视则为两层挑廊；而圣人殿外观是二层干阑式架空，院内却仅见一层半高，不但看不出架空效果，反而沉下了半层，使得内外形体大不一致。利用地形的巧妙而保证了建筑群中没有一栋是相同的。

木结构易与山岩结合，随其岩壁凸凹，木料长短自如，方便施工，可组成不规则的贴崖建筑，如玉皇阁、望江楼、吕祖殿、偏厦、圣人殿等，屋顶因山就势，结合自然山崖。

建筑造型除与地形条件有关外，还受气候条件的制约。为适合湿热多雨的天气，外形或用高墙封闭紧固，或是挑檐开敞外露，多外廊深出檐，窗口大天井小，室内空间高敞，利于通风遮阳。风力小则翘角大，且空透细巧，给人以舒展轻巧之感，天无暴风严寒，小青瓦屋面故可干摆放置，俗称“冷摊瓦”，昔时屋面多如此，做法与当地民居同。近年修复中为避免崖下屋面易损，为增加其耐久性，已改成青灰色琉璃瓦面，其他如万寿宫、文公祠、令公庙等仍保留原来小青瓦的传统做法。琉璃瓦形虽改，但颜色如故，大效果仍不失原有特色。

地方材料的运用和地方特色的强调，不仅能使建筑较好地融于自然，并能为景区增色。如台阶、基座、坎墙用石砌筑，与山岩结合紧密，天然中含有人工之巧，人工中含有天然之美。木构架、木装修、镶以木板壁或围以青砖空斗墙，复以青色瓦屋面，栗壳色油漆等都同当地山地建筑风格一致，与环境协调。

它们中的多数既为宗教建筑又为景观建筑，具有双重功能，往往后者的成分居多，从而在装修中有其活泼的一面。常将柱枋楣栏或窗洞用以剪裁画面，框取室外之景作“无心画”，成为良好的赏景处所，同时又是景观中不可缺少的一员。

在此建筑处理中，平面合宜，入口自由，组合灵活，造型丰富，结构轻巧，体量适度，装修协调，色彩朴素，是其特征。为此，山崖系因寺观的兴建而大为增色，寺观又因山崖的险奇而独具特色。

青龙洞古建筑群依崖就势而建，贴壁凌空而立，堪为山地建筑的优秀代表。

六、装修特色

精工细雕　朴实无华

雕塑、彩绘是建筑装饰的重要手段，古建中运用木材、石料、青砖、灰浆、油漆、颜料等不同材料，据其性质、特点，或雕或塑或刻或画，创造出许多具有装饰美的部件。

屋顶形式多样，皆因建筑性质不同而不同。如庙宇多用歇山顶；会馆祠堂又用马头山墙；亭阁用攒尖顶；次要建筑用硬山或悬山屋面；而观音殿却随心所欲，马头山墙不对称地与腰檐组合；洞口亭阁更是因山就势地作成半边屋面或贴崖单披厦。花样虽多但不杂乱，原因之一就是色调统一，不管小青瓦还是琉璃瓦均为青灰色，保持着朴素的地方色彩。屋脊翘角均按原有的传统做法，一是“剪碗”镶贴，一是粉白泥塑，同当地建筑风格相一致。

檐口封檐板厚重。瓦垄的勾头、滴水齐备，小青瓦的勾头样式较为特殊，呈“如意头”状。

檐下的处理方法有三种。通常为卷板包檐或是“露明造”，在装饰性强的建筑上安设如意斗栱。这里的如意斗栱不承重，而纯属装饰性，以增其壮丽气势，米字形交叉栱板层层叠压外挑，栱板四瓣卷刹，层间垫小斗，下部有坐斗承于额枋上，后端有木枋压固其上。层数可多可少，如戏楼出五跳，流丹亭出四跳，三径亭和凝岘亭出三跳，皆随建筑规模大小和挑檐长短而变。

墙檐有所不同，马头山墙顶部为三层叠涩挑出，上铺两坡瓦顶，脊端翘角形状各异，叠涩均粉白作带状，勾勒出阶梯式的山墙轮廓，衬托在青砖墙上，更显素朴别致。而牌坊的墙檐为庑殿顶，翘角簇簇高耸，檐下是一层坐斗三层拱花，皆为青砖烧就，虽仿斗栱又不似斗栱，实是一种美化了的叠涩。

墙身不作过多装饰，显露出青砖空斗纹理，石灰砂浆砌筑，缝细砖大形成的青墙白缝素雅通俗，尤其是牌坊墙上运用水磨方砖包柱贴枋，分出框档，就如木牌坊形制，墙心作斜十字丝缝铺贴，统一中求得变化，富于装饰性。

门窗、栏杆装饰丰富，简繁不一，常用小木条精心编排，组成各式镂空棂花，如宫式、葵式、书条、万字、步步锦、弯不断等，间以一字结、丁字结、工字结或花结。甚或用整块透雕花板充填窗心，如藏经楼的后壁装有二块圆形双面空雕，一为松鹤延年图，一为竹鹿长寿图；吕祖殿的后壁装有方形镂空花窗，均为麒麟送宝图。

门窗夹堂板、裙板亦常雕些花饰图案，由于窗格有虚有实，线条有曲有直，能衬托出一定的建筑氛围，有的严肃庄重，有的活泼富丽，对体现建筑性格起到良好的作用。其他小部件上，如在坐凳栏杆下花心，亦常雕有花饰美化。

各种部件上的图案纹饰优美，传统题材广泛，动物、植物、山水、人物皆有。内容大部分是象征吉祥如意、寓意福寿富贵的，有如意、卍（万）字、八卦、狮象、福（蝙蝠）禄（鹿）寿（桃）、富（牡丹）裕（鱼）连（莲蓬）、佛八宝、暗八仙、八仙人物、龙凤麒麟、花卉翎毛、文房四宝、古迹建筑、戏文故事等等。把一些互不相关的形象合理地组织到画面中，组成一幅幅优美的图像，并在不同的材料上雕塑出来，的确不是易事。

牌坊门及戏楼是装修的重点，戏楼上集中了各种木雕之精粹，牌坊门上的砖雕泥塑均属上乘之作，旧时保留下来的实物已不复多见，故此更为宝贵。

现将各种装饰手法分述于后。

1. 木雕

在青龙洞古建筑群中，木雕构件使用较多。上自梁枋藻井，下至门窗栏凳，都可运用雕刻技法进行装饰美化。花样甚多简繁不一，种类有四：浮雕、圆雕、凹刻、透雕。

凹刻分曲槽刻和平槽刻。曲槽刻槽底呈弧面，或凸或凹，常用于匾额楹联，在一定的光线下观赏凹字可呈凸字效果。梁枋上亦有用者，如在“小憩”室中之大梁即用曲槽线刻图案。平槽刻为垂直下刀槽底平光，刻字不如凹刻能表现笔力，但也用于匾额楹联及梁枋构件上，如杨泗殿之梁枋即是，并杂以线刻勾勒更觉雕工细腻形象丰富。

浮雕多用于门窗之夹堂板和裙板以及梁枋上。如万寿宫厢楼上，一侧浮雕镇远名胜祝圣桥、大佛殿、玉皇阁、香炉岩等；一侧雕有贵州古迹如贵阳甲秀楼、文昌阁等等。长条浮雕有杨泗殿檐枋上的戏文故事——水浒黄泥岗等，乃是浮雕之佳作，可惜檐下位置过高，光线过暗，不易引人发现和欣赏。大面的浮雕常镶嵌于殿阁后壁正中，如吕祖殿之老君图和吕祖图，戏楼太师壁上的福禄寿三星图，浮雕人物背景层次分明。其他如在大佛殿前廊中的月梁驼峰上，月梁就其形体雕成扇面状之花草，驼峰作成宝镜式，分别刻以龙凤纹饰来组成“福”、“禄”二字，将一组承重木构件装饰成画面，造型别出心裁，雕饰流利优美。杨泗殿前轩中的穿枋童柱均雕以纹饰图案，更显得华贵非常。

大型浮雕如在杨泗殿中的三块藻井上，分别为龙、凤、麒麟，生动有力。而戏楼的顶棚则为圜泉斗八藻井，四层八角，每层面上浮雕花卉，细致多样，中间“龙滚云雾”，龙头探出活龙活现，更是浮雕与圆雕相结合的范例。

圆雕立体感强烈，如戏楼檐下的撑栱，镂雕出倒立的雌雄二狮，本是支撑构件，此处兼作装饰之用。两侧额枋上有单体圆雕八仙人物。前额枋上有整条连续圆雕“二龙戏珠”，龙腾云绕颇有欲升空之意。尤其是戏台台口板一匝，装有高0.4米、厚0.2米的大木枋，其上精雕着十幅戏文图，内容是“杨家将”、“三国演义”、“二十四孝”等折子戏故事。人物形象逼真，呼之欲出，楼阁树木层层叠叠，奇巧精美，是圆雕与浮雕集萃的珍贵实物。可惜“文革”中人物头像被砍丢，近年修复中又重仿雕制，原残物已作文物保存。

透雕运用较广，在花芽子、挂落、花罩及门窗棂格的花结中常见。一般为双面雕，龙凤、花卉、翎毛、云鱼是传统题材，更用它们进行组字，如圣人殿窗格中的“入黔第一洞天”、“福禄寿喜”等字样，充分发挥其精湛技艺。透雕要求虚实均匀，简繁适度，大面与细部均能照顾，还要顺应材质纹理，以使牵连牢固。

木构架中还常在穿枋、挑枋及一些部件的交接处施以雕饰，由于小面积使用，从而重点突出恰到好处，在繁简的对比中倍觉精致，起到很好的点缀作用。

木雕常用木材有梓、楠、樟、梨及核桃、黄杨等，取其质细紧密便于雕镂。此外亦多用白杨木，虽然纹理细宜雕刻，但质软不耐久用。

这里的木雕工程是贵州古建中图饰丰富、雕技较高的一个实例。

2. 石雕

石雕在古建石作中属于“剔凿花活”，它是一项颇精致的传统技术，常用在柱础、勒脚、门枕、槛框及嵌墙字匾、石碑等处。

在牌坊门或随墙门上所嵌横匾竖额，多为石雕凹字弧面底，或贴金箔或涂佛青，给人一种不同的感受，前者醒目华贵，后者含蓄高雅。

万寿宫二门的石框上雕有楹联，麻底平字，边框饰以阴纹线刻竹节，轮廓楞角清晰如剪影一般。万寿宫的随墙门石框上，浅雕方头直线夔龙回纹，布局匀称起到良好的图案效果，如同带形装饰花边，平底平面，阴纹线刻勾勒纹饰，简中求细，形成一种相当简练的风格。此二者均属于宋《营造法式》中的“减地平𣏞”形制，即“剪影式”凸雕，由于刻下深度较浅，远看不见具体纹样，但能使人感到有其装饰内容，走近亦耐人细观，达到一种若有若无的意境。增强了整体艺术效果，起到了陪衬装饰门洞的作用，点出了该门洞的重要性，是石雕与建筑配合良好之例。特别是前例中，刻平字空挡较多，构图呈现松散，饰面易显破碎，故把“地”打成小麻点的形式，字不勾勒更表古朴，是“减地平𣏞”的原始雏形。

浮雕的应用较广。如在万寿宫随墙门下的门枕石，雕有麒麟、凤、鹿等吉祥物，门槛上浅雕着卷草番莲饰样。牌楼门的勒脚上雕以文武二宝等图饰。它们近似于《营造法式》中的“压地隐起”的雕刻手法，花纹充实浑厚，构图紧凑，雕刻与建筑相得益彰，加强了建筑的表现力。

3. 砖雕

砖雕俗称“硬花活”，雕刻难度较大，但雕品具有生动细腻的特点。在这个古建筑群中，用于砖砌牌坊门的正面，为对称布置，起到装饰美化的作用。分为刻字和雕画两种形式。

如万寿宫牌坊门之横额与楹联，均为水磨方砖刻凹字，尤其横额的“水德灵长”斗大楷书，字体雄浑，深刻砖内三厘米，采用垂直式下刀雕法，刻出的笔划遒劲有力。两旁有浮雕五福夔龙纹饰，构图匀称。特别是次间的两块雕画，更是砖雕工艺之上品。

砖雕图画在古建中常有应用，如在屋脊、墀头、影壁、牌坊等处。一般在砖上作圆雕多致浑厚，透雕更属不易。此组雕画系为青龙洞古建筑群之全景图，内容繁多均按真实方位展现，依实际位置分段。右边的一块砖雕是从中元洞至万寿宫牌坊门这一段的整个自然环境和建筑格局，其间洞穴幽秘，悬崖险峻，江水奔泻，望星楼、藏经楼、流丹亭及万寿宫的高墙长台、漏窗坊门等建筑全都雕得生动灵现；左边的一块展示了紫阳书院至东山寺的建筑布局，其中有圣人殿、考祠、紫阳洞山门、青龙洞山门、观音殿、玉皇阁、望江楼、东山寺大殿和山门等，楼台亭阁依岩就洞，翘角飞檐，古树虬枝，波涛翻滚。将这300米长的景色全缩影在此两幅各1.3米长、0.45米宽的砖面上，栋栋楼宇小巧玲珑，或正或侧，层檐柱间造型甚为逼真。

此雕画每方均由三块方砖组拼砌入墙内。雕法细腻，砖墙、花墙、石墙皆刻画清晰，脊饰、柱架、山水都雕凿得精细。雕刻深度达4厘米，物象表现多层次，既有体积又有景深，既稳实凝重又精巧非常，是以透雕和浮雕相结合的雕法。雕、琢、镂、刻技法高超，画、凿、磨、擦工艺精绝。砖色古朴典雅，画面疏密有致，构图严谨匀称，凹凸处理得当，四周围以边框，犹如二卷山水横幅。远观装饰性强，近看其味无穷，与他处的朴实、庄重、简洁的砖雕风格大相迥异，与别处的花卉、动物、人物的砖雕题材多有不同，而是一幅青龙洞古建筑群的总体布置模型。成为光绪初年原貌的缩影和佐证，比之乾隆年间的《镇远卫城图》中所画更为详细清楚，可作为研究当时建筑变迁的参考依据，其价值远远超过了它的装饰美化功能。虽历经百年之久的风雨，未见半点腐蚀剥落，足见砖的质地坚韧和雕凿技艺之深。

4. 泥塑

泥塑俗称“软花活”，与“硬花活”的砖雕工艺不同，在青龙洞古建筑群中应用较广。而且均是以“堆活”手法塑造的。多用于屋顶墙顶上的脊饰翘角，牌坊门上的“龟龙鳞凤之纹，飞禽走兽之象”等细堆塑。做法是以铁件或铁丝扎制骨架，嵌固于脊、墙中，再扎瓦片绑麻筋逐层敷灰镂塑细部。传统做法用灰甚为讲究，尤其面层灰料需以桐油石灰糯米纸筋浆，经发透捶足方可上架，可经百年之久。现今有利用水泥者，或掺石灰成混合砂浆者，施工较之简便。

在大佛殿正脊上的“二龙戏珠”，龙身矫健空透，翘角塑有鱼形鸱尾，其他重要建筑亦有。如《汉纪》中所解释：“海中有鱼虬，尾似鸱，激浪即降雨，遂作其象於屋，以厌火详”。人们认为其是灭火之物象。但更多的翼角、脊端塑着水草龙纹花饰，其意亦然。随其建筑体量的大小而有所简繁。此处翘角有二特点：造型上多内翻，纹饰缠绕高堆，与别处的角饰轻细斜挑的风格有别；制作上多用“剪碗”做法，即是将坯模塑成形后，表面用五彩瓷碗碎片拼贴而成，阳光照射光闪点点极其艳丽，单看虽感繁琐花俏，但都集中在屋顶脊部，整体效果并不杂乱。这一特殊的装饰甚或衍用在横匾的组字上，如万寿宫牌坊门上的“云飞山静”四字，大佛殿后墙上的“渐入佳境”，都是蓝色花瓷片镶塑，为一种具有“地方风味”的泥塑形制。

精细的泥塑还是用在牌坊门和随墙门上，如万寿宫、青龙洞的字碑周围，其护龙有二条、三条、五条不等，间以云水宝珠，盘绕层叠，镂空欲飞，构图颇为复杂，大有纠缠不清之情，然而条条青龙交待清楚，强劲生动，真可谓活龙活现了。在万寿宫的牌坊门上泥塑较多，如双凤朝阳、二龙戏珠、五龙护碑、老君八仙等，在青龙洞牌坊门上亦塑有双凤朝阳、三龙护碑、花卉翎毛、人物故事等，尤其是在次间上，昔日曾塑有两幅“金山”、“香山”的人物故事图，更属佳作之例，构图严谨层次交叠，人物小不盈寸，花树枝叶轻巧，塑工细腻惟妙惟肖。可惜“文革”中被毁。

塑件有深有浅，浮塑、圆塑配合运用，涂色砖灰更显古朴雅致，即富于装饰性又不喧宾夺主，与砖砌牌坊浑然一体，如同墙中自然生就一般，更突出其素色质地的精妙。

5. 油漆、彩绘

在整个建筑群中，总的色调甚为古朴素雅，砖瓦青灰、壁板棕红、柱檐栗色、脊翘粉白，衬托在青山绿树之中，不鲜不艳含蓄沉稳，是当地建筑色彩的一大特征，与民居色调相仿，与宫式建筑的红柱绿檐大相迥异。

木构架内外装修用色一致，木雕部件亦油漆单色，远看有其形近看有内容，贵在“含蓄”二字。一般柱栏门窗多用亮光漆，栏杆扶手作推光漆，其他高处构件作栗壳色光油。利用贵州产的大漆、桐油，运用传统工艺操作，质量可属上乘，给建筑增色不少。特别重点的地方，如在一些藻井木雕上，施以彩色油漆，更显艳丽，给人一种年画式的乡土气息，因用于顶棚上并不影响整体外观的色彩基调。

在墙檐处的白粉饰带中，却稍许画有几笔彩绘，使用红黑蓝绿几样单色颜料作图案，用彩墨画山水花鸟，风格淳朴具有浓厚的民间风味，远看给人一种似有似无的色彩感，丰富了墙檐，减弱了粉白与青砖之间强烈的对比，而起到含蓄的过渡、协调作用。寥寥几笔有无大不一样，如万寿宫的高墙、文公祠和观音殿的山墙，均有彩绘涂饰，素中带彩，取得良好的艺术效果，是一种简单易行的装饰手法。

综上所述，在建筑装修中具有浓厚的地方特色，雕塑精美、色调朴实，繁简适度、粗细有分，重点部分特殊处理，各种工艺均有所长。

七、后记

在1963年的6、7月间，贵州省文化厅和省建工厅联合派员去黔东南、黔南一带考察文物建筑。省建筑勘察设计院派我陪同省博物馆的罗会仁副馆长前往。

当我初次见到镇远青龙洞古建筑群时，就被她那奇特的山地建筑造型所震撼。《园冶》上讲到的“园林巧于因借精在体宜”，在这里得到了充分的体现，而且在建筑风格上与北方的“法式”和江南的“法原”大不相同，具有明显的贵州地方特色。那时水阔林密，每幢建筑都半隐半露的难以看清全貌，犹如“怀抱琵琶半遮面”，羞羞答答，不到跟前不知殿堂真面目。引人入胜，确有深山藏古寺之诗情画意。既聚现实中的真、美于一体，又溶艺术中的情、景于一崖。这层层叠叠的楼阁把中和山装点成一座五光十色、万紫千红的画山，正是：“胜境自天开，飞阁绝壁悬，”叹为观止矣！随之测绘了各幢建筑和地形，记录了一些碑记、摩崖和匾额、楹联，画了几张速写，照了几张照片，拓了几个碑帖，访问了几位耄耋长者。爬上爬下乐在其中，两人的干劲之大效率之高，而今想来自觉惊讶（主要任务还是应对中元洞大佛殿的抢救性维修问题提供施工方案）。本想及时整理出来，谁知一去十八载，竟无机会了此一愿。

直到1982年，省、县有识之士热心文物事业，邀我参加规划指导修复，更加深了对青龙洞古建筑群的了解。这一片富于创造性的建筑古迹，乃是当地劳动人民智慧的结晶。展望未来，前人留下的这一典型的山地古建遗产，必将得到妥善保护。它本身就是一个山地古建博物馆，为研究贵州地方建筑和发展旅游事业亦将起到推动作用。

去年十月，省文物处吴正光处长要我编写此书，幸好原始资料尚存，颇助吾一臂之力，怎奈才疏学浅力不从心，工作繁忙、时不充裕，虽思绪万千然断断续续，况史料不足且新旧混杂，动起笔来确感困难。吴君之盛情难却，本人之热情未泯，几番查证，几易此稿，权写此，错难免，谨记之，盼指正（图3-1-51、图3-1-52）。

一九八八年春于贵阳

参考资料：

[1] 镇远府志. 清乾隆五十八年.

[2] 镇远县志编委会，胡朝栋等. 镇远县文物名胜志（送审稿）.

[3] 镇远县文物古迹修复工程组. 镇远部分文物简介.

[4] 刘云. 镇远青龙洞寺、万寿宫和祝圣桥. 贵州文物. 1983，1.

[5] 雷岳. 重楼危殿　巍峨凌空—黔东古刹镇远青龙洞. 古建园林技术. 1985（4）.

[6] 陶钟麟. 青龙洞砖雕工艺. 贵州日报.

图3-1-51　在飞云崖现场设计

图3-1-52　与刘管平教授在濉阳河景区的考察船上

黄果树碑林

——规划建设览略

结合园林式碑林的规划建设，按照不同的空间环境，进行分析、组织成二十四景点，使碑与自然山石形成多种组画，设计成独树一帜的碑林，以突出贵州的山、石、字、人。

自然山石　碑林文化

营建始末　设计规划

展开石笋山一片　绘出瀚墨园百景

——黄果树碑林规划建设览略之一

国家级风景名胜区黄果树瀑布群乃贵州第一胜景，其飞流走泉千姿百态，水上石林幽奇相间，洞穴水雾险峻迷蒙，山崖石笋变化多端。可谓自然景观丰富异彩，怎奈人文景观大不如前，虽则古迹罗列驿道，而今残留片瓦几砖？近几年修造了徐霞客塑像，并在一高大峭壁上悬绳阴刻巨字“天星桥”，每字十米见方，可算是黔省之最，但在这偌大的景区中只属沧海一粟而已。随着旅游事业的发展，人们欣赏层次的提高，仅仅陶冶于自然景致的观赏已满足不了当今文化旅游的需要。鉴于此，省内几位有识之士如申云浦、李庭桂、秦天真、徐健生等老同志，早在1987年就倡议在黄果树风景区内建设一座园林化的碑林，并与贵州各界人士成立了筹建委员会，为此名胜景观的人文建设做一开端，在政府领导和社会各方的支援下，次年即兴工开发，经过艰苦创业现已初具规模，这必将有助于我省经济、文化的发展和繁荣，对兴黔富民，宣传贵州也有积极意义。

碑林内初步建立了大小碑碣三百余座，护以碑亭曲廊，植以果树花木，使之成为一特定的游览景区。碑碣内容首先将老一辈革命家毛泽东、周恩来、朱德、董必武、陈毅在黔所作的诗词题字建亭立石，其次选择历代题咏黄果树瀑布的诗文与贵州风物的名作书石制碑，为标举时代风范还征求海内名家题咏的作品选择镌刻；为展现地方特色而复制一些文物古碑，如梵净山禁砍山林碑，属我国较早的保护森林地方法规，如禁杀耕牛碑、各类告示碑及茶农抗贡碑、苗民抗夫碑、土家禁约碑、布衣乡规碑、瑶人族规碑、风规碑等都是研究民风民俗的重要资料。又如大方地区的彝文碑更是研究彝文化的宝贵遗产。还有描写黔道险阻的众多摩崖题字诗刻和红军标语红军渡碑，集中展示以标明我们贵州还是有历史文化的，正如最早的“红岩碑”，至今仍是国内外专家有兴趣研究的课题。再如花江崖画乃早期黔地人的创作亦应引入。总之，题材多样书体不一碑石数种集其大成，建成名副其实的碑文化博物馆，使其作为宣传贵州的一个良好场所。此外，对于历代贵州各界要人名士，甚至，当代为振兴贵州作出重大贡献的优秀人物、世界冠军都可落石刻碑，显示贵州大有人才，以图激励在黔生长和工作的各族人民，更加热爱贵州奋发图强。

为此，贵州省建筑设计院率先响应，从测量到规划设计进行了全面赞助。经过三选园址，最后选定了石笋山这一风水宝地。该处奇石嵯岈一片荒芜，既无良田又无好土，更不便进行其他建设，满山石笋、沟壑、崖壁、洞穴，是一典型的喀斯特地区，好似就为碑林所准备的地盘，由于石笋造型变化多端，碑石摩崖种类繁多，相互对比相互映藉，犹如碑石天生地就一般，十分切题，而且面对大瀑布，更方便游览。

为达到高层次的文化展现，高水平的碑林设计，以创建出独具特色的碑文化景区，测量工程技术人员随即赶赴现场，浴日沐雨很快完成了整座山区的五百分之一地形图和第一期工程的二百分之一地形图，要求每一块石笋和原有树木都标明，其精确度和细致程度都是很高的。为规划设计提供了良好而准确的地形地貌图据。

之后，在荒草石隙中进行了多次察看比较，优选出了具有艺术景观和幽折趣味的游览路线，及合理的碑园与公共建筑的布局，本着“园林化碑林”这一特色和“四季有花常年绿”的绿化原则与贵州山地建筑风格，以达到自然风景与人文景观有机地结合，山内奇异地貌与山外瀑流层峦不断地映衬。利用这一山（石笋山）、二台（邀月台、观壁台）、三坝（敬诚院、文曲廊、沁芳苑）、四沟（浴龙沟、瞰龙沟、双环沟、天星沟）、五洞（龙箐洞、豁然洞、天门洞、双环洞）的繁杂地形，划分了6个不同空间环境的景区，如入口龙箐区是封闭式环境，西边浴龙区是半封闭式，上部龙崖区又是封闭式，双环区为半封闭，天星区又一封闭式，而到文笔区则全然开敞，对面瀑布河湾、四周重峦耸翠、无不历历在目尽收眼底。经过多次开放收合的空间变化，增加了游览的趣味性，在不知不觉中登高观赏各类碑刻，避免了单调乏味之感。

在这三公里长的蜿蜒小径上，串有一坊（石坊门）、二塔（文笔塔、聚贤塔）、三桥（龙箐桥、浴龙桥、聚贤桥）、四亭（汇宾亭、叠翠轩、瞰龙亭、清吟亭）、五池（龙箐池、浴龙池、洗墨池、游星池、留云池），并开发出六石（蛤蟆石、龟蛇石、狮吼岩、黑熊岩、方丈石、恐龙石）。随着游览路线组成了前后二十四景点，皆以四字命名，使其既有诗情画意又有较高层次的文化内涵。如前十二景为：邀月栖霞、文星伴月、龙箐荟文、境界又一、胜景自成、书法大观、笔石精华、层峦叠翠、龟迎蛇舞、金蟾咏月、雾海观壁、曲径通幽。后十二景是：别有洞天、龙崖狮吼、瀚墨敬诚、天门开处、天然图画、出神入化、黑熊沐日、袈裟轻扬、天星散地、笔岫晴岚、墨华沁芳、云且留住。

此为近期工程，东西长500米、南北宽250米，占地面积8公顷。远期向高处发展，尚有13公顷可供开发，届时即与贵黄公路连通，目前只是从文笔山下的滇黔高速联系，修筑了250米长的双车爬山道，2200平方米的门前广场，汽车可上山腰抵达石坊门入口处。

在规划建设中深深体会到：碑文化属于一种高层次的文化范畴，代表了该历史时期当地的文化素养和水平。建设一座园林化的碑林，不同于储碑库，也不同于一般的公园，在造园规划中更要突出碑文化这一主题。譬如碑石与山体的关系，建筑与碑石的结合，建筑造型体量大小与自然环境的融合，碑文与环境的衬托，甚至景名、楼名也都应切题而有内涵，这些都代表着一定的文化水准。在园林营造中最怕进行破坏性的建设，黄果树碑林之资金来源实属不易，更不便草率行事，否则建得不伦不类，降低了我省碑文化的水平反而是更大的浪费，风景的破坏更是无法挽救无法弥补的。

随着时代的发展，人们的审美意识也在不断地进步和提高，已将方方正正供奉型的碑体式样改变为不规则形或自然山石式的碑碣，露天置碑更多如此，以免使人联想到墓碑的形状。另外碑的位置与山岩的构图关系都是大有讲究的，何况现代碑还有意塑造成山岩形式，而石笋山就有各种造型的岩体供以合理利用，做到集中与分散相结合的布局方式，藉以提高人们的观赏兴趣，甚至在具有艺术造型的碑石前留影纪念，力求取得较大的社会效益。碑体的排列始终在变化中调剂着游客的心理，到达“敬诚院”而进入高潮，又通过“天门开处”到“袈裟轻扬”这一段自然环境的调整，进入“文曲廊”这一重点，再通过“笔岫晴岚”这一山外景观的心理变换，进入“沁芳苑”又一重点。以良好的规划布局调节着游览情绪，也算是寓教于乐吧。

通过几年来对黄果树碑林的创建，感受愈多感情愈深，为表达设计意图，特撰碑记以文述情之（图3-2-1）。

居外不识山一片　进内方知园百景

——黄果树碑林规划建设览略之二

在贵黄公路上，每当路过石笋山时，但见群岩中显露出一簇黄琉璃瓦顶，这便是碑林中的“敬诚院”，吸引着人们前往一观的游兴。折返至滇黔公路上，却只见满山石砑林立、层崖错综，虽几处亭塔兀立巅峰，仍不识山中真面目。循路边白石指路碑指向而行，忽见爬山车道转弯处，立有一座三支笔管形式组合的石望柱，直插天穹，上刻“黄果树碑林”五个大字，作为指示标记引导人们上行（图3-2-2）。继而有一山岗迎于路端，其上“叠翠轩”成为对景，其下“留香斋”架于山坡，门额悬匾“洁心留香”，游人可在此品茗冷饮，内设工艺品小卖部，备有碑林拓片、名家墨迹以资纪念。凭栏俯视新宾馆倚柱远眺众苍山，实为一体憩之所。路旁有座三角小亭曰“汇宾”。其右即为门阙式的白石坊大门（图3-2-3），巍立于高阶之上，坊额镶嵌辉绿花岗石，镌刻李先念书题“黄果树碑林”五个金字，此乃先念同志辞世前的绝笔，实属珍贵。

回首门前一大场地，周围植树多行，树下可停车十数辆。广场东北隅的石坎边建有吊脚楼，底层乃一敞轩，以供游人遮阳避雨休息之用，其上明间匾书“文萃山房”即为陈列室，展览碑林中各家墨宝，并接待宾客随兴泼墨挥毫述情。楼后依山作半边院，绿化连通山上。院门对面有“知客室”六间，以“会友知客”留宿休息。两院间筑曲径上达半山，崖下凸岩状似平台，崖上摩刻“邀月栖霞”，此即“邀月台”是也。坐依石桌凳弈棋赏景，晨观朝霞夕赏晚霞，玉兔东升金乌西坠，不啻是个清静所在。回返广场，但见门左石笋峭立，一高峻者上有透洞形若满月，下刻景名“文星伴月”，恰好面对广场和公路，是门旁又一衬景。

入得坊门来迎面卧碑立，碑体花岗岩碑座白石基，正面为“创建黄果树碑林记”，背面为筹建委员会及赞助单位、人士的刻名。转北见一长岩身首若龙状，俗称老龙箐，嵌刻“龙箐荟文”四字，景区自此始入。举首可望“瞰龙亭”危立峭崖之巅，前行则临“龙箐池”。出于石壁夹道，上浮曲桥抵彼岸，穿龙箐洞门进另一天地，逼面立岩如照壁，刻“境界又一”示其景名。折向西行渐登高，傍陡壁之下到“书法大观”，巨崖上刻奇字乃“红岩碑”全文，系省博物馆收藏时代较早、较完整的摹本放大而成，气势恢宏布满整片峭崖。沿路山石围合小院，阶登上下弯转迂回，岩上石前均有碑刻，成组列置可供细赏。

过“浴龙沟”登对面石级便上至“叠翠轩”，套方双亭屋顶交错，上翘飞角下设蓄水池，供“留香斋”和“浴龙池”等处用

營造黃果樹碑林記

依天地之造化　納日月之精華　寰宇代謝　鬼斧神劖　塑就此一石筍山　俗稱之謂老龍脊　怪石嶙峋　嵯岈突兀　譎奇變幻不可具狀　如金蟾詠月伴龜迎蛇舞　如龍崖獅吼喚黑熊沐日　如袈裟輕揚招恐龍馭寶　個個形態逼真栩栩如生　更有野竹箐叢生幽谷　仙人掌挺立石隙　歎往昔荒草遍地無人問津　喜今日有識之士組建碑林　一經倡議　上下响應　多方贊助　共襄盛舉　旋即測量規劃　迅而設計營造　集海内名士墨寶　聚夜郎名石鐫刻　以展現貴州歷史文化　更增添黔境人文景觀

首期占地八公頃有餘　登高七十米有六　建長廊碑亭刻嵌前後于奇石峭壁之上　修蜿蜒石徑攀援上下於窮岩絶壑之間　五老留字囑我民奮　百家名篇頌揚古今　紅崖遺文嵌空削立　歷代詠刻彙集顯觀　進内則曲徑通幽别有洞天　登高則巨瀑奔瀉疊翠層巒　上行則峰洞夾道碑石迎立　下達則重山來朝摩崖奇觀　樂斯岩之勝現置碑碣而蓋勝也　望茲崖之奇今增摩刻而愈奇也　水光山色交相輝映　誠爲賞書怡情之勝地也

爲標舉時代風貌地方特色　設一坊二塔三橋四亭五池六石二十四景　立碑刻三百餘座　乃黃果樹瀑布群自然勝景之一園林　作碑刻博物館　作書法夏令營　倡文明建設之新風　助宣傳貴州之薄力求興黔富民之大業　展黔地民族之風采　爰爲之記　以標萬古

李多扶　撰

公元一九九四年岁次甲戌之孟夏月吉日

图3-2-1　营造黄果树碑林记

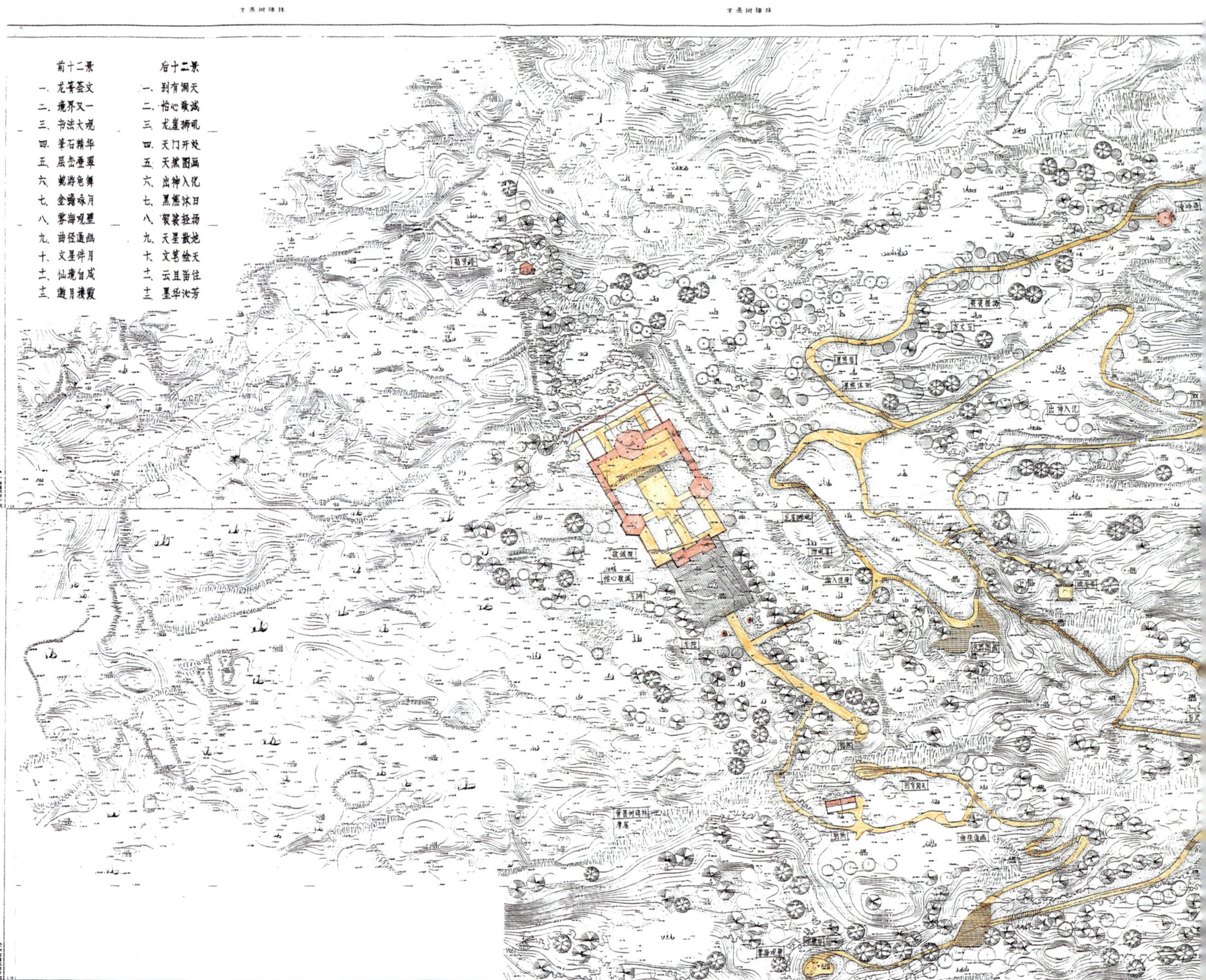
前十二景
一、龙箐荟文
二、境界又一
三、书法大观
四、笔石精华
五、层峦叠翠
六、蛇游龟舞
七、金蟾咏月
八、雾海观壁
九、曲径通幽
十、文星伴月
十一、仙境自成
十二、邀月揽霞
后十二景
一、别有洞天
二、怡心敬诚
三、龙崖狮吼
四、天门开处
五、天然图画
六、出神入化
七、黑熊沐日
八、袈裟轻扬
九、天星散地
十、文笔绘天
十一、云且留住
十二、墨华沁芳

图3-2-2　总体规划图

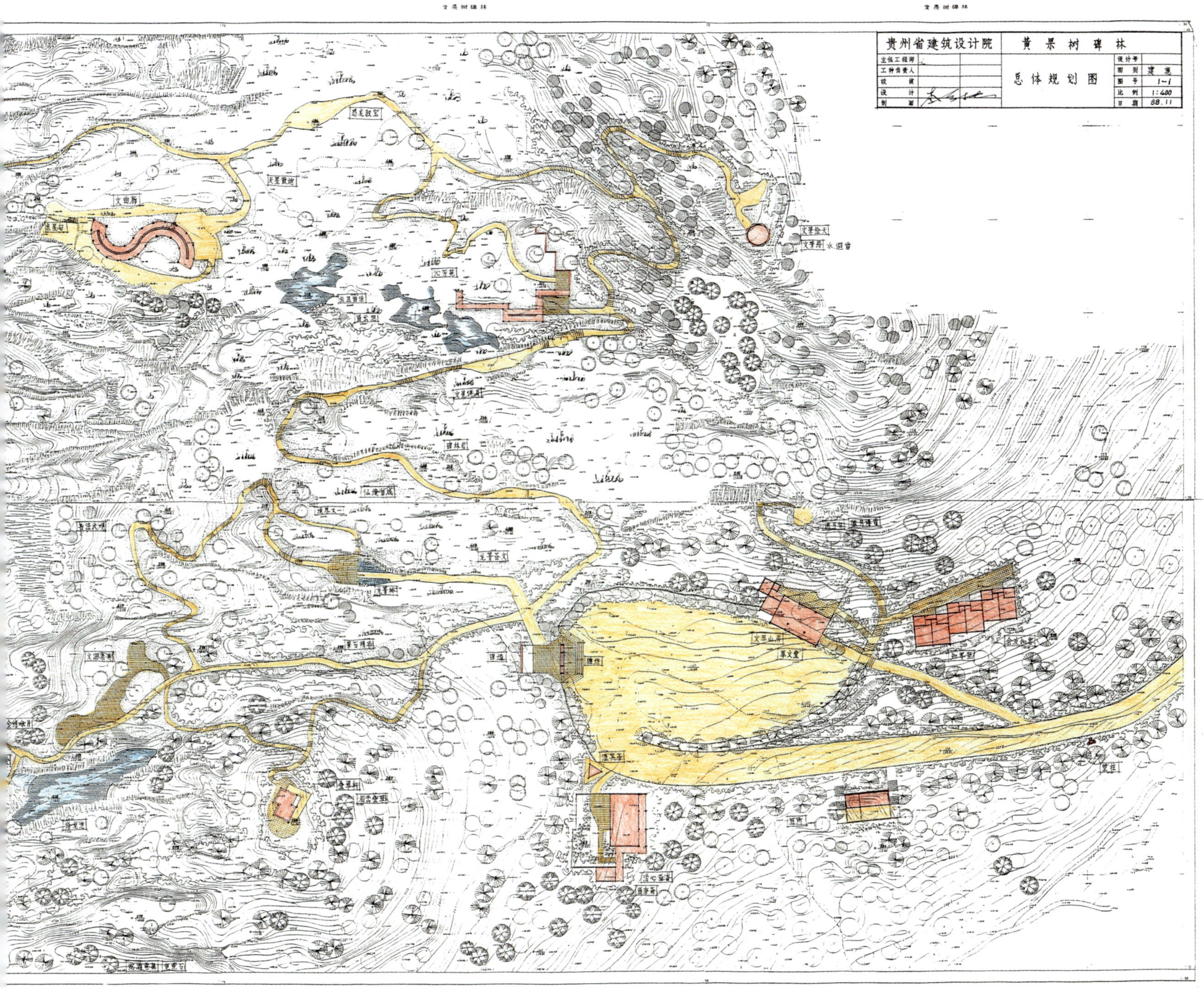
贵州省建筑设计院
黄果树碑林
主任工程师
工种负责人
校核
设计
制图
总体规划图
设计号
图别 建施
图号 1-1
比例 1:400
日期 88.11
水涎雷

图3-2-3　黄果树碑林大门（单斌　摄）

图3-2-4　碑林龟迎蛇舞一景

图3-2-5　黄果树碑林金蟾咏月下奋字石

水，檐下挂匾“层峦叠翠”，放眼远望山外有山，低视近处楼外有楼，山下宾馆全景呈现眼前。西观“浴龙沟”壁外，一高一矮两孤岩组成了“龟迎蛇舞”之画面（图3-2-4）。仰观“瞰龙亭”上下相对，回首“文笔塔”东西而望。复归“浴龙沟”，道旁孤岩顶立三角石，面平处刻一“奋”字，是奋发、奋进、奋勇还是奋斗（图3-2-5），那要根据个人体会去思索了。路右崖脚嵌列众多诗碑，便于游人边走边欣赏，崖上横刻景名为：“笔石精华”。前行数步分一支路，上达“天然图画”景点，是园内唯一小循环道路系统。就在这三岔路口处，一巨石突出状若蛤蟆，嵌碑一方“金蟾咏月”。下近瘦长的“浴龙池”，过沟壑处，高架小石桥一座，即“浴龙桥”，前行路端则登临“观壁台”。

“观壁台”位于崖边一凸岩之上，方圆不满一丈，四周以石

图3-2-6　黄果树碑林敬诚苑园门

堞墙，状如石堡，中设石桌凳供人小憩。隔谷西望峭壁削立，上刻“黄果树碑林”五个篆字，每字五米高，面对贵黄公路转弯处，十分显要。时当薄雾锁幽谷之时，台上观壁字朦胧，别有一番情趣，此即谓“雾海观壁”一景。崖上隐露琉璃瓦顶数角，乃“敬诚院”之一组建筑群。

循回路上攀则达“曲径通幽”处，路愈窄蹬愈陡，仰见石梯边崖上镌有“云路”二字，七拐八弯竟至高处一窄洞，若门状宽仅容人，上刻“别有洞天”，洞外迎面一岩如屏，立碣石书“豁然”二字，此即“豁然洞”。挤出门洞来确是豁然开朗别有洞天，眼前四周崖壁环绕，中为平坝建有一组庭院，门嵌匾刻“瀚墨敬诚”（图3-2-6），两旁翠柏夹道，门前石狮分列，怀着一颗敬诚之心进入院内，但见五层台地分前后三重院落，五座碑亭联左

图3-2-7　黄果树碑林敬诚苑五老碑亭

图3-2-8　黄果树碑林文曲廊

右二列曲廊，八角七级“聚贤塔”耸立后山中轴线上，白石砌就实为避雷塔，俯护此一建筑群。正中八角重檐亭内立毛泽东诗词碑一座，两侧分列四幢六角亭，系周恩来、朱德、董必武、陈毅等五老来黔时之留题碑文（图3-2-7），是罗甸辉绿花岗岩镌刻贴金，置于白石须弥座上。两廊及前后围墙嵌贴立碑。南廊外辟一山石花园，内筑“洗墨池”，周围崖前亦有碑碣嵌列。蜿蜒小径从石隙夹道中出园，抬首仰望东崖峭壁之上立有一石如狮，即“狮吼岩”，按其方位居东乃青龙位，刻有五米见方巨“龙”字，一笔贯下神若游龙，气势深闳非常人之笔也，其景即谓“龙崖狮吼”。

从院门前折东行，穿岩缝登台地，却见龙崖背后裂隙如一线天，上刻“天门开处”，顺阶上行过“天门洞”便可绕至后山，遇聚贤桥飞架两崖，过桥而达聚贤塔，远期塔后可通碑林西门而连通贵黄公路。该塔又为碑林西部之标志。

自“天门洞”折转来至山前崖边，顺“瞰龙沟”下行而返“金蟾咏月”，崖端建“瞰龙亭”内立“居上碑”，刻胡耀邦来黔时题之“后来居上”四字，在此直对下面“龙箐沟”，回顾来时路，俯瞰门前场，遥对“文笔塔”，远眺白水河，游目所指好一幅“天然图画”。当游人自一线天夹缝中来到高敞崖顶时，不免令人心旷神怡精神为之一振，“后来居上”更是使人得以激励。

继而北行进入“双环沟”中，侧身过一环洞顿感开朗，登上挑台在白石栏外正对“文星伴月”石笋群，陡崖下众尖峰丛生，从石隙中仙人掌探出，又是一样景色。回身俯首再穿一环洞而出，两洞一进一出此即为“双环洞”、“出神入化”之景。

弯折上行到一台地，孤岩挺拔耸立，状若黑熊蹲坐，头口四肢具备，此即为“黑熊岩”，身下立石刻“黑熊沐日”。侧回首一片岩壁形似老僧高坐，即“方丈石”，其右袖之长片薄岩若袈裟，下嵌石镌“袈裟轻扬”，旁有小字记其来历曰：“玄奘年高志未酬，送宝传经西南游，见此山青民淳朴，轻扬袈裟护水

图3-2-9　黄果树碑林文曲廊景（单斌　摄）

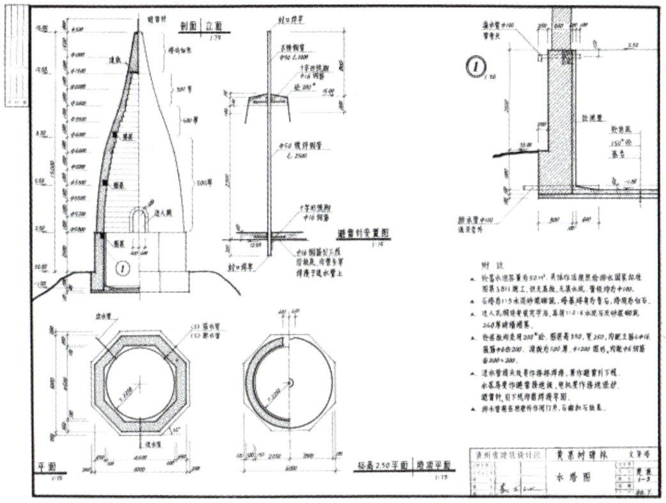

图3-2-10　毛笔头状水塔

图3-2-11　黄果树碑林沁芳苑（单斌　摄）

流”，下署戊辰年冬月□□山人识等字样，原传该石为唐僧所影化，时年已不可考，顺其扬袖方向果见白水河急隐入山后谷底去矣。此处台地乃为全园游览路线的最高点，高于门前广场76米，继前行则多为一路下坡游了。

出岩隙崖下一片平坝敞朗，星星点点突出石砑，形状各异恰似“天星散地”一般。崖边吊脚架设圆亭，树皮攒尖顶、树干柱、树枝栏杆，一派素朴野趣，额题“清吟亭”，面对“文笔塔”。其下建有双弧曲廊（图3-2-8、图3-2-9），复廊式中墙两侧嵌列碑石，前临一泓清泉名“游星池”，岩上摩刻“文曲廊”，后崖脚嵌列众碑碣，此乃又一集中式的碑林院。东侧石径旁一巨岩凸悬若恐龙，前肢厚实身躯臃肿，后拖宝物蹒跚而行，上刻“恐龙驭宝”即“恐龙石”。

曲阶导引上行而登至文笔峰，此峰凸出石笋山，而下临滇黔路，在新旧公路上远远皆可望见，“文笔塔”即为各方进入碑林景区的标志物。石塔形似毛笔头（图3-2-10），上设避雷针以护“文萃山房”、“知客室”等建筑，基座则为高位水池。塔高15米，面对大瀑布俯视大峡谷，纳瀑布之灵气引入碑林，汇碑林之文风布向四方。与“聚贤塔”、“叠翠轩”、“瞰龙亭”、“清吟亭”遥相呼应，聚一气而达四点以贯通全景区。塔上刻有“笔岫晴岚”四篆字，实集水塔、避雷塔、标志塔、风水塔四种功能于一体。

下得“文笔峰”来至“沁芳苑”（图3-2-11~图3-2-14），门前石墙上刻“墨华沁芳”，门内复廊曲折，中墙双面嵌碑，廊下架临“留云池”，崖上刻题“云且留住”，池水映空如云落，别有一番情趣供人遐想。后有小院则是：两方山岩曲折围护，一面碑墙三折合拢，围合空间宁静封闭，透廊之外居高远眺，又是一处碑石汇集、休息赏景之所。复出“沁芳苑”顺石阶直下，旁辟“文星伴月”小天地，边嵌碑碣与崖中，一路欣赏不已。至“胜景自成”景点，此处即达“境界又一”之后侧，顺小径便导回石坊大门口。

图3-2-12　黄果树碑林沁芳苑大门

图3-2-13　黄果树碑林沁芳苑全景

图3-2-14　黄果树碑林沁芳苑大门内景

图3-2-15　黄果树碑林正门

回首望去，满山怪岩沟壑似无立足之地，然而当你踏进这乱石堆中时，却发现山内的境界非常奇异，大院套小院小院串小院，空间变化如此繁多，每个小天地都有它各自的奇趣，每个方向都是一副美好的画面，就在这如画的环境中，碑石与山岩融为一体，形成了独具特色的“园林化碑林”。在画中游时又受以碑文化的熏陶，从而加深了对贵州的了解和热爱，看到了历史，看到了文化，看到了贵州的希望（图3-2-15）。

深圳中国民俗文化村

——侗寨、苗寨之设计

本工程位于翠湖西岸干道两侧之狭长地带，湖岸弯曲，长度约350米，而宽度仅为15～63米。占地面积14400平方米（包括干道在内），其中苗寨7740平方米，侗寨6660平方米。

一、规划设计原则

1. 该地段建设范围，按照1990年5月20日在现场所订之规划方案草图及6月4日在贵阳提交的区域变更红线而进行修改设计。

2. 由于各地区的建筑式样甚多，本方案选择了具有典型性的几种平面组合与立面造型作为代表，依据地形状况供规划布置。

3. 所受地段限制，不可能照搬原民居尺寸，而是适当略有缩小。

4. 为造成山寨的面貌，而尽可能多的安设民居，以形成鳞次栉比、参差错落的空间层次立体构图。并留出地坪场坝以作为民俗活动的中心场所。

5. 寨中均把主要的生产、生活、公共等建筑及其设施包括进来，以形成浓厚的较真实的民族特色。

6. 源于生活、高于生活、利用自然、改造自然进行山区环境设计，以造成其应有的地势特点。

（1）沿花园公寓一侧红线，以悬崖、堆石、堡坎等措施，形成村寨背景地势，又作为围墙隔离之用。

（2）原主干道较直，今将两寨前之部分路段适当弯曲，并且造成两种不同的环境气氛。如苗寨处，一侧是堡坎，一侧为陡岸，属半开放环境。在侗寨处一边是堡坎，一边为悬崖，形成封闭式峡谷环境。

（3）高山苗寨多溶洞，而将该地段后半部进行地势改造，下部作溶洞，上部提高约3米，使其前后高差由原来的5米增至8米，在不遮挡原花园公寓的前提下，尽量造成较为陡峭的地貌，而更符合原生态的山寨环境。

7. 为满足游览路线的需要，不走回头路，每个寨子均有三个出入口通达主干道。如侗寨中：一由寨门通至湖南岸；二由花桥连接湖东岸；三由小路导向苗寨。如苗寨由寨门通向水边苗居，由洞门引向布依寨，由黔仙洞口通至主干道和藤索桥。

8. 绿化配植中原山区背景树以杉木为主，考虑当地无杉树，可用柳杉等树形近似的树种代之，使其成林，路边植以梓、楸、樟、桐等并杂以松柏竹丛及其他当地常青树木、针叶、阔叶均有，悬崖植以藤类，路边夹以灌木，侗寨路口、鼓楼、花桥等处种以榕树，其他遍铺草皮，达到两寨林木满崖绿，四季繁花常年开的景状。

二、总平面布局

1. 村寨中心的构成

（1）侗寨：以鼓楼坪为中心，用鼓楼、戏楼、泉亭及民居组成较为封闭式的围合空间，但封而不死、围中有透、以小路和绿化作为空间延伸的手段，引寨外山势入中来，透过鼓楼下部支柱层，纳水景入寨内，坪地面积380平方米。

（2）苗寨：以铜鼓坪为中心，地处高处，由苗居组成半开敞式的围合空间，面向湖边，透过树隙引入水景。坪地面积400平方米。

2. 村寨群落的形成

依据风俗民居皆依山面水，以二、三层吊脚楼错位布置来形成村寨建筑群落。

3. 沿湖景观的组织

在湖面转折处，原有石桥位置建造花桥以连接翠湖两岸，并与鼓楼、临水侗居、水碾坊、水车等组成丰富的侗寨沿湖景观，与藤索桥遥相呼应，同参差不齐的水边苗居吊脚楼及湖边安放的独木龙舟、鱼尾船、挑水台等组成生动的苗寨沿湖景观。

4. 村寨入口的处理

为点醒苗侗寨区，在干道两端及湖西岸的三个入口均有引人入胜的不同手法处理，如花桥、藤索桥以醒目的标志指引游人，而侗寨门桥外却以紧缩的田野山趣吸引游人，以动态的水车、瓢儿碓及水流影响视觉；以发声的水车、瓢儿碓、水碾坊与岩上瀑流、溪中叠水、树上鸟鸣等共同构成音响环境，以影响游人的听觉，构成与众不同的入口环境。

苗寨门立于悬岩下，路较平直，正对上洞口，但有堆石遮挡，避免一目了然，此路通至铜鼓坪再行疏散；洞口处道路曲折高陡，内侧为悬崖堆石，外侧为堡坎，形成险景，此洞门朝向布依寨前干道，其后方面对寨子的高处，但又直接导向铜鼓坪。

5. 苗寨溶洞的构思

黔仙洞面积1680平方米，分上下二个洞口，便于组织人流进出，亦为苗寨的第三个出入通道。洞口摩崖石刻“黔仙洞”三字。在马郎坡处悬崖上开小洞口作天窗，日透阳光一束、夜漏月光一线，兼而改善洞内之通风条件。该洞集贵州溶洞之精粹，配以彩色照明，增加了苗寨游赏景点。同时钟乳石采取真假结合的措施，组织洞中游线和24个意境。入洞来首先映入眼帘的是以柔和的乳白色为主调的雪香宫，银装素裹，一派北国风光。紧邻的石竹园内，竹节状的石柱支撑起洞顶的岩块，构成了楼台状的石林景观。跨过剑门关，便进入了龙柱大厅，硕大的洞厅中耸立着千奇百怪的石塔和石笋，深处的十万大山、群峰并峙、帷幕重重、一片金碧辉煌。瑶池畔、粼粼波光与重重帷幕相辉映、组成了一派富丽堂皇的舞台景象。用黔地天然水晶石、方解石构筑的水晶宫（图3-3-1），晶莹透亮、色彩斑斓。如此令人称绝的景观共有九处，美不胜收。为达到真实效果，洞中有水景滴水需设上下水系，排水埋暗管通至湖边。

（1）苗寨：建筑面积709平方米，其中三幢水边苗居傍湖

（图3-3-2），四幢高山民居依山而建的自然环境（图3-3-3、图3-3-4）。夯土墙的烤烟房、木八字门的寨门，以及柴房牛圈等一应生活建筑齐全。

（2）侗寨：包括有寨门、粮仓、水车、水碾坊、祖母堂、戏楼、以及花桥、鼓楼等组成了一组侗寨生活体系实景。

花桥：单指侗寨风雨桥之称谓。为一横卧翠湖40米长的二跨悬臂木梁结构（图3-3-5），三廊三楼式造型，宽5米，距水面5米高，由方整石墩支承，榫卯木构架，小青瓦屋面，桥面上设通长坐凳栏杆，裙檐保护木构悬臂梁，中楼为方形五重檐，其上设五层如意斗栱支撑起方亭的攒尖顶盖，两端则为三重檐歇山顶盖，整座楼廊在不对称中求其平衡，重楼设置在桥墩之上，也起到了压实悬臂梁的作用（图3-3-6、图3-3-7）。侗族先民在古时就创造出了这别具一格的力学造型，以及对木材特性的充分利用，成为侗族地区的标志性建筑。本工程桥梁采用了钢筋混凝土三孔箱式结构，外包木材，以求安全耐久。

鼓楼：大凡侗寨每一族姓均立有鼓楼，看鼓楼数就知多少族姓。以聚众议事、教习唱歌吹芦笙等聚乐，楼前设鼓楼坪跳舞祭祀。该楼高27米、宽11米见方（图3-3-8），重檐底方假八角

图3-3-1　黔仙洞水晶宫（开幕特刊）

图3-3-2　深圳民俗村——水边苗寨

图3-3-3　深圳民俗村——高山苗寨人物（开幕特刊）

图3-3-4　深圳民俗村——高山苗寨（开幕特刊）

图3-3-5　深圳民俗村（侗寨花桥）

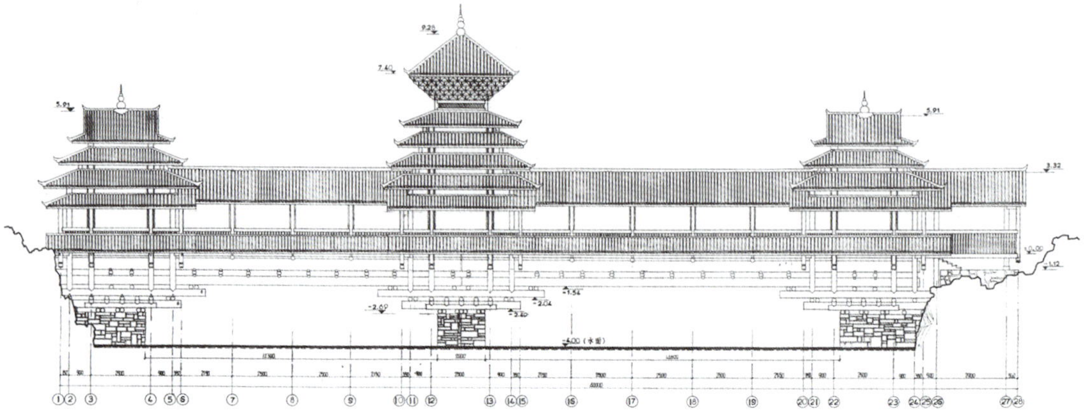

图3-3-7　花桥立面

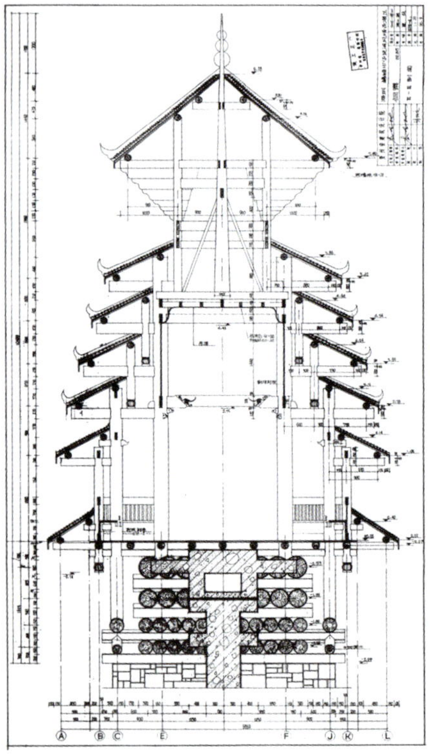

图3-3-6　花桥剖面图

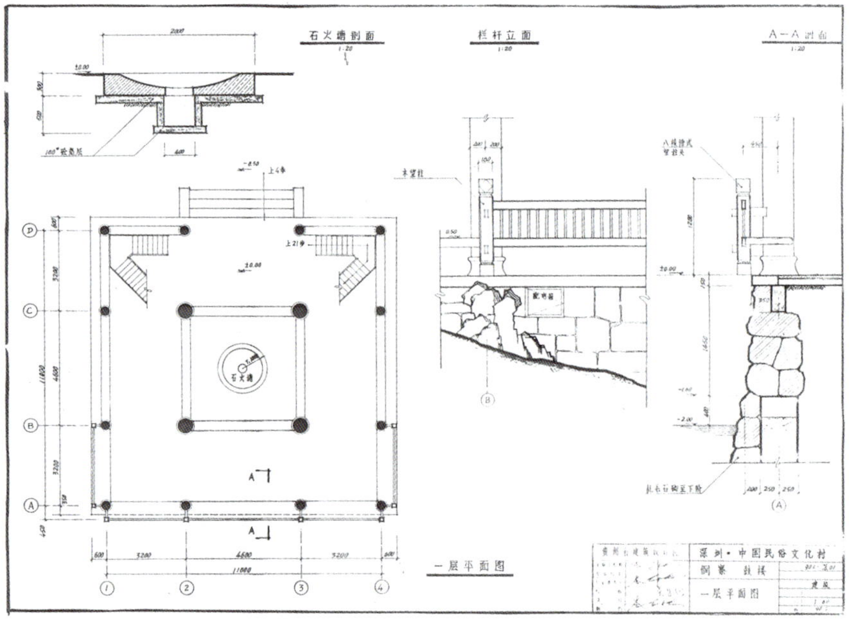

图3-3-8　侗寨鼓楼底层平面图

图3-3-9　侗寨鼓楼、花桥

图3-3-10　鼓楼顶部

十一重檐楼身（图3-3-9），顶为八角重亭顶式（图3-3-10），双环筒木构架体制，采用了五种鼓楼类型的组合，具有南方女性美的秀丽气质。顶亭内高悬长鼓一面，楼身呈宝塔状全杉木榫卯结构。本工程中柱和底檐柱采用了现浇钢筋混凝土结构，外油漆同木材，真假木材混用。

楼对面山岩中嵌石碑一方，上书：永古不朽（图3-3-11）。

永古不朽

新建侗寨鼓楼花桥碑记

盖闻侗寨无鼓楼　父老缺聚议迎宾之区　侗乡有花桥　少壮得游观娱乐之所　适逢盛世　深圳侨城为弘扬民族文化而创建于斯境　恰遇吉人　鼓楼花桥乃展示古建瑰宝而显现于当今　相地使其　楼枕雷洞以截龙脉　桥栏流水而聚财源　造型使其清初风格以求古雅　首创组合而免雷同

楼高二十有七米　桥长四十米　由贵州省建筑设计院李多扶负责设计　贵州省旅游建设公司赵历尧承建　历时九月而始就　自此崇楼凌霄山川增秀　长虹飞架往来利济　特刊碑勒石永垂将来

深圳中国民俗文化村雷洞寨

李多扶撰

公元一九九一年岁次辛未仲夏吉旦　立

图3-3-11　新建侗寨鼓楼花桥碑记

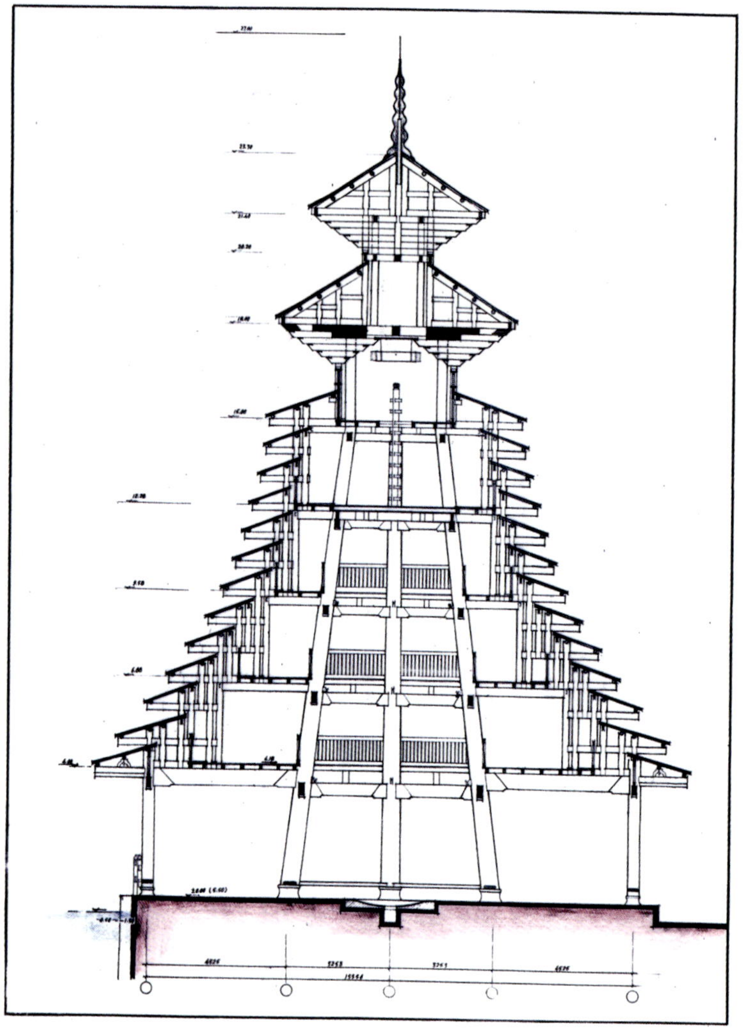
图3-3-12　鼓楼剖面

三、其他

（一）结构设计特点

1. 既满足了复杂的民族建筑造型，又满足了沿海地区抗台风和地震的要求。

2. 鼓楼高度27米（图3-3-12），花桥长度40米（图3-3-13），均采用了钢筋混凝土结构和木结构相结合的特点。其主要承重构件采用了现浇钢混凝土，充分利用其强度高、刚度好的优点，又为减轻花桥钢筋混凝土梁的自重，采用了空腹大梁，结构设计合理可靠。

3. 鼓楼设计中，保持了古建筑传力的合理性和民族建筑的造型特点。参照修改了从江最古老的康熙年间的增冲鼓楼外形（图3-3-14）。

4. 溶洞顶板覆土厚、荷载大、考虑到溶洞整体刚度好。地基土质均匀的特点，采用了钢筋混凝土板式条基，经济、可靠。

（二）给水排水设计特点

1. 由于建筑上采用了多种民间水力生产工具（如水车群、水碾等）和自然水景景观（如瀑流、间歇泉等），用水量都很大，为充分体现自然效果和节约自来水，在供水设计上采取湖水循环

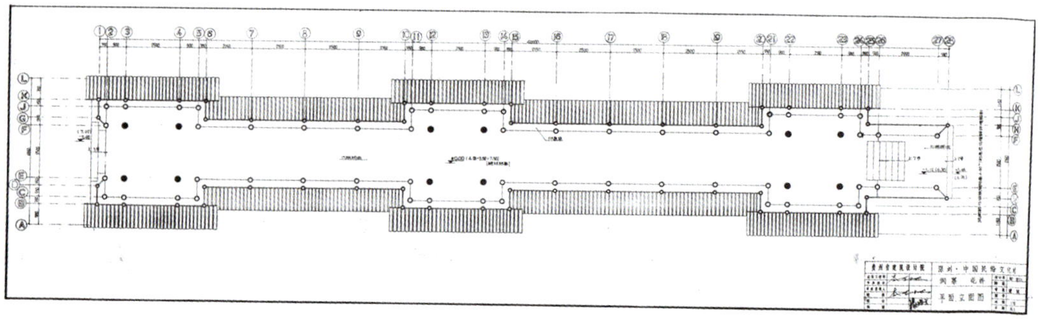
图3-3-13　花桥平面图

图3-3-14　从江增冲鼓楼

的措施，并与建筑设计紧密配合，做到管道设备隐蔽，配水均匀可靠，取得很好的观赏效果。

2. 洗手间的卫生设备选用了目前最新型的产品，再配上民族形式的建筑装修，给人一种具有浓厚的民族造型特色和美观、清洁、舒适、质朴的独特感受。

3. 总图中的各种检查井为了保证总体绿化和山寨自然环境的真实显现，都设计为隐蔽伪装形式，寨内的消火栓与建筑造型配合。

（三）电气设计特点

1. 设计主导思想为安全可靠、朴实再现。

2. 由于建筑中基本为木结构，故防止因电气短路而引起火灾是安全的保证。设计中除保证正常供电选择合适的断路器外，每个插座均选用了带熔断器的插座，使之在某个部位出现故障时，能及时切断电源，以免扩大事故。

3. 线路敷设方式采用薄钢管配线，在不能使用钢管处选用了耐火电线。木结构亦经过防火涂料处理。

4. 朴实再现是设计中的难点，既要使用现代化的电气设备，又要隐蔽，还要民族风情化。为保留其民族的朴实性，特在设计中将室内外灯具仿制成油灯、马灯、篝火等装饰灯具，亮度明暗可调，色调冷暖相近。

5. 室内的普通照明采用小泛光射灯，置于房门内墙角上方，使游人能看清房间内摆设，而又不觉灯具的存在。

6. 室外环境及各建筑物均有定向泛光灯照射；寨内路灯采用低矮式伪装暗设。避免眩光。皆结合水陆环境而进行灯光的艺术构思，取得较为美丽的村寨夜景效果。

7. 利用鼓楼上层与其下湖水，可放射水幕电影，晚上丰富景区活动内容。

参加设计人员有李多扶、张继文、吴学新、毕跃洪、夏忠翔、冯远丽、郭挺生、商忆先等。

且借南粤三亩地　别开黔灵一重天

——中国民俗文化村苗寨、侗寨设计构思

在过去漫长的历史长河中，我国各民族创造了丰富多彩的民俗文化，近年来深圳民俗村的兴建，则以一个旅游景区集中全面

图3-3-15　侗寨、苗寨规划设计方案

地将这些充满智慧、优秀多彩的民俗文化展现出来，前年建成的“锦绣中华”，是一个静态景观游览区，游人从微缩景物中可一窥中国历史文化风情及建筑艺术等内容，而这一比邻的民俗村却是一处动态景区。透过村内与实物原大的建筑、装饰、陈设和各民族的传统工艺、歌舞艺术表演等，将其民俗文化生动地展现出来，它对弘扬祖国民族文化，振奋中华民族精神，发挥着一定的作用。

苗寨、侗寨是当前已建成的23个民族村寨中的一个组成部分，位于西区翠湖的西南岸，原东方花园别墅下方，占地面积1.44公顷（包括部分游览干道在内），建筑面积3000平方米，是民俗村内的两个大寨子，并可各自形成独立的园中之园（图3-3-15）。该地段处于沿湖岸的狭长地带中，岸边弯曲长度350米，而宽度仅为15～63米，干道纵贯其中，利用原有的地形地貌，选取地势较为平坦的西岸作为侗寨，陡峭的南岸建造苗寨，以符合民族村寨的自然环境要求。

再现苗侗自然环境面貌：

苗村侗寨虽均属喀斯特山区的自然环境，他们的村寨文化有许多共同之处，但也有些许差别。通常都是依山面水聚族而居，而侗寨多是建于山谷河边，苗寨常是位于山坡陡岸之上，细分其不同的地势环境，又形成了高山苗居、平地苗居、水边苗居等多种形式。为此在规划设计中特别强调了利用自然改造自然的原则，进行细微周详的山区环境设计，以造成其应有的山区特点。采取措施如下：

1. 沿花园公寓一侧占地红线，以悬崖、堆石、堡坎、土丘等处理手法，形成村寨的背景地势，又作为边界围墙隔离之用。

2. 原主干道较直，不符合山地自然特征，今将两寨前之部分路段适当弯曲，形成变化的对景，即园林建筑设计中的“移步换景”之法，丰富了道路的景观，尽量避免路段中的单调感，以使游人减少疲劳增加游兴，并且可造成两种不同的环境气氛。如高山苗寨处一侧是峭壁堆岩，一侧是陡岸，属半开放的环境，至水边苗居处的环境空间略加封闭，迅即进入缓坡与陡岸的较开放连接地带，至侗寨处一边是堡坎一边是风洞悬崖，形成了封闭式峡谷环境，过侗寨则豁然开朗，翠湖、海边使人心旷神怡，这排在此300米长的游览干道上一收一放或半收半放地进行了五种不同的环境变化，集中了多种山地环境特性，力求原生态的再现。

3. 喀斯特地区有山就有洞，因之将苗寨地段的后半部进行了地势改造，将原有缓坡地形处设计了一个500平方米的溶洞，使其前后高差由原来的5米增至8米，在不封闭花园公寓的前提下，尽量造成较为陡峭的地貌，从而更符合山寨环境，作为高山苗寨，岩下干道边作平地苗寨，湖边陡岸建水边苗居，如此利用地形、改造地形。使其丰富了苗寨的环境地势和建筑内容，整个气势取其陡险。

4. 侗寨虽处于较为平坦的山谷地带，但在那“地无三里平”的山区中，其“平坦”一词仅是相对而言，在设计中将原地段的湖边洼地，填土形成临水台地，整个气势取其豁达。

5. 为造成山寨的面貌，在建筑布局上尽可能多的安放民居，看上去鳞次栉比、参差错落，形成空间层次的立体构图，并留出地坪场坝，以作为民俗活动中心场所。

6. 为满足游览路线和人流疏散的需要，不走回头路，每个寨子均有三个出入口通达主干道。如侗寨中：一由寨门通至湖南岸，二由花桥连接湖东岸，三由小路导向苗寨。如苗寨中：由寨门通向水边苗居，由洞门引向布依寨，由黔仙洞口通至主干道和藤索桥。

在规划设计中突出苗、侗建筑艺术特色，用其本民族的建筑风格，提炼其有代表性的建筑式样，虽然都是干阑式的房屋，但苗寨地形复杂，多体现其“占天不占地”的特点，用七长八短的吊脚建起吊脚楼来，民居是主要的，其他配套的附属建筑有寨门、粮仓、烤烟房、板凳桥以及民俗文化为中心的铜鼓坪（图3-3-16、图3-3-17）等。而侗寨地势较为平坦，干阑式楼基本上坐落在小台地上，而最突出的公共建筑当属鼓楼与花桥，多是以房族建鼓楼，有几大房族就建几个鼓楼，而花桥是选择河流的风水之地以截龙脉财源。一高耸一横长形成侗寨的特色，看到鼓楼、花桥就是到了侗寨。此外还有戏楼可演侗戏，有寨门、牛棚、粮仓、祖母堂、鼓楼坪等集中民俗活动之地（图3-3-18～图3-3-50）。

设计、编导的专家名录

民居建筑方面：

戴复东、王翠兰、李多扶、李立新、张敕、杨永祥、王瑞华、王玉生、冯佑葆、赵素芳、邹月辰、潘家平、屈浩然、王炳坤、刘洪图、朱政奎、王全德、齐名扬、李大元、王玲勇、任典华、杜光兴、王旭光、唐尊亮、刘德恩、陆元鼎、赵立瀛、孙大章、顾奇伟、江道元、李先逵、于振飞、吴学新。

图3-3-16　侗寨、苗寨环境配置图

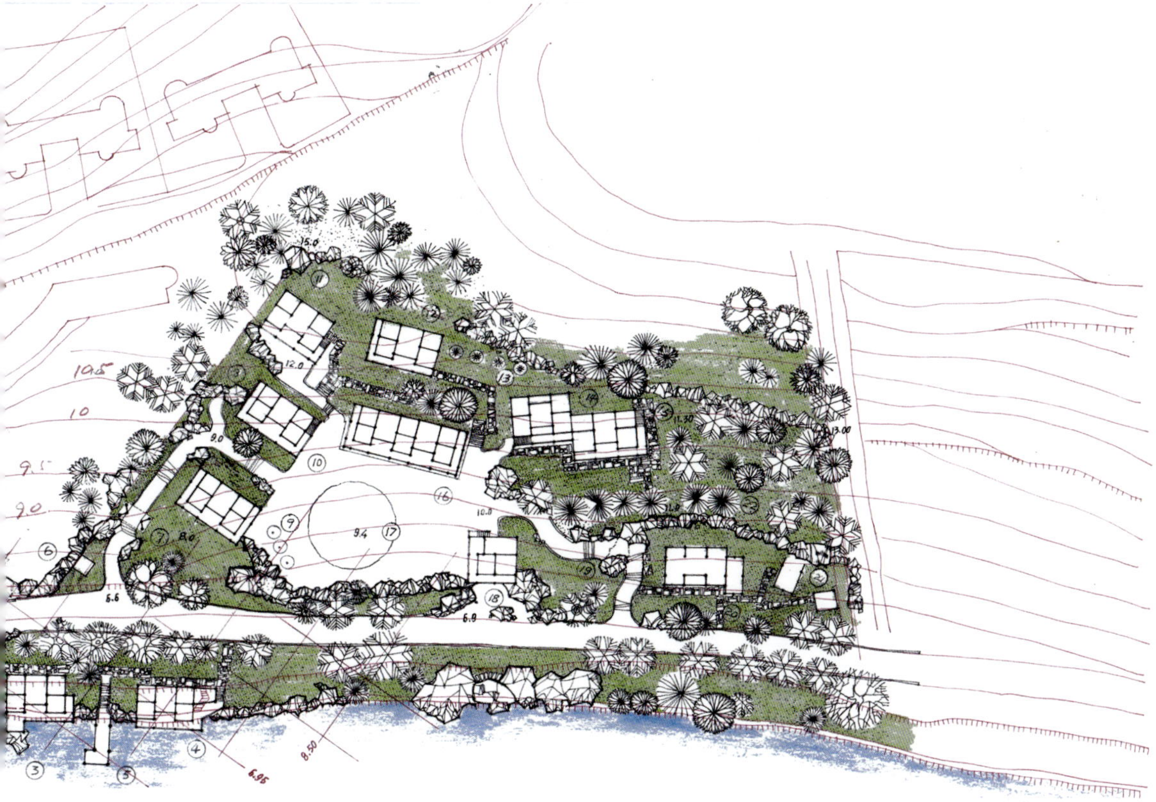

錦繡中華民間風情表演區
侗寨苗寨規劃設計方案

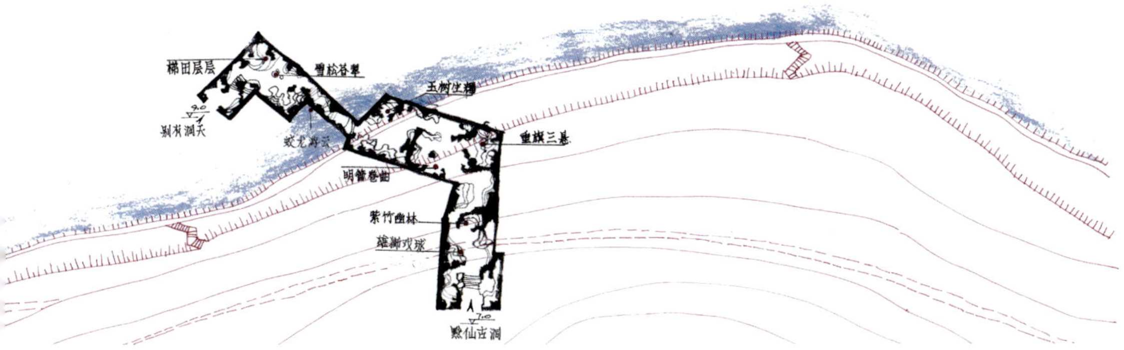

图3-3-17　苗寨、溶洞剖面图

图3-3-18　侗寨剖面图

图3-3-19　侗寨鼓楼、花桥立面图

图3-3-20　深圳民俗村　水边苗寨一景

图3-3-21　深圳民俗村　水边苗寨（一）（开幕特刊）

图3-3-22　深圳民俗村　水边苗寨（二）

图3-3-23　深圳民俗村　鼓楼

图3-3-24　深圳民俗村　高山苗寨（一）（开幕特刊）

图3-3-25　深圳民俗村　高山苗寨（二）（开幕特刊）

图3-3-26　深圳民俗村　（侗寨鼓楼民居）（开幕特刊）

图3-3-27　深圳民俗村　侗寨鼓楼（一）

图3-3-28　深圳民俗村　侗寨鼓楼建设中（深圳）

图3-3-29　深圳民俗村　鼓楼花桥

图3-3-30　深圳民俗村　侗寨鼓楼民居侗寨一景

图3-3-31　中国民俗文化村侗寨鼓楼与花桥

图3-3-32　侗寨鼓楼夜景（开幕特刊）

图3-3-33　侗寨全景

图3-3-34　深圳民俗村　花桥夜景

图3-3-35　深圳民俗村　侗寨鼓楼（二）（开幕特刊）

图3-3-36　深圳民俗村　侗寨花桥（一）（开幕特刊）

图3-3-37　深圳民俗村　侗寨花桥（二）

图3-3-38　深圳民俗村
侗寨鼓楼（三）（开幕特刊）

图3-3-39　民俗村内的幽秘神奇的人工溶洞　深圳民俗村　苗寨溶洞（开幕特刊）

图3-3-40　深圳民俗村入口（开幕特刊）

图3-3-41　深圳民俗村　鼓楼正立面

图3-3-42　深圳民俗村　侗寨民居、水碾坊、水车一景

图3-3-43　民俗村　侗寨鼓楼安梁大吉

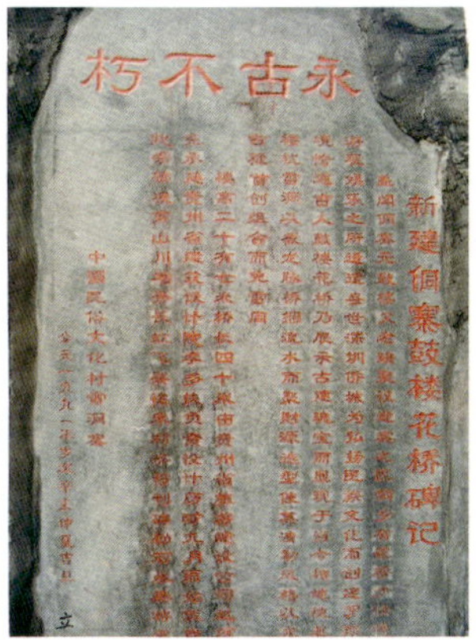

图3-3-44　侗寨鼓楼花桥
建设碑记

图3-3-45　深圳民俗村　鼓楼上梁仪式

图3-3-46　深圳民俗村　水边苗寨（三）

图3-3-47　深圳民俗村　现场设计

图3-3-48　深圳民俗村　鼓楼·工地

图3-3-49　深圳民俗村　工地（侗寨鼓楼与花桥）

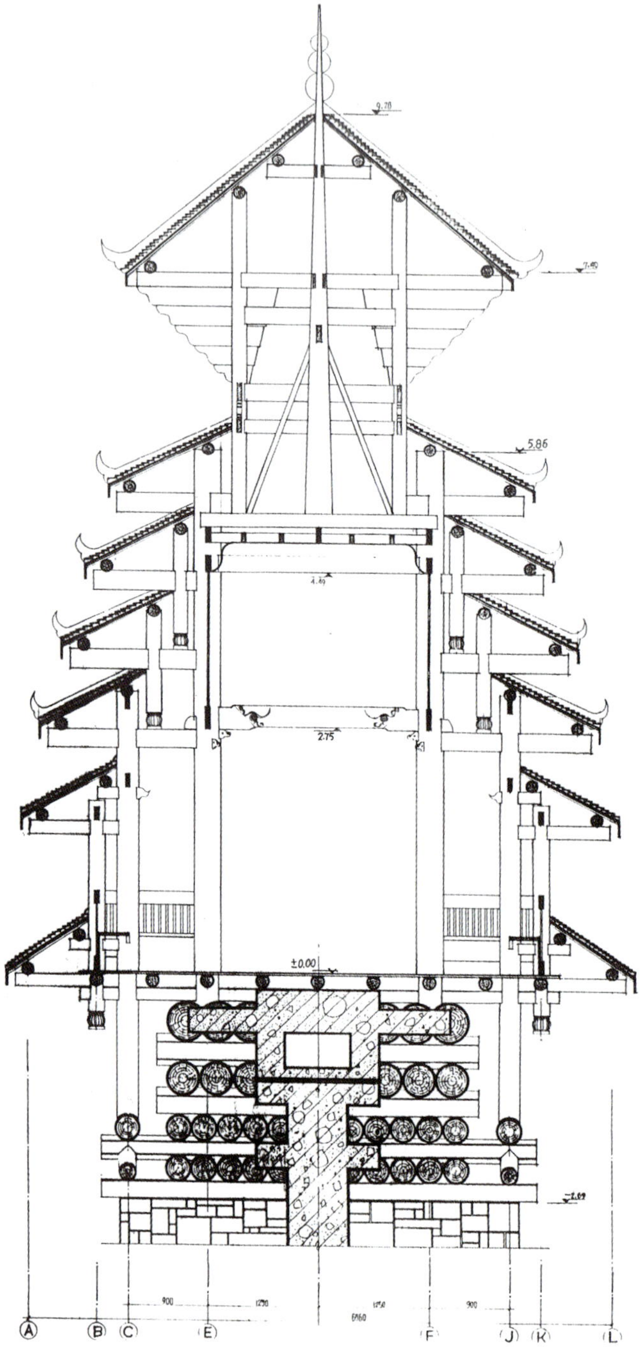

图3-3-50　深圳民俗村　花桥剖面图

北京中华民族风情园

——侗寨、苗寨之规划设计

本工程系民族风情园中之侗寨、苗寨部分。位于西北隅之湖岸南北，地形曲折多变，南部为苗寨，长100米，宽约40～65米，中穿主干道，占地面积约5600平方米；北部为侗寨，长150米，宽为0～50米，占地面积约4800平方米。中设花桥与之相连。

一、规划设计原则

1．该地段建设范围按照1992年7月15日在现场所订之规划方案草图及9月5日收到的花桥位置变更图而进行修改设计。

2．由于各地区的建筑式样甚多，本方案仅选择了具有典型的几种平面组合与立面造型作为代表，依据地形状况供规划布置。

3．所受地段限制，不可能照搬原民居实际尺寸，而是适当略有缩小。

4．为造成山寨的面貌，在面积控制条件许可下，尽可能多地安设民居及附属建筑，以尽量使之形成鳞次栉比、参差错落的空间层次立体构图。并留出地坪场坝以作为民俗活动的中心场所。

5．寨中均把主要的生产、生活、公共等建筑及其设施包括进来，以形成浓厚的较真实的民族特色。

6．由于原地势过于平坦，且位置太近西入口，大有一览无余之弊端，故在地形设计中进行了大力改造，以符合山区自然环境，建成应有的地区特点。

（1）水边苗寨为形成其插入水中的吊脚楼特色，故将湖岸提高3米，随之干道亦升高，以形成上山的环境氛围。

（2）高山苗寨多溶洞，而将该地段下部作溶洞，以提高地势，形成前后有较大高差，尽量造成较为陡峭的地貌，使之符合山寨环境，同时避免了大填方，利用下部空间增设游览景点。

（3）侗寨地面高出水面2米，以形成山寨布局，并且需保证水渠有1米落差，来冲动多架大水车和水碾坊。

（4）以悬崖、堆石、堡坎等措施，形成村寨背景地势，又作为围墙隔墙之用。

（5）干道弯曲形同山路，且可形成多点对景，并造成两种不同的环境气氛。如苗寨处一侧是堡坎，一侧为陡岸，属半开放环境空间，在侗寨处则形成封闭式峡谷环境。

7. 为满足游览路线的需要，不走回头路，各个寨子均有三个人流疏散出入口通达主干道。如侗寨中，一由寨门通至干道，二由小路导向干道和赫哲寨，三由花桥引向湖的南岸；如苗寨由寨门通向干道，由小路洞门导向花桥，由黔灵古洞引向干道和彝寨。

8. 绿化配置中原山区背景树多以杉木为主，考虑当地无杉树，可用树形近似的长青树种代替，使其成林，路边植以桐、樟、梓、楸及柿、橘、桃、李等并杂以松柏竹丛及其他常青树木，针叶、阔叶均有，悬崖植以藤类和近似蕨类的植物，路边夹以蔷薇、杜鹃、艳山红等灌木。

侗寨、鼓楼、花桥旁，原地区常植榕树作为保寨树，现当地可选用大树冠者以代之，苗寨寨门处植枫香作保寨树。其他遍铺杂草。达到两寨林木满崖绿，四季繁花常年开的景状。

二、总平面布局

1. 村寨中心的构成

侗寨：以鼓楼坪为中心，用鼓楼、戏楼、民居、山岩等组成较为封闭式的围合空间，但封而不死、围中有透、以小路和绿化作为空间延伸的手段，引寨外山势入中来，透过鼓楼两侧纳水景入寨内，坪地面积380平方米。

苗寨：以铜鼓坪为中心，地处高处，由苗居和山岩、堡坎、绿化等组成半开敞式的围合空间，面向湖边，透过树隙引入水景。坪地面积500平方米。

2. 村寨群落的形成

依据风俗习惯民居皆依山面水，通常以顺应等高线层层排列，形成鳞次栉比、错落有致的山寨群体。本工程由于面积等条件有限，仅以二层房舍错落布置来表示村寨建筑群落。

3. 沿湖景观的组织

在湖面转折处，原有石桥位置建造花桥以连接翠湖两岸，并与鼓楼、临水侗居、水碾坊、水车等组成丰富的侗寨沿湖景观，与藤索桥遥相呼应，同参差不齐的水边苗居吊脚楼及湖边安放的独木龙舟、鱼尾船、挑水台等组成生动的苗寨沿湖景观。

4. 村寨入口的处理

为点醒苗侗寨区，在干道两端及湖西岸的三个入口均有引人入胜的不同手法处理，如花桥、藤索桥以醒目的标志指引游人，而侗寨门桥外却以紧缩的田野山趣吸引游人，以动态的水车、瓢儿碓及水流影响视觉；以发声的水车、瓢儿碓、水碾坊与岩上瀑流、溪中叠水、树上鸟鸣等共同构成音响环境、以影响游人的听觉，构成与众不同的入口环境。

苗寨门立于悬岩下，路较平直，正对上洞口，但有堆石遮挡，避免一目了然，此路通至铜鼓坪再行疏散；洞口处道路曲折高陡，内侧为悬崖堆石，外侧为堡坎，形成险景，此洞门朝向布依寨前干道，其后方面对寨子的高处，但又直接导向铜鼓坪。

5. 苗寨溶洞的构思

黔仙洞面积1680平方米，分上下二个洞口，便于组织人流进出，亦为苗寨的第三个出入通道。洞口摩崖石刻“黔仙洞”三字。在马郎坡处悬崖上开小洞口作天窗，日透阳光一束、夜漏月光一线，兼而改善洞内之通风条件。该洞集贵州溶洞之精粹，配以彩色照明，增加了苗寨游赏景点。同时钟乳石采取真假结合的措施，组织洞中游线和24个意境。入洞来首先映入眼帘的是以柔和的乳白色为主调的雪香宫，银装素裹，一派北国风光。紧邻的石竹园内，竹节状的石柱支撑起洞顶的岩块，构成了楼台状的石林景观。跨过剑门关，便进入了龙柱大厅，硕大的洞厅中耸立着千奇百怪的石塔和石笋，深处的十万大山、群峰并峙、帷幕重重、一片金碧辉煌。瑶池畔、粼粼波光与重重帷幕相辉映、组成了一派富丽堂皇的舞台景象。用黔地天然水晶石、方解石构筑的水晶宫，晶莹透亮、色彩斑斓。如此令人称绝的景观共有九处，美不胜收。为达到真实效果，洞中有水景滴水需设上下水系，排水埋暗管通至湖边。

6. 卫生间的安排

侗寨通常理想游客容量最多约200人，利用2号民居楼下作洗手间；苗寨最多约容250人，利用3号民居上层作洗手间。

三、民俗活动内容

1. 侗寨

（1）鼓楼坪上踩歌堂（具有参与性，游人可加入共欢）。

（2）鼓楼中唱侗族大歌、升篝火。

（3）花桥上休息。

（4）戏楼中演侗戏。

（5）1号民居楼上各类家具齐全，以真实展现生活。廊子上织彩带、侗锦和绣花。夜晚姑娘堂中对歌（行歌坐月）。

（6）1号民居楼下架空支柱层作为小卖，以供应油茶、灰棕等侗族小吃。

（7）2号民居楼上为喜庆等节日道具展览室。

2. 苗寨

（1）铜鼓坪上踩芦笙、爬刀梯、表演歌舞（踩芦笙具有参与性、游客可参与同乐）。

（2）八人秋上转秋千。

（3）高山1号民居布置全套家具、摆设，以展示一家生活。

（4）高山2号民居吊脚楼层为观看铜鼓坪上的表演而提供休息场所。楼上设织布机织布，并展出节日活动用道具。

（5）高山3号民居吊脚楼层设踩碓、石磨。

（6）水边1号民居中供应姊妹饭、手打糯米糍粑、苦丁茶等苗族小吃茶点。

（7）水边2号民居作为蜡染、银饰等苗族工艺品作坊和店铺，边做边卖。

四、建筑面积

总建筑面积为2320平方米。其中侗寨1175平方米，苗寨645平方米，溶洞500平方米。

（1）侗寨：1号民居、2号民居、鼓楼、花桥、戏楼、粮仓、柴房、水碾坊、寨门。

（2）苗寨：水边1号民居、水边2号民居、高山1号民居、高山2号民居、高山3号民居、高架水磨房、高架粮仓、烤烟房牛棚、寨门。

五、结构设计

（1）既需满足复杂多变的民族建筑造型，又要满足北京地区八级地震设防和强烈的西北风抗风条件以及雪荷载的要求，故在构件断面取值上都比原地区尺寸略大。

（2）鼓楼高29米，花桥长50米，均采用钢筋混凝土结构和木结构相结合的特点。其主要承重构件采用现浇钢筋混凝土，充分利用其强度高、刚度好的优点。又为减轻花桥钢筋的自重，而采用空腹大梁，力求设计合理可靠。

（3）鼓楼设计中，保持了其建筑传力的合理性和民族建筑的造型特点。

（4）民居建筑之基础、高架水磨房之高架、水碾坊之楼板等，亦用钢筋混凝土作所需的仿木结构设计。

（5）溶洞洞体全部为钢筋混凝土现浇构件，并充分考虑其顶板上覆土厚、有植被、堆石、建筑、铺路、砌坎等设施，以及顶板下的吊塑等荷载大的特点。在设计结构的选型上达到安全可靠、经济合理的要求。

六、给水排水设计

（1）由于建筑上采用了多种民间水力生产工具（如水车群、水磨、水碾等）和自然水景景观（如瀑流、间歇泉等），用水量都很大，为充分体现自然效果和节约自来水，在供水设计上采取湖水循环方式，并与建筑设计紧密配合，在桥头堡处设一水泵房。做到管道设备隐蔽，配水均匀可靠，并取得很好的观赏效果。

（2）洗手间的卫生间设备选用目前最新型的产品，再配上民族形式的建筑装修，给人一种具有浓厚的民族造型特色和美观、清洁、舒适、质朴的独特感受。

（3）洗手间的用水由自来水供给，排水引入干道旁排污管中。

（4）总图中的各种检查井，为了保证总体绿化和山寨自然环境的真实显现，都设计为隐蔽伪装形式。寨内的消火栓亦与建筑造型相配合。

七、电气设计

（1）设计主导思想为安全可靠、朴实再现。

（2）由于建筑中基本为木结构，故防止因电气短路而引起火灾是安全的保证。设计中除保证正常供电选择合适的断路器外，每个插座均需选用带熔断器者，使之在某个部位出现故障时，能及时切断电源，以防扩大事故。

（3）线路敷设方式采用薄钢管配线，在不便使用钢管处选用耐火电线，其敷设位置尽量隐蔽。木结构相应经过防火涂料处理。

（4）朴实再现是设计中的难点，既要使用现代化的电气设备，又要隐蔽，还要民族风情化。为保留其民族的朴实性，特在设计中将室内外灯具仿制成油灯、煤油灯、马灯、香烛、篝火等装饰灯具，亮度明暗可调，色调冷暖相近。

（5）室内的普通照明采用小泛光射灯，置于房门内墙角上方，使游人能看清房间内摆设，而又不觉灯具的存在。

（6）室外环境及各建筑物均有定向泛光灯照射；寨内路灯采用低矮式伪装暗设，避免眩光。皆结合水陆环境而进行灯光的艺术构思，以取得较为美化的村寨夜景效果。

参加设计人员主要有李多扶、王茜、宋仪贤、张淑英、陈廉淑等。

落成时建石碑一方，如图3-4-1所示。

侗寨鼓楼与花桥的设计构思

鼓楼系全八角十七重檐叠顶吊脚楼式，地面上楼高29.6米，吊脚高3.25米（至水面），底层平面为八角形外切圆轴线直径13.9米，当时属全国第二大鼓楼，其造型源自贵州从江、黎

侗寨鼓楼花桥落成碑记

盖谓侗族 古代百越支裔 聚族而居 依姓各建鼓楼 内置款鼓 聚众议事之地 迎宾庆祝 活动中心之场 巨杉叠桥 休憩娱乐之所 往来利济 庇风遮雨之处 太平盛世 智者共襄盛举 有识之士 选地建于京华 各助捐银 大木求于深山 各展其能 工师来自黔境 据岸石岗 古树参天繁茂 竖柱立楼 荟萃五类精华 运木架桥 聚集三种杰构 穿插组合 规制洵称翘楚 仰观斯楼 但有侗家之秀 俯察此地 踞有龙脉之灵 八方风情 偕同九域异采 百岁人寿 获拥万斛物宝 全国民族 徽之雍熙吉祥 中华文化 兆之光大发扬

虹桥卧波 长四十七米五 崇楼凌霄 高二十有七米 由贵州省建筑设计院李多扶设计 贵州省旅游建设公司赵历尧董建 历时十月而蒇事 自是层阁耸立 宝顶擎天 楼廊飞架 翼峙中流 自此山川增秀 地杰人灵 风调雨顺 民道遐昌 工成砻石为记 用志颠末 传之以重久远

北京中华民族园侗乡安侗寨

李多扶 撰

公元一九九三年岁次癸酉之壮月 吉日 立石

图3-4-1 侗寨鼓楼花桥落成碑记

平地区的风格，吸取黔、湘、桂三省交界的南侗地区、五种鼓楼类型的特点而进行再创作的，设计中考虑北京的抗震要求和风力特点，而将四根中柱和八根檐柱改用钢筋砼双筒空间框架结构体系，配合外围的附檐木柱，逐层向上向内收缩，形成清代初期抛物线形的宝塔状外轮廓，很好地将其雄伟风格展现出来，这与深圳民俗村的鼓楼秀丽风格有别，突出了本身的阳刚个性。

风雨桥在我国许多民族中都有建造，但侗寨花桥一枝独秀，其悬臂木桥上架设楼廊更是适用、力学与建筑艺术造型的完美结合。本工程中花桥为三楼三廊式，以贵州黎平地坪花桥为雏形，选取了黔、湘、桂三省花桥的地方特色，融汇一体而成，全长47.7米，主跨21.7米，次跨14.2米。宽4.9米，高（中楼）距水面13.75米，其中桥面高出湖岸1.5米，湖岸距水面又是2.5米，即桥面距水面达4米高。设计中同样考虑了北京的抗震和风力特点，将桥梁设计中单孔钢筋混凝土带翼箱和钢筋混凝土框架楼体中柱，配合周围木檐柱、木廊柱和悬臂木包梁等木构架，很好地保持了侗族建筑风格与地方特色。

鼓楼与花桥在北京民族园中由一竖一横的两个特色建筑，配合村寨、湖水、田地、溶洞共同组成了一组主导景区，属于游览路线中的高潮建筑群体，其鼓楼高度又形成一制高点，在园外的三环路上也能看到，又形成了一标识性的建筑，突出了其浓厚的民族特色，给人们留下造型特殊的深刻印象，对弘扬民族文化建筑，取得了一定的社会影响（图3-4-2～图3-4-34）。

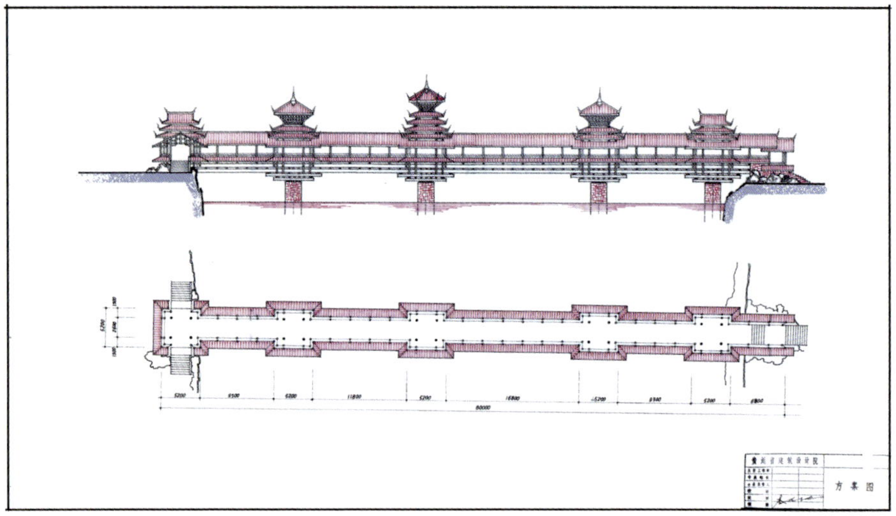

图3-4-2　侗寨五亭花桥方案

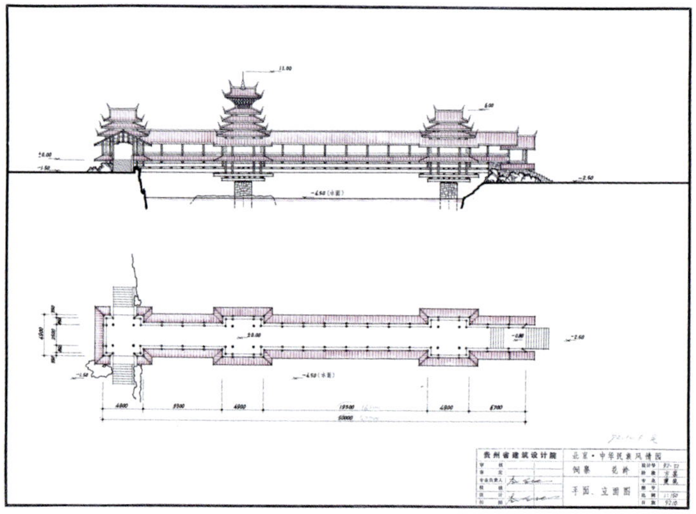

图3-4-3　民族园侗寨三亭花桥方案

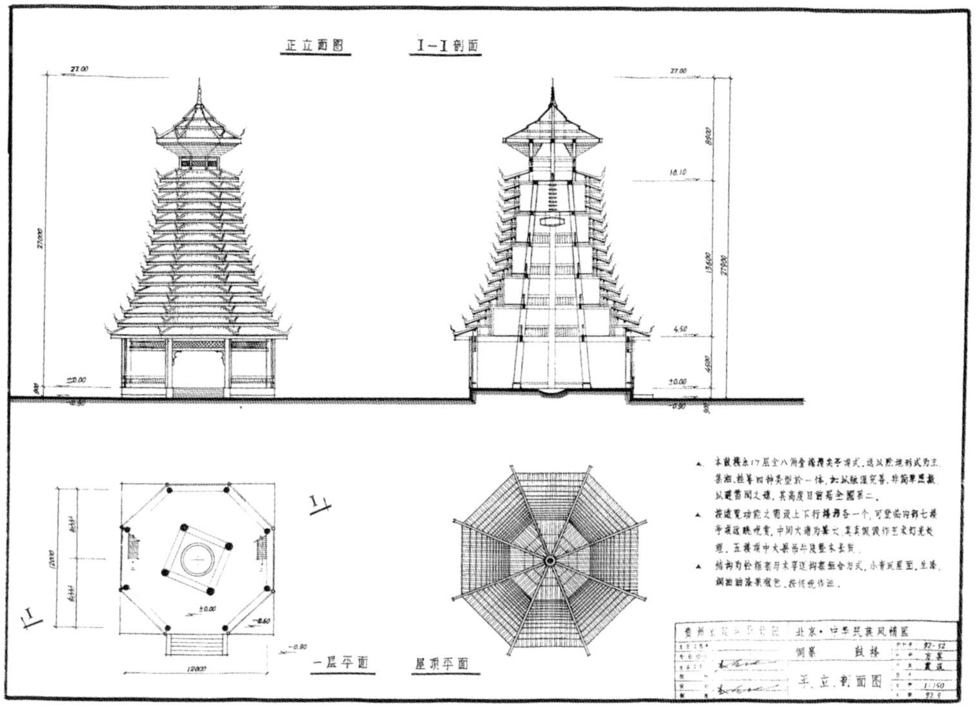

图3-4-4　民族园侗寨鼓楼图

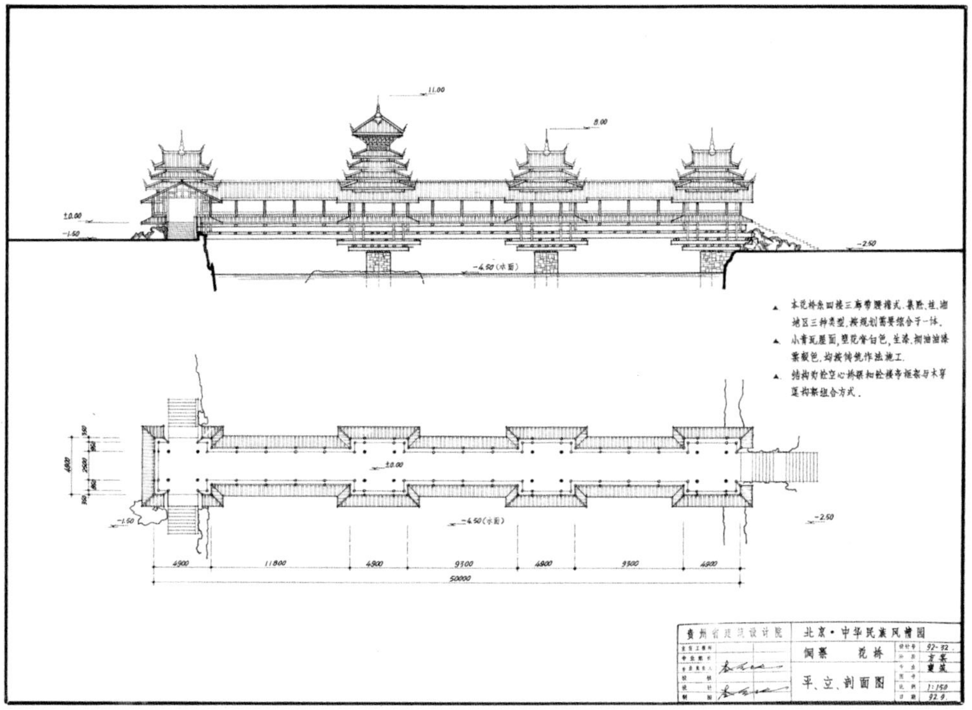

图3-4-5　侗寨四亭花桥方案

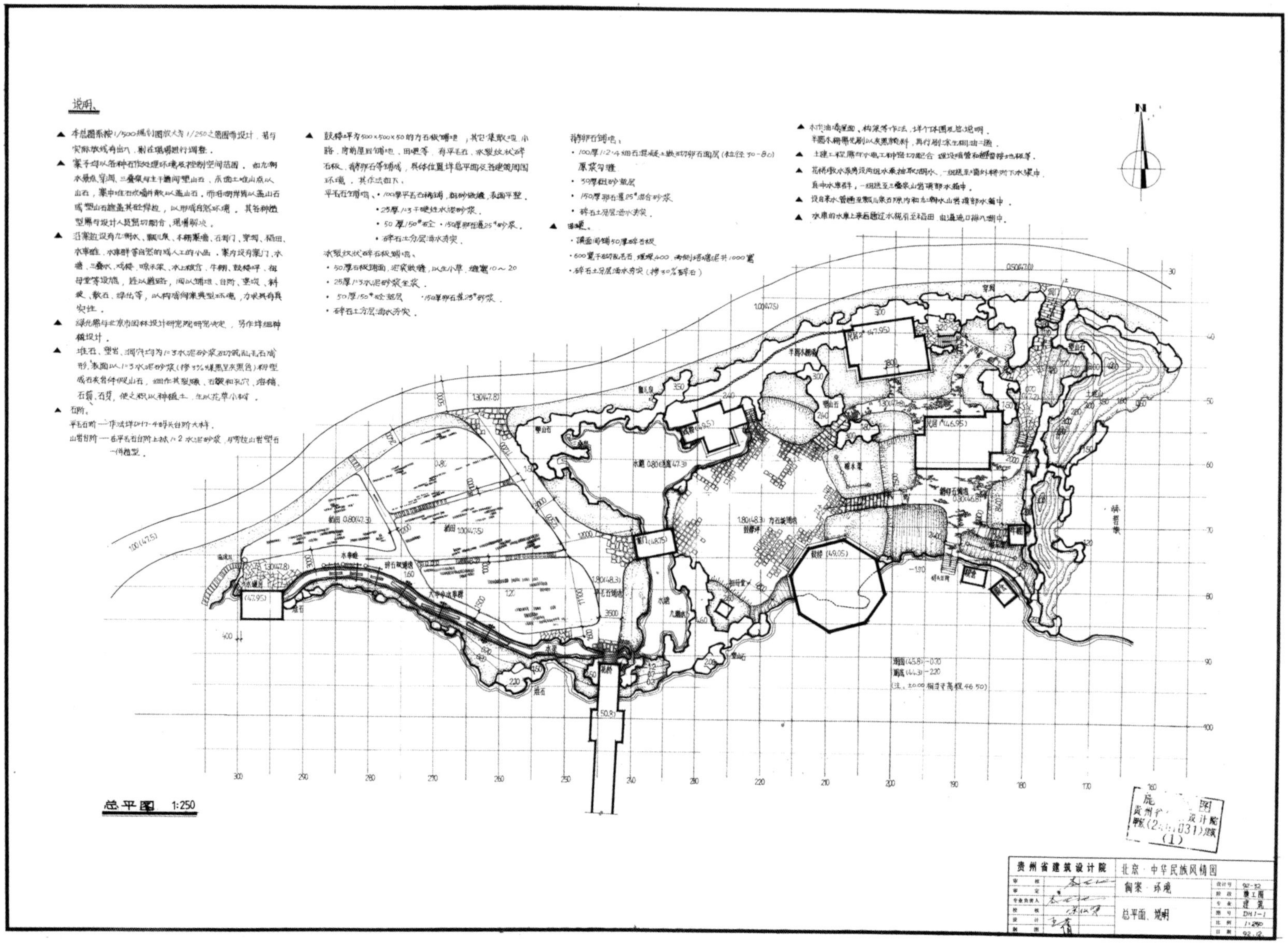

图3-4-6 民族园侗寨总平面图（王倩 绘）

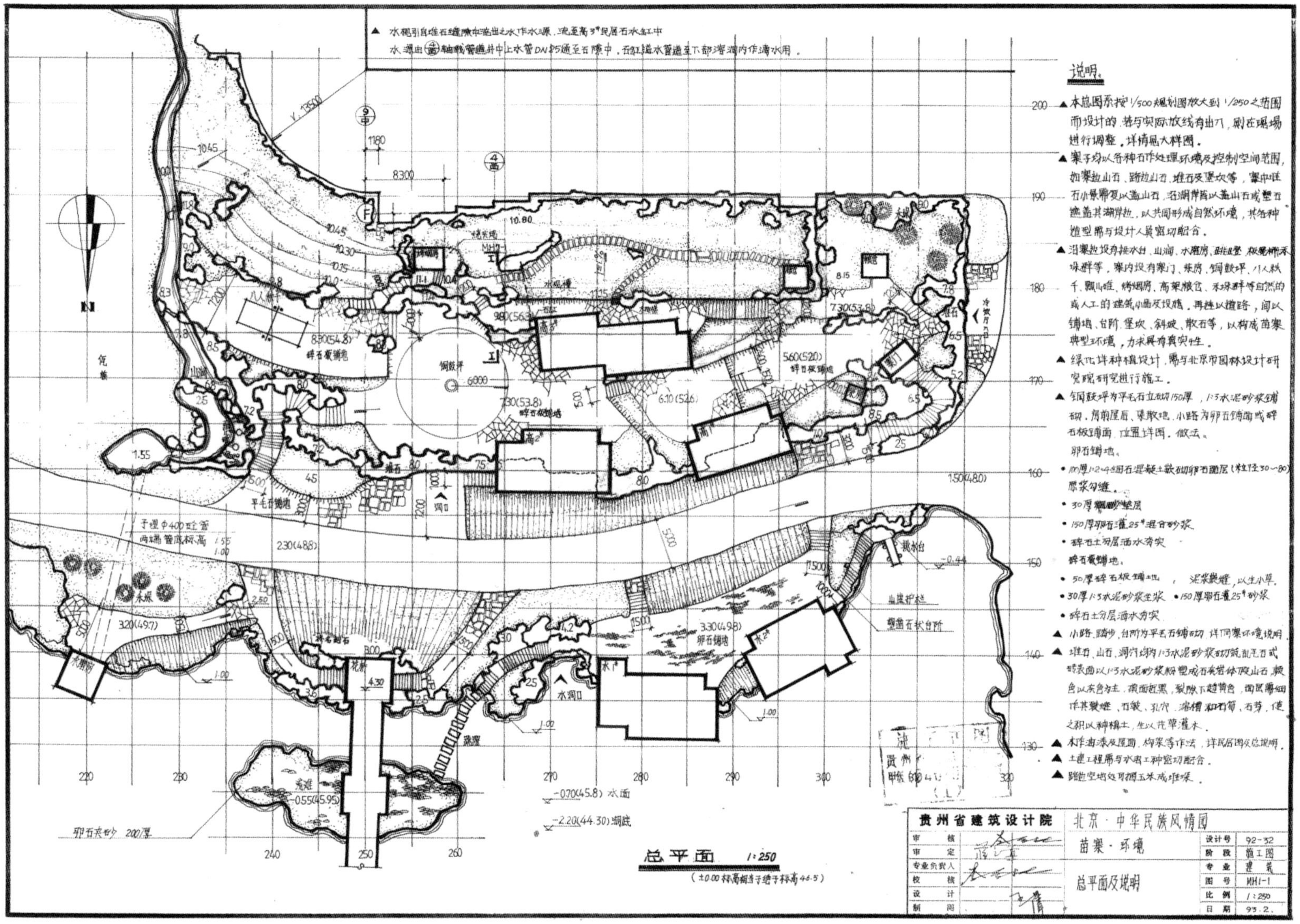

图3-4-7 民族园苗寨总平面图（王倩 绘）

图3-4-8　北京民族园（苗寨西侧图）

图3-4-9　北京民族园（水边苗寨民居）

图3-4-10　北京民族园鼓楼花桥（雪景）

图3-4-11　北京民族园（侗寨板凳桥雪景）

图3-4-12　北京民族园（侗寨鼓楼花桥）

图3-4-13　北京民族园侗寨鼓楼与民居

图3-4-14　北京民族园（侗寨鼓楼花桥）

图3-4-15　北京民族园（侗寨鼓楼花桥与板凳桥）

图3-4-16　北京民族园（侗寨侧门）

图3-4-17　北京民族园（侗寨戏楼）

图3-4-18　北京民族园鼓楼（顶层梁底）

图3-4-19　北京民族园（鼓楼顶层吊鼓）

图3-4-20　北京民族园（侗寨鼓楼底层）

图3-4-21　北京民族园（侗寨寨门）

图3-4-22　北京民族园（鼓楼部分架于水上）

图3-4-23　北京民族园（侗寨全景）

图3-4-24　北京民族园（鼓楼夜景）

图3-4-25　北京民族园鼓楼

图3-4-26　北京民族园（侗寨鼓楼花桥夜景）

图3-4-27　北京民族园（侗寨鼓楼湖中倒影）

图3-4-28　北京民族园（侗寨鼓楼近景）

图3-4-29　北京民族园（侗寨鼓楼花桥）

图3-4-30　北京民族园（侗寨）

图3-4-31　北京民族园（侗寨鼓楼花桥全景）

图3-4-32　北京民族园（侗寨鼓楼与花桥）

图3-4-33　北京民族园（侗寨鼓楼雪景）

图3-4-34　1994北京中华民族园入口

北京中华民族风情园

——土家寨、水族寨规划设计

本工程系中华民族园中之土家寨、水族寨部分，位于南园之东北隅边界处。由于皆系山地建筑，故地形均作了抬高处理。地势曲折多变，高低错落有致。北部为土家寨，紧邻大门入口地段，长90米，宽5～45米。占地面积3700平方米，建筑面积1006平方米。南段接连水家寨，长150米，宽14～32米，占地面积3900平方米，建筑面积869平方米。

一、规划设计原则

1. 该地段建设范围按照1997年11月在现场所订之规划方案及规模和1998年4月所商定之设计方案草图而进行修改设计。

2. 本着源于生活高于生活的设计原则，选择典型的几种平面组合与立面造型作为代表，浓缩环境特点，来改造地形和进行环境创意设计。

3. 为造成山寨的面貌，在面积控制条件许可下。尽可能多地安设民居及附属建筑，以尽量使之形成鳞次栉比、参差错落的空间层次和立体构图，并留出地坪场坝以作为民俗活动的中心场所。

4. 寨中均把主要的生产、生活、公共等建筑及其设施包括进来，以形成浓厚的较真实的民族特色。

5. 由于原地势是块平地，且位置紧邻主入口，大有一览无余之弊端，故在地形设计中进行大力改造（如土家寨采取底层架空作雨林餐厅，水族寨则利用原一期工程之弃土堆改造成山坡及峭壁），以符合山区自然环境，建成应有的地区特点。

6. 为满足游览路线的需要，不走回头路，各个寨子均有二个出入口通达园中干道。

7. 绿化配植中，原山区多以杉木为主的背景树，考虑当地无杉树，可用冷杉或树形近似的常青树代替，使其成林，路边植以桐、樟、枫、柿、桃、梨等并杂以松柏多植竹丛及其他长青树木，针叶、阔叶均有，悬崖植以藤类和近似蕨类的植物，路边夹以蔷薇、杜鹃、艳山红等灌木。

村寨路口，原地区常植枫香树作为保寨树，亦可选用大树冠者枫类植物，其他遍铺杂草，达到两寨林木满崖绿，四季繁花常年开的景观。

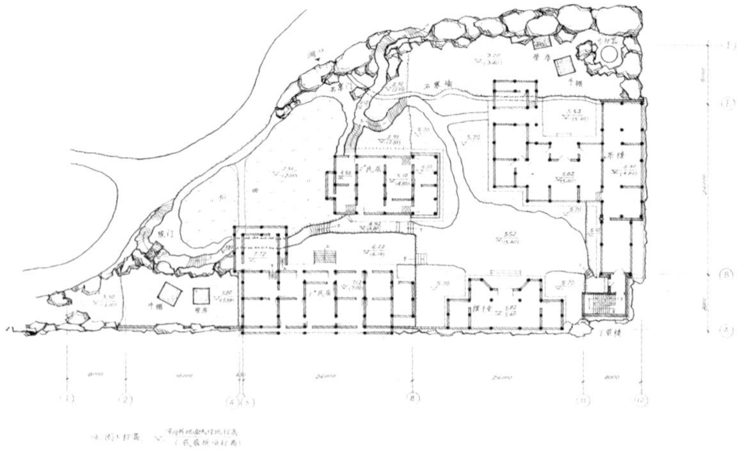

图3-5-1　土家寨总平面图

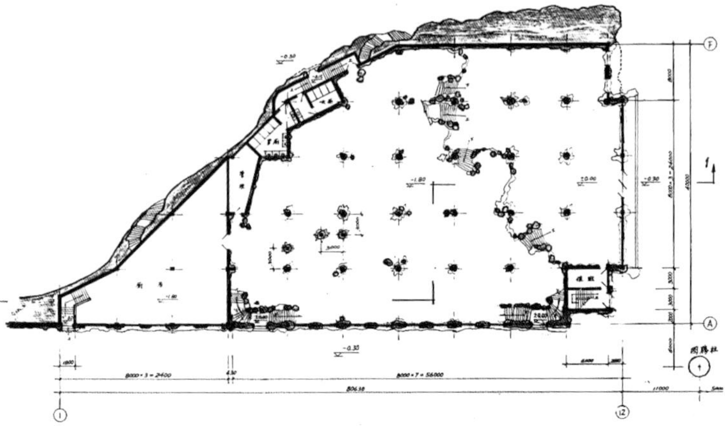

图3-5-2　土家寨底层平面图

二、土家寨

（一）环境及建筑特点

居于西南少数民族与中原接触的前沿，乃巴人后裔。生活于武陵山区，其民居井院式木构吊脚楼即是巴楚两大文化直接交融的结晶。因处于山多田少之地，村寨上坡，为适应地形即成吊脚楼，既减少土石方又不破坏地貌，同时还隔潮、通风，又利于山区木材迅速拼装建造。由于井院围合、高低错落，当即出现空间美、层次美、轮廓美是其村寨建筑群的特点，体现了土家人利用自然、改造自然、保护自然的美德。

（二）建筑群的布局

以摆手堂为公共活动的中心，集祭祖、歌舞等于堂前摆手坝上，旁设瞭望楼，围以三幢大小不等造型各异的三种类型民居，组成宽、窄、收、放三个不同的院坝空间，其外部用石寨门、寨墙及木院门、牛棚、柴房、稻田、堡坎、台阶、曲径、堆山塑石等以及与绿化共同组成一丰富内涵的环境空间，使游人能有较多的欣赏感受和较长的停留空间。与南园主入口的关系是先遮挡后显露，以免相互夺势。塑巨石植树丛与入口的左旋柳有机地连到一起，形成柳树的扩大植被面。由于民居地势高起，透过树隙仍能隐约看到寨子的存在，转过洞口即现一片稻田，高低错落的民居、摆手堂、瞭望楼即分层次地形成一幅立体画卷，形成既有村寨又有环境的一组建筑群（图3-5-1、图3-5-2）。

（1）摆手堂：建筑面积119平方米，是一栋单层造型丰富的殿宇。

（2）瞭望楼：建筑面积65平方米，寨内三层，其下仍有二层与雨林餐厅连通，为防护、守卫的岗哨，寨中最高的建筑。

（3）茶楼：建筑面积302平方米，房舍宽敞为休息、消闲所在，它与下层的雨林餐厅可分、可合、可单独使用。与1号、2号民居相互照应，共同组成摆手坝这一中心空间，同时其一正两横的“三合水”又围合成为单独封闭小院，取得不同的反差效果，以其“小”来衬托摆手坝的“大”来。外侧横屋运用了部分马头墙，利用不同建筑体系的结合，丰富了街景立面。

（4）民居：建筑面积520平方米（其中1号民居350平方米，2号民居170平方米）1号民居为典型的一正一横“钥匙头”形式，横屋吊脚是用得最多的定型建筑，居于寨中高差约7米的最高处，正屋为一层加阁楼，横屋二层，其下吊脚层兼作过街楼，其上有三面走廊的龛子，是土家民居的共同标志。有强烈的个性，并且吊脚于稻田边，更突出了其造型的活泼与情趣。内部以堂屋为中心，后墙正中设神坛位，中三间也做迎客、办婚丧之用，左右稍间居室，左住长，右住幼，上设阁楼储杂物。2号民居为“一字屋吊一头”的形式（图3-5-3、图3-5-4）。

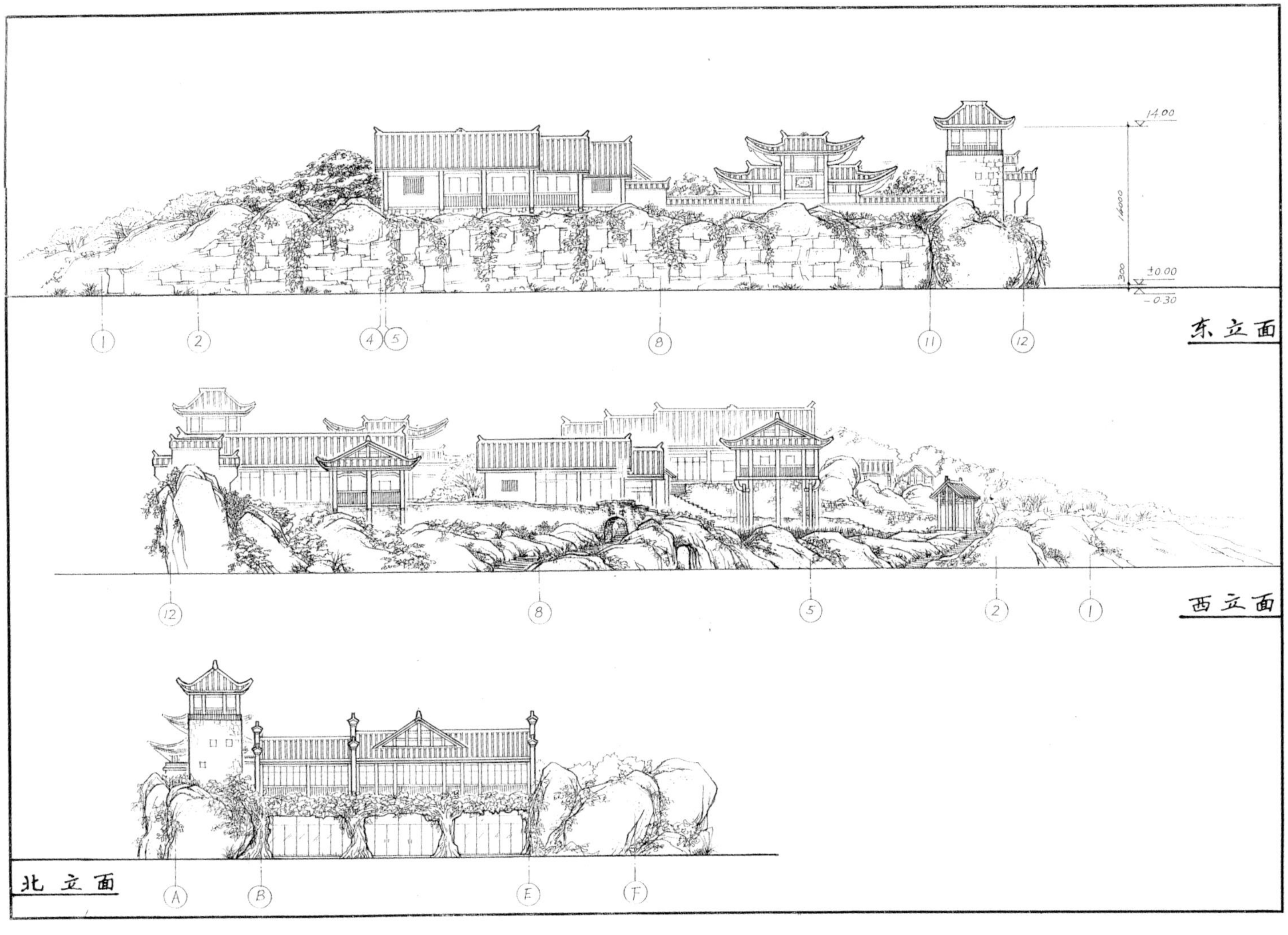

图3-5-3　土家寨立面图（宋仪贤　绘）

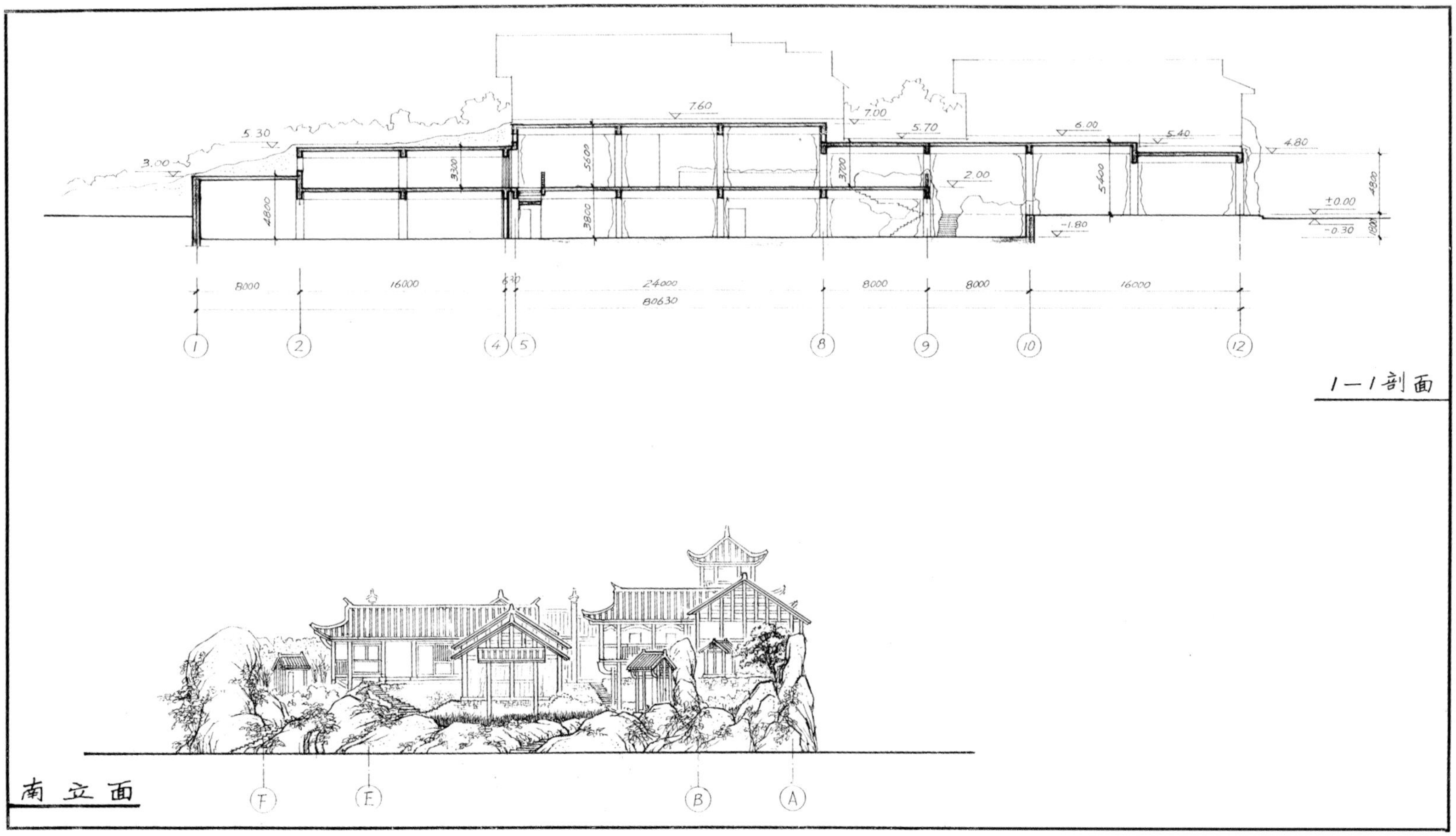

图3-5-4　土家寨剖面、立面图（宋仪贤　绘）

（5）道路组织：南园大门入内30米处，沿塑石登高2米则见一石寨墙横贯连接巨石陡岩中，路中辟有半圆门洞，上书“土家寨”，入内则达2号民居，既是对景又做障景——蜿蜒上行俯见来时路，转北则见茶楼之两面走栏出挑坎墙外，中开过道进入天井小院，院前坎下搭建牛棚、柴房，掩映于丛林中，顺路前行即见望楼高耸、摆手堂前展，大有欢迎之势。在摆手坝上，上行至1号民居，登龛子吊脚楼俯瞰稻田近观壮寨、三塔，远眺瑶寨及云南地区众寨风光，人赏它、它赏人均相宜，其下过街楼通至院门而回接园中东干道上。反之由院门进寨则龛子吊脚楼即成为首要对景，引人入胜拾级而上又通达摆手堂前。两个寨门两种形式两片不同的环境意趣，由于道路的变化、穿通而生出多个空间情致来。

（三）架空层的利用

因其位于中轴路和民族园路的交叉口处，面对北园大门旁之贵宾室和售票房，建筑面积3419平方米，部分外墙为土家寨的山林，塑成悬崖峭壁形，植以爬墙虎等藤蔓植物。大部分外墙柱塑成雨林板根巨树状，分隔每间的大玻璃窗，在中轴路上看到的是雨林中的水晶宫效果，透过玻璃窗使室内外塑树连通一起。内部塑热带雨林，如入丛林餐饮，另具一番情趣，创意构思新颖。其中，有高达7米的大厅，有蜿蜒上下的楼梯，奇树、塑石共同衬托夹层如巢居，配合下沉式餐厅，其中厅后设厨房，建筑面积440平方米，一侧设洗手间，既方便又隔离隐蔽，均有各自独立的出入口作疏散用的太平门。在东、北两面墙壁上，开有玻璃窗，供大厅、厨房直接采光通风。北墙正中落地门窗间塑以大榕树分隔，使热带雨林餐厅给游客以向往的欲望。东北角瞭望楼实为一座楼梯间，直通茶楼，外部游客可在此观看土家寨内风光，登瞭望楼上更可一览南园内外胜景。

（四）结构方案简介

此工程为一层框架（部分带夹层）支承顶部土家寨之建筑与环境设施，其建筑为瓦屋面木结构和部分砖墙、堡坎、台阶石砌、稻田、绿地覆土。又餐厅顶板下塑树，墙面塑石，都由于其荷载大而分布的不规则性，主要承重部分无法直接对应下部的框架梁、柱，树、石均考虑置于顶板上、下。框架柱网尺寸8米X8米。每间井字梁布置，板厚150毫米。

为既需满足复杂多变的民族建筑造型和环境高差，又要满足北京地区八级地震设防和强烈的西北风抗风条件，以及雪荷载的要求，故在构件断面取值上考虑永久荷载，除框架结构自重外，另加村寨荷载按20每平方米20千牛顿及300每平方米300公斤活荷载计算，在结构设计的选型上达到安全可靠、经济合理的要求。

基础为钢筋混凝土独立柱基，地基梁连接。

下沉式地面标高为-1.50已处于地下水位以上，底板、边墙仅需作防潮处理。±0.00相当于测量高程47.20米。

由于该地段无地质资料，只以邻近的云南地段资料的耐力按每平方米14吨参考，故基础埋深尺寸待定，需施工前或补钻四面点或开挖几个探坑来决定持力层的位置和深度以及地耐力的取值。

三、水族寨

（一）环境及建筑特点

系古“越人”之“骆越”一支发展而成，原居邕江一带的“岜虽山”，秦时征岭南，先民沿龙江溯流而上，被迫迁入黔桂边境三都、荔波一带的山林中，境内山岭连绵、溪流交错，其间夹着若干起伏的丘陵和平坝，气候温和雨量充沛。

村寨依山傍水聚族而居，四周修竹古树，寨内鱼塘果木，房屋多以杉、松建筑，片瓦、杉皮或草秆覆盖，整栋不用铁钉全系榫卯结构，属古越人的“干阑”建筑，即典型的“人楼居，梯而上，上以自处，下居鸡豕”，适应当地潮湿多雨和虫蛇危害较大的环境。

民居一般三、五间，二、三层。底架多用粗大圆木为柱，厚板铺楼面，其上再立人居部分的房架。后期则把底层围装，除喂牲口外还置放农具、厨房等。楼梯入口基本有二种，一为中间进屋，一为稍间进屋，进内均是堂屋处。其入口方式取决于地形或风水朝向所定。本设计选择了五种平面组合形式，比较全面地展现出水族民居那种典型的干阑建筑，具有浓厚的民族气息和山地建筑特色（图3-5-5）。

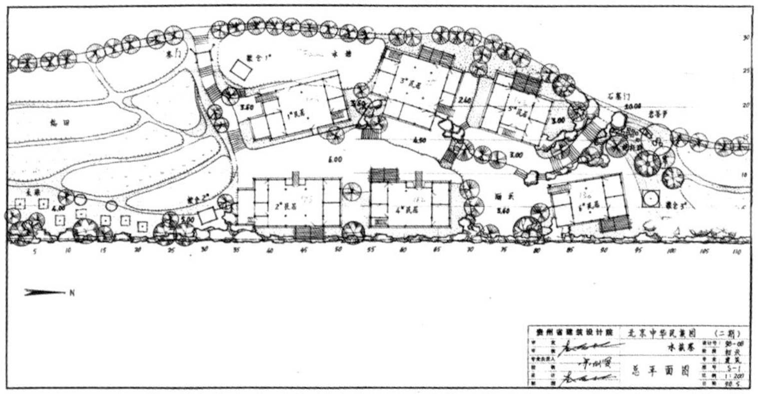

图3-5-5　水族寨总平面

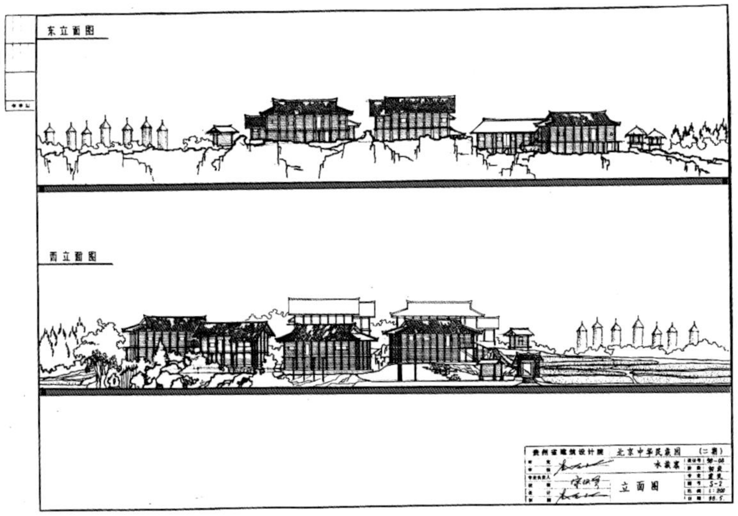

图3-5-6　水族寨立面图

（二）建筑群的布局

以晒坝井泉为中心，集祭祀、歌舞于一起。由于水族是自然崇拜、多神崇拜，有岩菩萨、保寨树、神树、（泉）井菩萨等，丰富了寨内寨外的民俗活动内容，在晒坝周围由4号、3号和祖堂三栋民居围合成一块大的高低空间，3号、4号民居间则形成一较窄的高低空间，1号、2号民居间又组成一块狭长的穿通式空间，均为南北两组寨门登山曲径贯穿，此五栋民居分别位于五个不同的标高上，形成前后左右错落有致、大小高低穿插繁杂的立体构图。从寨外不同角度看其全寨轮廓层次变化多端。水塘中1号、3号民居一角架空其上，1号粮仓则全驾于水上。2号民居体量较大，居位高处，起到主控作用，其旁2号粮仓则是立于旱地之形制。3号粮仓系高架园仓，又是一种特殊行制。寨外南北皆有大片梯田，与方形禾垛和水塘、井泉、水渠以及高山杉木水枧等水景设施共同组成了水族的山地田园风光，衬以树丛竹林，村寨如在画中。

石寨门前路边为±0.000设计标高，相当于测量高程47.35米，进到寨中最高处4号民居前场地已登高7米。山下河谷相隔，对面高山上即是瑶寨，侧隔三塔又与云南景区遥望，外部空间更是开闭各异（图3-5-6）。

（1）1号民居：建筑面积183平方米，是一栋二层歇山临水建筑，下层近南寨门，上层通达高场坝，进出方便，作为民族风味小吃部和商店。

（2）2号民居：建筑面积193平方米，是一栋二层歇山带偏厦建筑，由于堂屋最大，是室内演出活动场所。

（3）3号民居：建筑面积195平方米，为二层歇山带后披厦建筑，作为手工艺作坊。

（4）4号民居：建筑面积162平方米，为二层悬山叠脊带单边阁楼层建筑，居寨中最高处，作为典型陈列展室。

（5）祖堂：建筑面积136平方米，为二层歇山草顶，典型的边梯平面形制，因靠近晒坝这一公共活动中心，作为陈列祭祖神器、乐器、仪仗行头等用具。

（6）道路组织：园中干道东侧，辟有南北两个寨门。当从壮寨或三塔走来时，沿途梯田一片，在田头靠近石寨门处有一苍柏神树，树下立一怪石，中有孔洞即为岩菩萨，系古代生殖崇拜的遗痕，旁插桅杆群，皆书为儿孙乞求“福如东海”、“寿比南山”等字样，进寨门有大枫香树作为保寨树。石寨门即为塑岩中的自然洞口，夹缝中拾级而上到达了3米标高之地，而至3号民居，上4米标高到晒坝，直对来时寨门路，东崖下设井泉顺沟渠绕祖堂而溢流至北稻田中，上行4.5米标高复达3号民居上层，下至水塘边而连1号民居。继上行至6米标高则到2号、4号民居及1号民居的上层，自此下楼达3.6米标高的水塘边观水上粮仓，出南寨门则回归干道去瑶寨，或可沿田埂于粮仓、禾垛旁顺梯田下行去大瀑布及西北景区。

此处树木茂密、竹林丛生、梯田层层完全有赖于这一土丘而能自然生长，干阑建筑本身即是自巢居过渡到地面时的一种建筑遗制，说明水族位于森林地带，更真实地再现了其典型的自然环境。

（三）结构方案简介

该地段系1993年、1994年施工一期工程时的弃土堆积而成丘，经自然沉积，今又将云南景区的挖土堆压其上，有利于增进老弃土的密实性，待云南景区回填后，在原有土丘上设计浅基础，因民居皆系木构架瓦屋面，荷载较轻，为方便施工故采用钢筋混凝土整片筏板基础，又考虑到地震因素，拟在筏板下设短桩数个以避免滑移。由于无地质勘探资料，其地耐力尚不易确定。

东侧设2米高的毛石挡土墙一道，沿红线随地形砌筑，外植爬藤及有刺灌木作拦墙。

参加设计人员有李多扶、宋仪贤、冯曼云、赵贵荣等。

北京中华民族园玉龙桥

——工程设计实例

摘要：在北京人行天桥上率先建大型楼廊，成为一道独特景观，并满足功能、造型和多种结构体系的抗震和地基处理问题。

关键词：环境建筑　云贵民族

一、环境及建筑特点

本工程系横越民族园路，连通南园与北园的内部交通天桥。桥体三跨共长67.5米，因车道路面宽24米，故中跨长达28米，飞架于南北两个桥头堡上。该堡亦即楼梯间，作为安全疏散口。一改通常过街天桥的四个楼梯，最低限度的占用人行道，以使体型完整。其造型选用白族建筑形式，乃为南园白族景区建筑群的延续，桥亭为三重檐的双十字脊顶，也潜藏了藏族寺庙的建筑神韵，故与北园藏族景区建筑风格也易协调。同时又采用了贵州侗寨悬挑叠梁的结构形式，采用了风雨桥的使用功能，创造出在北京大都市中具有西南少数民族特征，又有城市功能的跨街天桥。平面布置如图3-6-1、图3-6-2所示。

该建筑自成一处景观，为玉龙景区的主体建筑，与东部的两

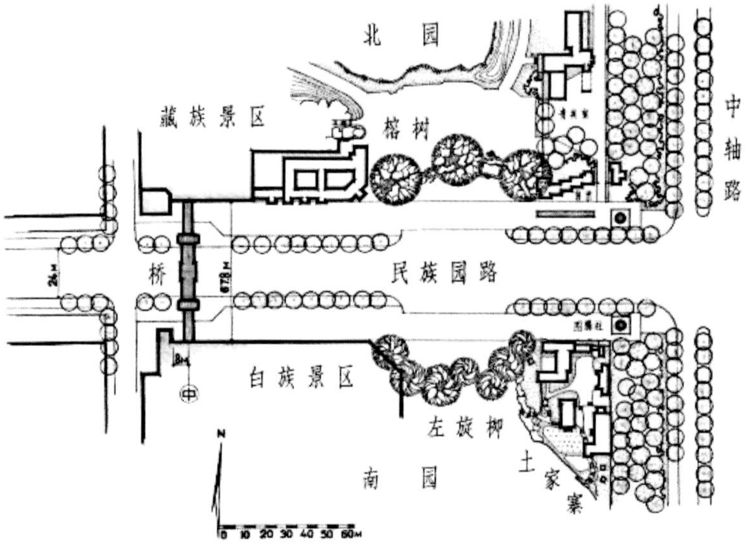

图3-6-1　玉龙桥总平面图

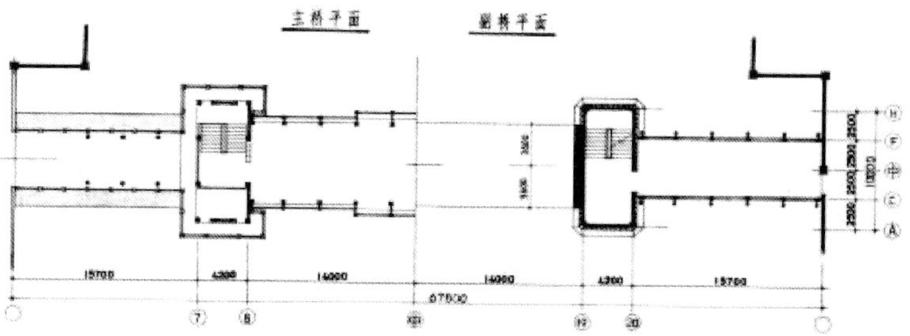

图3-6-2　玉龙桥主、副桥平面

座23米高的铸铁巨形图腾柱及南、北园大门共同组合成一个贯通空间，在此空间环境的界定中，分出了内外空间层次，把两座园门在相互关系上融于一个完整的组群中，更由于天桥的对称性，使得此种关系更加紧密，在一条畅通的干道上，造就出一段相对围合的空间，突出了民族园入口的环境地位，且与园西干道两旁的新式楼房有所隔离。桥本身即形成了一座舒展的长门，起到一个造景作用。横跨于干道上，远远即可望见，而成为民族园的一座标志性建筑，提高了其社会效益和影响，也是首次在北京干道人行天桥上建大型楼廊，成为首都道路上一道独特的景观，美化了城市街景。

同样，在桥上也起到赏景的作用，北观南望隐约透露出部分民族景区的神采，从而起到促进、激发游兴的作用。主桥中有休息廊凳，不失为乘凉赏景的好所在，副桥上可作为休息室或纪念品商店等用，由此可联通两端景区的下部室内空间，可分可合方便使用。

天桥建筑面积为912平方米，桥头堡四层距地19.60米，共435平方米，主桥单层为231平方米，副桥两层共246平方米，桥底净空5.95米，各种车辆皆可通行无阻。

该风雨桥为二亭三廊式，采用传统风格，木构架形制，青筒瓦屋面，运用叠脊叠檐、长脊短檐、悬柱垂花、石堡石栏、塑脊雕楹、刻木彩画等处理手法，外漆栗色木作，木色桥梁，飘逸的脊檐与坚重的石堡形成对比，造型丰富多彩，充分显示出具有古朴而浓厚的民族风格与地方特色来。

二、结构概况及特点

由于建筑风格的独特性，即亦桥亦房，桥上建房、桥下通车的功能和景观需求，决定了该项目在结构形式上——廊、亭、桥相结合的多种结构体系。即不仅仅是城市道路的人行天桥设计，也不是单纯的民族建筑风雨桥的设计，所以对本工程在结构设计方面的合理选型、安全可靠、美观经济等方面提出了更高的要求。

整座桥包括一个主跨、两个副跨和两座桥头堡共五个部分组成。桥头堡为主要支承体系，中部主桥跨长28米、宽7.2米，采用了预应力钢筋混凝土整体现浇箱梁结构，副桥上、下两层为U形钢筋混凝土梁板结构，两座桥头堡为450毫米厚的钢筋混凝土筒体，内设楼梯。桥面上部两亭三廊式的民族建筑，其承重主构件设计为钢筋混凝土框架，支承于桥梁和桥墩上，形成一体共同作用，次要构件为木柱、木枋穿斗式结构。

由于北京市区为8度抗震设防，考虑到其位置的重大影响及结构体系的特殊复杂性，利用多层和高层建筑空间分析程序及有限元分析程序，分别进行了水平地震作用下的扭转影响和8度地震作用下的变形验算及抗倒塌性能的分析，均满足规范要求，又经中国建筑科学研究院工程抗震研究所对该工程进行了抗震复核，结果表明其抗震变形能力均能满足规范要求，通过权威科研部门从理论上的验算，进一步证明其结构造型的科学合理性。桥上建房不仅满足了其功能、景观的需求，亦在解决了结构体系的抗震的问题。

与我省常见的岩溶地貌不同，该桥建筑场地为厚软土层，天然地基承载力较低，仅为160千帕，而主、副桥跨的重量、跨度非常不均，仅单个桥头堡设计荷载就达2000吨，设计中考虑到桥体对沉降的敏感反应，桥头堡基础采用了偏心板式筏基与密排挤压素混凝土桩加固处理地基相结合，不仅满足了上部结构的承重要求，而且增加了桥头堡的安全与稳定性能，考虑到中间跨与两边跨荷载相差较大，施工时先浇筑中间段，包括桥墩、箱形桥梁、桥廊、桥亭，后浇筑两边段，以避免不均匀沉降。通过现场静载试验，及修建中、竣工后的沉降观测，表明均能满足设计要求。这也是在贵州省不易遇到的工程实例。

天桥上部结构：

桥梁中间跨为28米，两边跨为12.4米，属于较大跨度的人行过街天桥。综合考虑其景观特点、组成形式以及施工、维修方便等多种因素，结构形式选定为：

（1）天桥人行荷载取值每平方米3.5千牛吨。

（2）中间跨为简支预应力钢筋混凝土箱形梁承重体系。

（3）为五梁四孔式箱梁，高1.8米，宽7.2米，平分四孔。箱孔内设横隔板。

（4）两边跨为简支钢筋混凝土反梁承重，一侧悬挑3.2平方米，悬挑处为双柱支座。

（5）桥梁上按开间立框架梁柱。其上和两外侧装设木构架枋柱和悬挑檐柱以及传统的木屋盖及筒瓦屋面等设施。

（6）桥墩为钢筋混凝土筒体结构，桥承重支座处作了加强处理。外面由石块包砌，满足其建筑造型需要。

三、给水排水及消防设施

1. 在南北园两端桥头附近的藏寨和白族村寨里设室外消火栓各一个，兼顾桥体消防要求。

2. 楼梯间第三层设灭火器材。

3. 木结构需先经过防火涂料喷刷处理后方可油漆。

4. 瓦屋面自由排水，两个副桥面坡向两景区，汇入景区内的排水系统中。

四、电气设计

1. 设计主导思想为安全可靠、朴实再现。

2. 由于建筑中很多木结构，故防止因电路短路而引起火灾是安全的保证。设计中选用带漏电保护的电气开关，使之在某个部位出现故障时能及时切断电源，以防扩大事故。

3. 线路敷设方式采用不燃塑管配线，在不便使用管材处选用耐火电线，其敷设位置尽量隐蔽。塑管应油漆成附近材料颜色。

4. 除安装一般照明设备外，还要安装装饰照明设备，如建筑轮廓勾边用彩虹灯管等。每座桥头堡东、西两侧各安装一组外部投射彩灯架。

5. 防雷设施：十字脊宝顶安设铜棒镀银尖避雷针，沿主要屋脊暗装避雷带和云南景区山下工程C区地下接地带连接，实测电阻应小于5欧姆。

6. 电源由北园西藏景区山下变电室接入。

正是：

北京中华民族园　一路将其分两边

今日建设玉龙桥　连接南园与北园

作为内部交通道　兼有长门一景观

界定环境空间处　突出入口融两园

该桥不仅给北京市增加了一道城市干道独特的风景线，而且又得到北京市建国50周年重大工程建设贡献的荣誉证书。

参加设计人员为：李多扶、冯曼云、范文勇、赵贵荣、宋仪贤等。

（1998年7月设计）

玉龙桥设计感想与体会

桥，类型繁多。近些年来从南粤到北京，也设计建造了数种园林长桥，如深圳民俗文化村的黔阳桥、北京中华民族园的侗寨花桥、潮州美人城的百米美人桥、重庆珊瑚公园的百米长的亭桥等，其风格迥异、造型各别，但都没有这一座“园中一园外”桥的制约多，其性质功能、环境空间、新老建筑以及道路要求等等因素皆需通盘考虑，而设计成门、桥一体式，以突出其大门之主题并兼有连接南、北园之交通功能，力求造型独特、风格浓郁、创意新颖，为首都城市景观增色，为弘扬西南少数民族建筑文化尽力。如此已足矣（图3-6-3～图3-6-33）！

李多扶
1999年3月

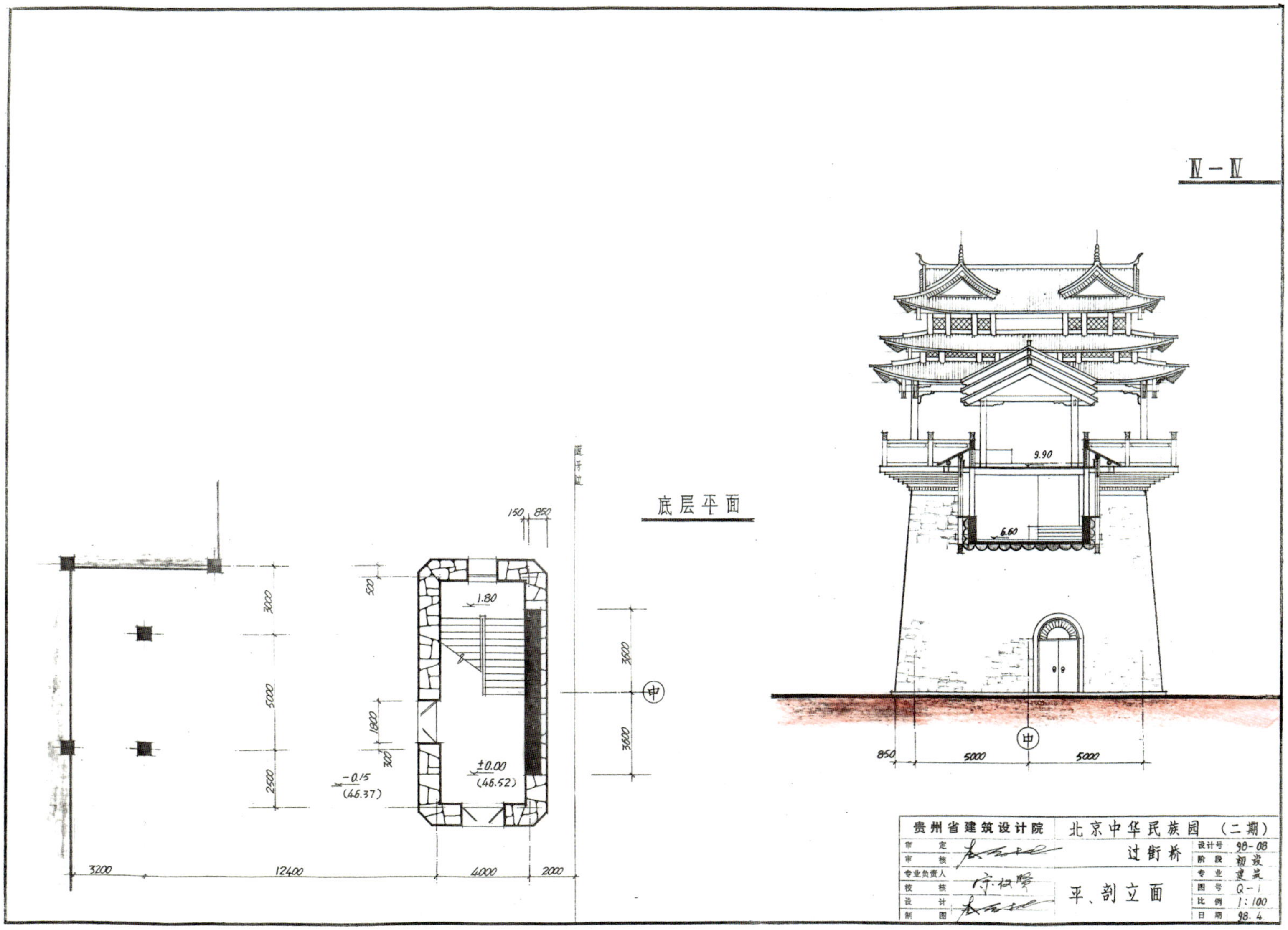

图3-6-3　玉龙桥楼梯间平面图、立面图

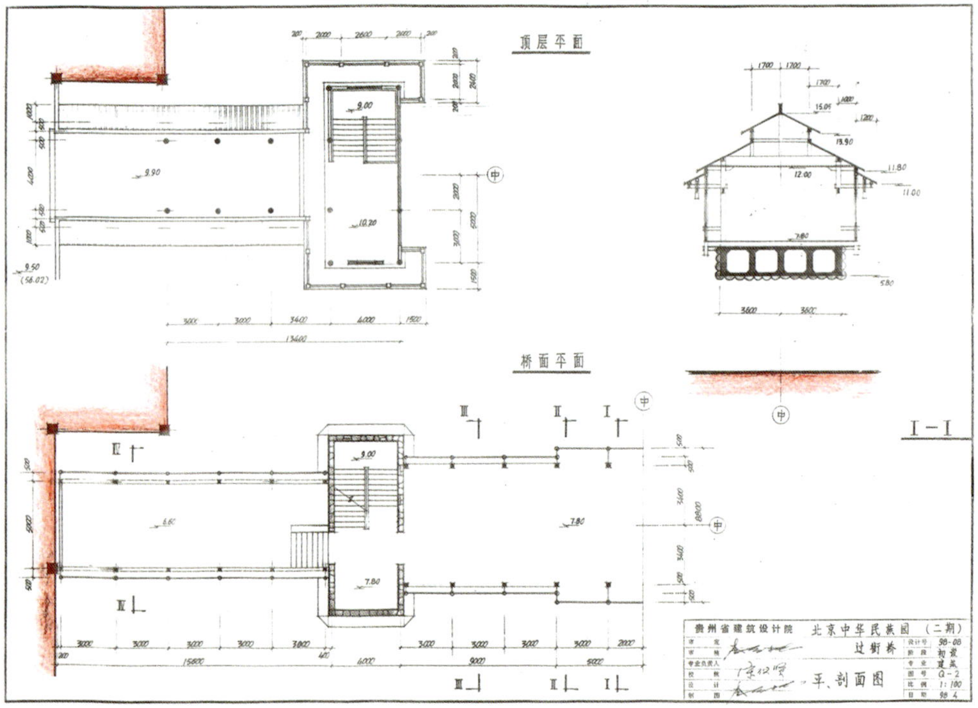

图3-6-4 玉龙桥平面图、剖面图

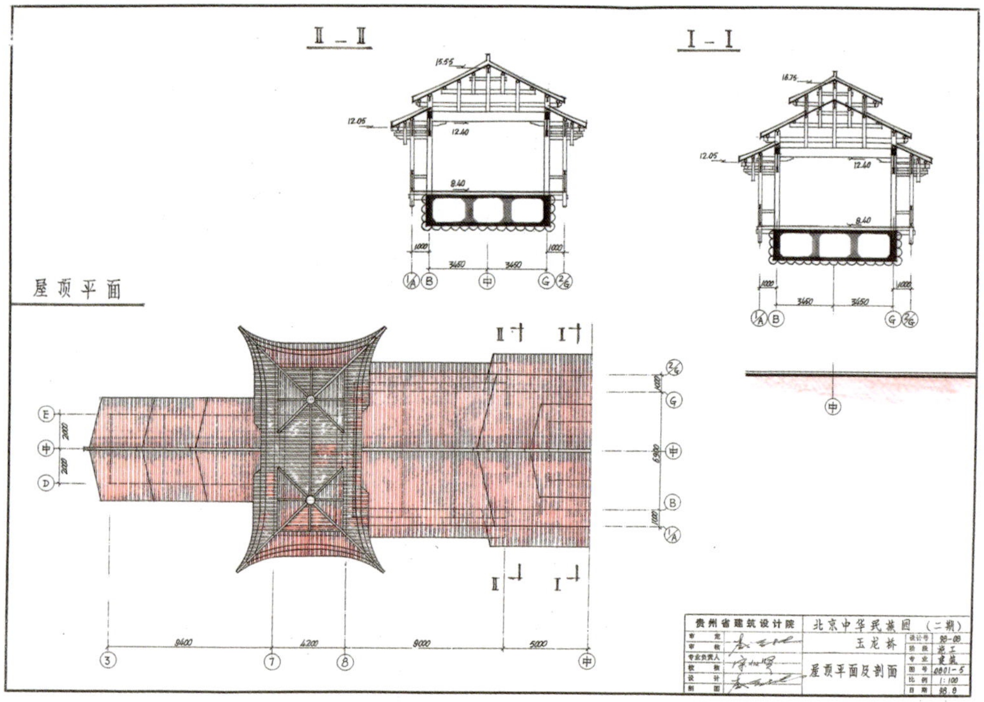

图3-6-5 玉龙桥屋顶平面图、剖面图

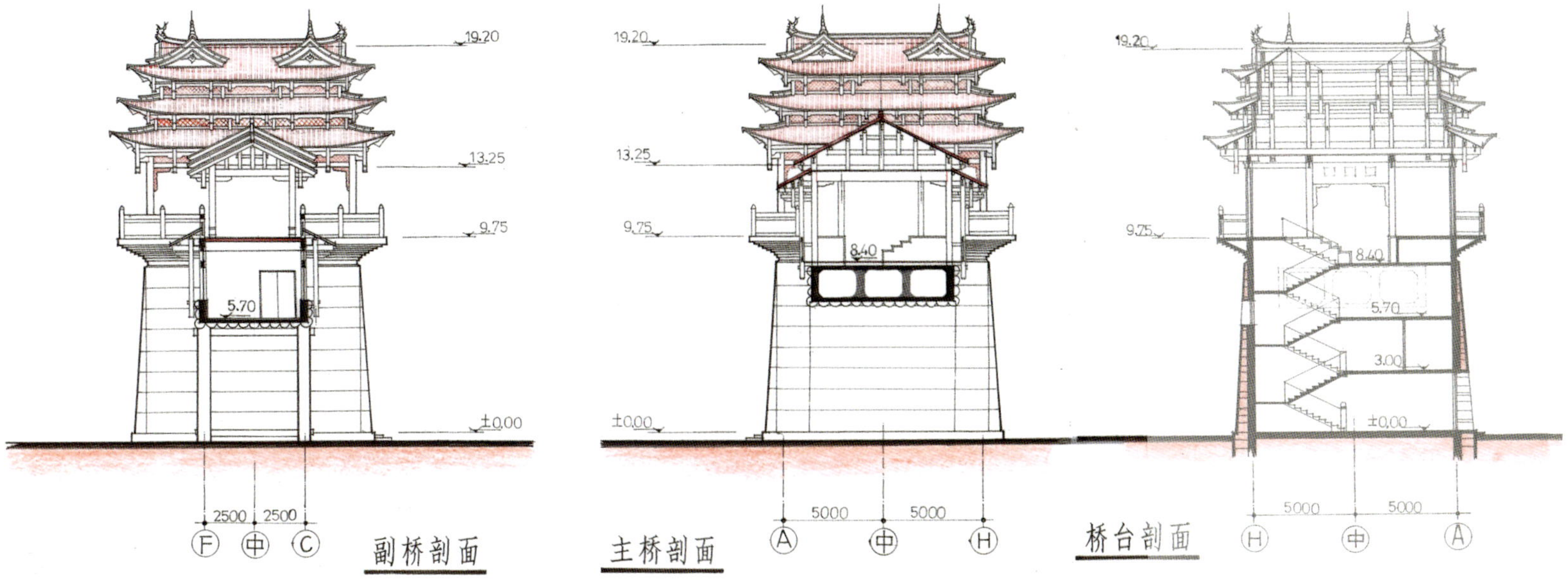

图3-6-6　玉龙桥剖面图

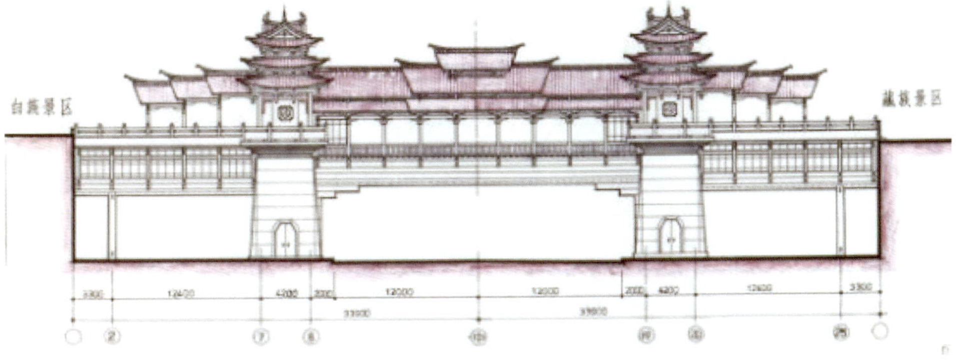

图3-6-7　玉龙桥立面图

图3-6-8　玉龙桥楼梯图

图3-6-9　玉龙桥南入口

图3-6-10　玉龙桥东立面

图3-6-11　玉龙桥西侧面

图3-6-12　玉龙桥上层一角

图3-6-13　白族景区看玉龙桥

图3-6-14　藏族景区看主桥廊

图3-6-15　藏族景区看玉龙桥

图3-6-16　北桥头堡看白族景区

图3-6-17 藏族景区看副桥廊

图3-6-18 北副桥廊

图3-6-19 北副桥屋顶一角

图3-6-20 主桥内景

图3-6-21 南副桥入口内景

图3-6-22 主桥内景一角

图3-6-23 北副桥头入口外景

图3-6-24 副桥架于桥头堡上

图3-6-25 北桥头堡外景

图3-6-26　北桥头堡近景

图3-6-27　桥头堡叠涩挑台

图3-6-28　北桥头堡与主桥

图3-6-29　桥头堡端头照壁

图3-6-30　副桥头近景

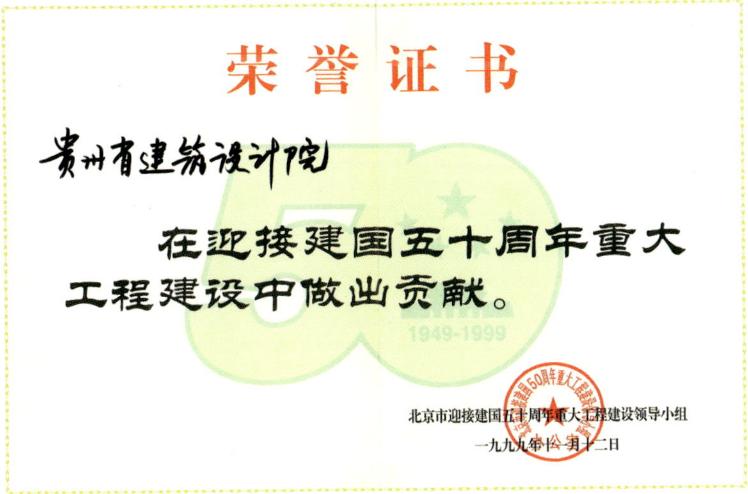

荣誉证书

贵州省建筑设计院

在迎接建国五十周年重大工程建设中做出贡献。

1949-1999

北京市迎接建国五十周年重大工程建设领导小组

一九九九年十一月十二日

图3-6-31　玉龙桥荣誉证书

图3-6-32　荣誉证明封面

图3-6-33　北京民族园玉龙桥建设中

贵州民族建筑——苗、侗、布依、水族部分
贵州苗族建筑
贵州侗族建筑
贵州布依族建筑
贵州水族建筑

意匠

匠意

贵州民族建筑

——苗、侗、布依、水族部分

还在那2001年底期间，应中国民族建筑研究会约稿之贵州部分的主要少数民族建筑，计有苗、侗、布依和水族。恰逢在这以前的20世纪80年代，曾随贵州省文物管理委员会的有关人员，多次去这些民族地区进行了建筑考察、测绘，又在1990年代的十年中，先后在深圳中国民俗文化村和北京中华民族园、河北涞水野三坡风景区、潮州美人城等处的工程设计中，付诸了实施和应用，皆是将所调研的素材取其精华地进行提炼综合，目的是使各地的本民族人多能找到其地方建筑的影子，而不是简单的仿造和照搬。

贵州的世居少数民族有17个，分布在全省各地，由于所处地理环境的不同，就形成了一个民族有多种建筑形式，或是多个混居民族的近似一种建筑形式。总之，都是以木结构为主的构架形制。

现在来看只有黔东南尚有丰富的林区，其实，在“大炼钢铁”前贵州遍地是古木森林，上个月考察了部分黔北民居，看到的梁柱都相当粗大，许多挑檐枋、门槛、镶板等多是0.4～0.5米宽的木材，均是20世纪50年代初新中国成立前后建造的，可见当时当地森林之遍布，惜哉现在已是荒山秃岭，人们连维修的木材都难以找到，只有任其朽毁，而条件好一点的人家则早已改建成平屋顶的砖房了，最终将导致这一形式的木建筑消失，后果堪忧。

今将苗族建筑、侗族建筑、布依族建筑和水族建筑等分述如下。

贵州苗族建筑

图4-2-1　六枝长角苗乡考察

苗族人口六百余万，分布在贵州、湖南、广西、四川、湖北、广东等省，主要聚居于贵州，有一半以上的人口。苗族遍布于贵州全省各地，其中以黔东南最集中，聚居着全国四分之一的苗族人，黔南、黔西南都是比较多的地方。他们都居住在边远山区，聚族而居。

苗族起源于黄帝时期的“九黎”，尧舜时期的“三苗”。“九黎”原是居住在黄河中下游的一个部落，与黄帝部落战争后而退入长江中下游，形成“三苗”部落，后又与尧舜的北方部落战争而逐步迁徙到川滇黔交界处和汉水中下游，后者被称为“荆楚蛮夷”。其中先进者曾建立楚国，后进者迁入黔、湘、桂、川、鄂等省毗连的山区，都发展成为苗族的先民。贵州逐步形成为全国苗族分布的中心。

苗族社会的发展是从原始社会直接过渡到封建社会的，而且发展得很缓慢。

苗族的村寨由于各地的地理、历史、经济、文化的不同而存在着许多差异（图4-2-1）。

在村寨的分布上：黔东南的苗族由于定居历史久远，又以稳定的稻作为农业经济基础，有条件实行大面积的高度聚居，故村寨的分布较密集，多数是二三里到五六里的间距。中西部苗族散居面宽，村寨间距大，之间又夹杂着其他民族，仅有一些小片聚居区，如三五村、七八村相邻。

村寨选址在有水源、燃料之地，并且耕地邻近是便于生产和生活的地方。大致是黔东南苗族村寨居溪边、田坝、山腰为多。黔西北苗寨多在山上或山腰地方。黔中苗寨则以山谷为多。村寨依形就势而建，呈不规则的形状，村寨的大小与耕地的多少、产量的高低及居住时间的长短都有关系，黔东一带居住密集，相对地人多寨大，从二三十户到三五百户，甚至如雷山西江为“千家苗寨”，三穗的寨头、台江的五岔也都是六七百户的大寨子。大寨在苗族的发展中起着重要的作用，由于历史悠久，往往集一片地区文化之大成。平时合款议事、节日活动等多以大寨为中心。战时又是强固的军事据点。中西部的苗民由于多数居住在较偏僻、较贫瘠的山区，所以村寨稀少，一般二三十户居多，百户以上的大寨则很少。

村寨又有血缘村和非血缘村之别。黔东南苗家因为聚居所以氏族制度残余较多，故多是一姓一寨或一姓为主的村寨。黔中、西部苗族长期散居，多姓同寨的则较多。

由于各地地质构造不同，如林区产木材，石山多石头，红土地出红土，因地制宜就地取材就形成了多种类型的民居建筑。如林区木板房多，或瓦顶或树皮顶。黔中、黔南一带有木板房、土墙房和石头房，用瓦顶、草顶、石板顶者多。黔西北原是莽莽的原始森林，老房也都是木板房，1958年大炼钢铁以后，只有村寨附近的“神山”还残存少许乔木，其余皆成为连绵的荒坡或丛丛的灌木，致使条件较差，木房瓦屋较少而土墙草屋较多。

按地形地势的不同可分为：平地民居、水边民居与山地民居三种类型。

一、平地民居

平地民居处于平坝河谷地带。多为四榀三间、一楼一底的穿斗木构架建筑。进深大者次间分前后二小间，进深小者次间不分隔，而明间后部带拖屋作厨房。传统做法正房是一明两暗三开间或五开间为一幢，居住层明间前有吞口（檐廊）（图4-2-2），适合多雨的气候。进内为堂屋，正壁供祖宗神位，后间为老人房。次间之一的前间作厨房，其他均为卧室。阁楼层为贮粮、存物之所。

猪圈、牛棚单独设置，或单层或双层，双层者下畜牛猪，上置柴草，四柱架空，屋面瓦顶、草顶、树皮顶以及石板顶者均有。与正房组合灵活。如建于平地处的黔北民居，正房为长三间，右山外接建牛棚猪圈与柴房，左山外单独建粮仓，并组成一小院，横向发展自成一种造型组合。又如黄平县台蜡坡寨，正房旁搭厨房，左设厢房，右建粮仓和猪牛圈，成为三合院式建筑组合。穿斗式木排架有五柱二瓜、四瓜、六瓜及三柱四瓜者。板壁为编竹墙涂以牛粪或黄泥石灰。明间堂屋内开双扇木板门、外开双扇腰门，门两边设花棂窗，堂屋正壁设香火案。次间为卧室和厨房。屋前置石碓、石磨、石礅等生活器件。

苗家旧式平房简陋，三柱的穿斗式排架，人字木上盖茅草或瓦，房屋矮小、修造简单，高度一般是中柱4~5米、檐柱约2.5米，进深3~5米。此种建筑在黔西北地区还有存在。

二、山地民居

黔东南、黔南、黔北一带林木多的地区，苗寨依山傍水，聚族而居，吊脚楼房鳞次栉比，寨前小河上架板凳桥，溪畔架立轮筒水车或建有高架水碾坊。后山古木参天，村头寨尾立有“保寨树”，寨门近处设有“岩菩萨”——土地庙。这就是典型的苗家寨所处的生态环境。

在那山高坡陡处，利用地势建有一种灵活多变的干阑式木

图4-2-2 遵义苗寨板刀枋挑檐、吞口

楼，有两种造型：一种为“半边楼”，一种为“吊脚楼”。吊脚楼乃“干阑”建筑的延伸，而“干阑”则是巢居的遗风。

半边楼：建在上下两个土石台上，前半部用长柱落于下台基上，曰“吊脚”。后半部用短柱立于上台基上，前半间楼板与后半间地面相平，俗曰“接地气”，苗家建房有“粘触土气接地脉神龙”的生活习俗，认为如此才会人丁兴旺、子孙繁衍，其实还保留先民对黄土地的情结。这种吊脚楼形成了前为楼房后为平房的半边楼，底部的吊脚支柱层装以板壁或嵌编竹或只设横木，内部空间可利用。

吊脚楼：遇陡坡高坎处，底层无法利用，木楼前部用长短不一的柱子置于原有自然地基上，形成七长八短的吊脚架空层，外部无围护，如踩高跷一样，好似木楼自地下生长而成，这即是“占天不占地”的干阑式吊脚楼的典型形式（图4-2-3、图4-2-4）。

民居多为三层，底层面积小仅能圈猪牛、安碓磨、堆柴草等用。二楼半虚半实，后部落地为实，设火塘砌炉灶。前部架空为虚，设外廊、堂屋及卧房，是全家起居活动的中心。堂屋前留吞口，内开大门上设木制牛角形连楹，门下设近半米高的门槛，以免“财喜”外流。腰门外开，门轴上也做成牛角形，意为神牛把门，万事大吉。顶部阁楼层停放杂物也可隔作卧室。

木楼多为三柱落地或五柱落地的穿斗式木排架承重，木板壁、木楼板、木楼梯、木门窗，甚至屋面为杉树皮者，全然名副其实的木楼。条件好者方为瓦屋面。通常地面仍为夯实黏土面层，讲究者用灰土、三合土以及石板铺地。

开间一般为3～3.8米，也有4米多的，进深5～7.2米，层高2.2～2.8米。中柱高达二丈二尺八寸或一丈八尺八寸等规格。

例如，雷山县郎德上寨四周环山（图4-2-5），倚山面水，坐南朝北，寨子北坡下横流一条望丰河，其上游、下游各建一条板凳桥以拦截风水。寨前沿河南岸一条乡村公路可达寨门。但见

图4-2-3　河北野三坡苗寨度假村（一）

图4-2-4　河北野三坡苗寨度假村（二）

图4-2-5　雷山郎德寨组合（苗居）

河中水车翻舞，河上板凳桥跨越两岸，对岸桥头树木成荫，乃是青年男女晚上"游方"的场所。回首望村寨，吊脚木楼层层叠叠地由山脚铺到山腰。寨门旁"保寨树"挺拔繁茂，多以枫、杉类能再生的树种选用，由其顽强的生命力来保寨平安。郎德的保寨树不仅仅是一棵棵、一窝窝，而是寨后山上的一坡坡保寨林。古人虽不如今人有那么丰富的环保知识，但他们从长期生产劳动中，已深知"林茂粮丰人长寿"的道理（图4-2-6）。

村落的布局是由90余户人家，50多栋房屋，7个家族，聚族而居。木楼布置疏密相间，有四条爬山路与公路相通，都能方便地与寨中铜鼓坪相连（图4-2-7）。路段既有山岩凿就的石阶，也有块石砌筑的台阶，更有卵石拼花的山路，美观洁净、交通方便。铜鼓坪为全寨传统文化活动的中心，原有坪地较小，不敷人口发展需要，即在该处新建了一座三间二层的木楼作为陈列室（图4-2-8），另在寨门近处新辟一地，长22米、宽17米，场中用卵石与片石拼镶成一个直径12米的大铜鼓面纹饰，中心处砌入一大石磨盘，寓意安如磐石，磨盘眼用以插铜鼓柱，在开展文化活动时便于挂铜鼓。

民居建筑多为曲阑回廊的吊脚楼，少数为干阑式全楼。典型民居是长三间三层楼，每排架为五柱落地，三上二下，即三柱立于上层两根前柱落于下层，形成吊脚柱半边楼。二楼明间带吞口深1米许，大门、腰门、棂格窗一应俱全。前设外廊宽约1米，明间为"美人靠"坐椅栏杆，苗语曰"安息"（意为小凉台）。其他开间设棂花、直棂栏杆，甚或最简单的木栏板。"干阑式全楼"建筑在平台地上，不吊脚谓之"全楼"。做法、样式皆同吊脚楼（图4-2-9）。

例如丹寨县大簸箕寨，位于三面环水的小石丘上，寨前南皋河迂回曲弯、寨后保寨树古木参天，寨中小山路卵石墁地。民居为穿斗木构架的干阑式建筑，尤其河边处吊脚楼连吊两、三层，河水大时下层吊脚淹入水中已成为水边民居了。寨内房屋错落有致地修建在用卵石或青石垒砌的台基上（图4-2-10），其开间视家庭人口和经济状况而定，自三到七间不等，多为三开间，通面阔12.34米，通进深7.67米，明间开间4.3米，次间4米左右，

图4-2-6 雷山郎德寨（苗居前廊燕子窝）（简家奎 摄）

图4-2-7 雷山郎德寨苗族铜鼓坪（简家奎 摄）

图4-2-8 雷山郎德寨（苗居）陈列室（简家奎 摄）

偏于宽大。屋架中榀为九柱增密，边榀七柱，层高较高，中柱高一般为一丈九尺八～二丈三尺八。

四排三间的楼房一般为三层。底层一边为畜圈，一边为灶房、农具存放。中层乃起居活动中心，明间堂屋设供奉祖先的神位，堂屋后壁不可开门，其后间供老人住，由次间进出。次间分前后，前宽后窄，前设火塘后作卧房，房前设外廊。上层自次间楼梯上下，作存粮贮物之用。有的柴房牛棚另建于住宅附近。

又如三都县境内的苗寨，民居形式有平房和楼房两种。都江地区多平房，建于台地上，仍保留有阁楼层，而粮仓与住房分开，单独隔离以防火。楼房多是二三层的干阑式全楼居，“上层储谷，中层住人，下为牲畜所宿”。其地形允许作平房时决不刻意作吊脚楼。只是建在大斜坡上时，方采用吊脚楼的形式。

三、水边民居

村镇河边常有民居利用“占天不占地”的地形条件，架空一部分在水面上，或者本是陡坡处的吊脚柱，遇涨水时则遭淹没柱脚，成为水上吊脚楼。其上部结构、功能与吊脚楼相同，仅是吊脚柱下基础需要进行处理，如立整根石柱于河底，上部露出水面一尺许，或利用河岸岩溶地貌，补砌块石柱礅等措施，尽量避免木柱被水冲淹即是。

水边苗居环境效果特好，前无遮挡视野开阔，后接地面使用方便。架空支柱与地形配合得如此完美，木石的关系刚柔相济。一年四季水涨水落，其空间效果都在不断地变化。（图4-2-11）

吊脚楼：这种木构架乃为支撑框架体系，即由架空的桩或柱等下部支撑结构和上部住宅组成的结构形式。它有效地结合了地形特征，减少了土石方量，施工方便。并具有房屋空间布置变化的灵活性和适应性，步架数量可随意加减，且每步架亦可按比例自由灵活地随意变化面宽、进深、高度，因而形式可达多样化。这种在有限的地段上，最大限度地利用地形，组织功能，争取使用空间，在基本不改变自然环境的情况下，对于基地的岩、坎、沟、坑以及水面都可以跨越，建造起既能适应地势又具有安全感

图4-2-9　雷山郎德寨（苗居）（简家奎　摄）

图4-2-10　丹寨大簸箕寨（苗居夹巷）

图4-2-11　丹寨大簸箕苗寨

的生活居住空间。

苗寨民居倚山顺势、因势赋形，形成了自然生长的形态，由于各户因势而建，寨内道路随地形而延伸，形成主干道垂直走向，支路水平发展的模式。虽然建筑布局自由无规划。却体现了人们保护生态环境的意识，做到与自然环境协调、融为一体（图4-2-12、图4-2-13）。

民居建筑需要在有限的条件下满足多种功能的需要。上中下三层的功能分区明确，方便使用方便生活，突出地表达了苗家的室内空间意念。如把堂屋放在住宅正中，空间高大宽敞，而且面积也最大，还有吞口、外廊的延伸空间，它是作为全家起居、待客、祭祖、红白喜事等不同使用要求的活动场所，聚会时往往要

图4-2-12　雷山西江苗寨（一）

图4-2-13　雷山西江苗寨（二）

图4-2-14　堂屋前留吞口作“安息”（苗族）（简家奎　摄）

图4-2-15　雷山郎德寨　民间为“美人靠”作“安息”（苗族）（简家奎　摄）

容纳三五十人，故在开间上要宽大，层高要提高，构造上采取了加多柱子（九柱落地）和加厚楼板（厚一寸三分）来加强其坚固性，以满足多种民俗活动及文化心态的需要。又如“安息”可供人凭栏远眺，或在此纺织绣花等手工劳作之用，外廊更适合当地多雨的气候（图4-2-14、图4-2-15）。

在贵州其他地区的苗族民居，还有土墙房、石头房等类型，其墙仅为围护结构，防寒隔热效果比木板壁优越，按传统的做法还是穿斗式木构架承重，即墙倒屋不塌之意。前墙还是木装修。可见以前林木丰茂之景象。 又如吊脚楼虽是经过漫长的历史年代发展演进而成的，但在黔东南一些苗寨都是从20世纪50年代才开始兴建的，之前许多地区还是住叉叉房和小平房，牛粪泥编竹墙的小屋。故民居的发展变化是动态的，不断改进和完善，以适应当时的生活需要和精神需求。

苗族建筑，除了民居以外还伴有许多附属设施，如寨门、粮仓、烤烟房、板凳桥等。

图4-2-16　凯里苗寨寨门桥

1. 寨门

寨门是一个界定寨内外环境空间的标志，通常在路边的保寨树、寨前溪流上的板凳桥、或立在村口的“岩菩萨”等都可具有寨门的功能，即便建了门楼也是不设门扇勿需关锁的。

如作为露天民族风情博物馆的雷山县郎德上寨，就建有三座小巧玲珑的门楼，虽然造型各异。但都是木结构小青瓦屋面的，与寨内民居材质、色彩一致。其形如牌楼或状如凉亭，牌楼式寨门为悬山顶，凉亭式寨门屋顶造型特殊，为四阿重檐悬山顶，前为八字门墙，后为四柱凉亭，两侧分别设有“安息”，可供人小憩纳凉，谈古论今，富有浓厚的生活气息。寨门是村民迎来送往唱拦路歌、敬拦路酒的地方，送客时亦在此对唱送别歌。这些寨门均是80年代开展旅游以来新建的（图4-2-16）。

大多数寨子是无寨门的，需要时在路上一边插一棵青竹，上端弯在一起，形如拱门，则“寨门”就形成了。

2. 粮仓

苗寨粮仓的位置多离开住房单独设立，以免火灾时受损而影响生活。也有将粮仓并入厢房，与正房组成两合院、三合院。如大簸箕寨将粮仓单独设在住宅附近，不少是设在寨子集中的地方，如郎德上寨一般是布置在水塘或水井周围，防火方便。有的地方则建在寨边，甚至如荔波一带将粮仓建于田边地角。总之，越偏远的地区粮仓距离越远，这同该处社会风气有关。 按类型可分为高脚仓和矮脚仓两种。

高脚仓：在黔东南、黔南一带较多。为干阑式木构架，四柱架空如凉亭，底部高约2米，位于住房近处时，还可利用其底层空间作猪圈、堆肥等用。仓间平面多为方形或长方形，边长在2.2～3.5米左右。山柱间穿枋为梁，上搭放枕木，立山架、铺楼板，板壁横装、嵌于木柱中，仓门框内嵌活动横隔板，以方便装卸。顶部为悬山顶或硬歇山顶，屋面铺瓦、铺草或盖树皮。有的仓外前后立挑檐柱、设外廊，以便于置放米具和上人操作，同时还可加大挑檐防雨。又常在木柱中段梁下皮设置直径1～1.2米的圆木板或石板，作为防鼠措施。

矮脚仓：做法同上，只是架空部分降低，距室外地面仅抬高0.5～1米左右，下部不便利用，仅起防潮通风的作用。黔北一带有的矮脚仓前也带有小外廊，只是无有防鼠措施。

3. 烤烟房

苗寨烤烟房通常建于村边路旁或村外的山头上。以夯土墙为多，极少是木板房，如郎德上寨为横装板的木板房，内吊平顶、上盖杉树皮的烤烟房比较少见，只因其保温、隔热性能大不如土墙。常见的版筑土墙房为矩形柱体，长宽在2.5～3.5米之间，高约4～5米，墙厚自下而上为0.45、0.4、0.35米逐级收台，屋顶则为悬山草房。外设灶口和烟囱，内在地面上绕圈铺砂管或陶管，以使热量均匀上升达全室内，两长墙内侧固定数排细圆木，以搭放烟叶排扇。主要是在八、九月份收获烤烟的季节使用。

4. 板凳桥

在林区的苗寨常架设板凳桥来解决河上交通之功能，这种桥就地取材，全是用圆木堆架，施工方便但技术性很强。有两种结构形式：一为简支式；一为悬臂梁式。桥礅皆以如板凳腿式的木排架插立于河中，上架大圆木，做法如同侗寨花桥的桥身梁架，只是无亭廊而已。

如郎德上寨的门前望丰河上，就架有两座木桥。靠下游的那座比较大，乃60年代建成，桥长36米，桥面宽2米，离水面约4、5米高。长跨用悬臂梁架，短跨用简支梁架，应用十分灵活。桥身全由大杉木搭成，上面铺木板，两旁设有1.1米高的横栏杆。虽经数十年的风吹雨打，木桥依然坚固如初。

靠上游的是座小木桥，由两根半米粗的杉木和几根细小杉木搭成。桥长30米，宽1.3米，设有栏杆，但未铺木板。

简支的短跨板凳桥亦可连续组合成长桥，甚至还可以转弯成折桥，可长可短适合山区建设，但不宜在水急处使用，遇此常用巨卵石堆垒脚架，以免被水冲毁。

在贵州省苗族是一个大的民族，由于人多分布广，除黔东南比较集中外，多是与在黔的其他少数民族村寨为邻，甚至杂居一寨交往密切，因之，其建筑文化也同周围的兄弟民族有着长期的交流，而因地制宜就地取材地出现了许多土、石房，但仍保留其木材作为承重构件，其他材料仅作围护墙用。半个世纪以来，随着原始森林的减少甚至消失，许多石山裸露、沙化，生态环境遭到巨大破坏。原为木干阑式的建筑就只有利用土、石来代替了，从而形成了多样化的苗族建筑类型。

参考文献：

[1] 黄文. 黄平苗族寨台腊坡. 贵州文物. 1998，1.

[2] 侯勇. 千户苗寨——西江. 贵州文物. 1999，3.

[3] 巴娄. 自然环境与苗侗建筑. 贵州文物. 1999，3.

[4] 简家奎，吴正光. 丹寨石桥大簸箕寨的苗族民居.

[5] 贵州文物. 1985，1.

[6] 贵州省文物管理委员会. 贵州省文物工作资料汇编（第9、10集合集）. 贵州：贵州省文物管理委员会，1985.

[7] 雷山县民族村寨调查组. 雷山郎德上寨简介.

[8] 黔东南文物.（2）

[9] 吴正光. 苗村侗寨印象记.

贵州侗族建筑

分布在我国西南部的侗族，主要居住在贵州、湖南、广西的毗连地带以及湖北西南角。共251万余人，其中贵州占全部侗族人口的56%，大多居于黎平、从江、榕江、锦屏、剑河、天柱、三穗一带，其余则居住在湖南的新晃、通道、城步等县和广西的三江、龙胜、融水等县，湖北的咸丰、恩施等县。分布之地还经常与汉、苗、壮、水、瑶、布依、土家等兄弟民族杂处。长期以来在彼此的交往中、文化交流中互相交融吸收，共同发展。

在这方圆数百里的侗乡，是一个山水交相辉映的区域，属长江与珠江的两大水系，山高林密盛产杉木，为其木结构的建筑提供了丰富的材料。气候湿热为其“干阑”式的建筑造型得以发展。

侗族有悠久的历史，系古越人后裔。原是秦汉时期居于苍梧地区的百越人，后按氏族、部落成批有组织地迁徙，乘船筏沿西江上溯而达今湘、黔、桂交壤地区定居下来，就地演进而形成侗族。他们的文化主干自是越僚文化，以稻作、建“干阑”、习水用舟为主要。适于苍梧沿海地区的生态环境，为人们的生存发展所必不可少。

1. 聚落模式

侗族世居地域处于贵州高原东部边缘向湘、桂低山丘陵盆地过渡的地带，所处的地形从总体上看属于山地范畴。在大山中有许多河流贯穿其间，在山脉和河流交汇处形成大小无数、形式各异的小盆地。在这里建起村落，而且大都坐落在靠近河岸两边的田坝周围，交通便利。依山傍水是传统村落的基本特点。选择山谷中的小平坝、河谷台地或平缓的坡地作为聚居村落的地址，这与侗家人以稻作和营林为主要生计的山地民族文化相关。倚山可收林木之利，建房烧柴有保证；傍水可种田、养鱼、通舟、放排等生产、生活之需。故选址在河谷盆地、低山坝子、缓坡台地或山泉较为充足的半山隘口地带，青山环抱碧水长流、而又避风向阳为其主要特点。根据村寨坐落的地形地势差别，侗寨大致可分为三种类型：

（1）山脚河岸型

背山面水，沿河岸山谷串联着许多大小村落，由于山谷耕地少，村寨不可能占地很大，明显地发展成为内部紧缩状态，当建筑密度达到一定程度就会分出小寨选址新建。如贵州从江的高增、小黄一线，黎平的肇兴、牙双，榕江的保里、八吉等村寨都属此一主导类型，占侗寨总数的八成以上。

（2）平坝田园型

在支流汇入主河道的交接处，地势一般比较平坦开阔，村寨通常建在坝子中地势稍高之处，与周围的田园形成俯视和辐射形态，宅居分布格局较规整，常常按氏族或世系群分片居住，空间上经纬分明且统一和谐。如贵州榕江之车江，平坝四面环山，南北长30余公里，东西宽10公里，三条江河汇聚，人称“车江万亩大坝”，村寨之间相距三五里，形成一片庞大的村寨群落，寨子与田园与自然山水环境融为一体。其他如天柱的五家桥寨，也属于此平坝型村落，该类型约占侗寨总数的一成半。

（3）半山隘口型

此类村寨形成时间较晚，规模亦小，多是因老寨人口过密、耕地过少之故而分化出来的居住点，俗称“子寨”。一般在水源充足的半山腰和山坳口，居地位置险要，房舍沿等高线分布，高低错落、鳞次栉比的吊脚楼排布于山脊，重重叠叠，构成立体的层序空间。如从江的归柳上寨，黎平牙双的岑寨，榕江八区的宰大等都属于这一类型的侗寨。

除了依山傍水，侗寨还十分强调聚族而居的原则。侗族具有较浓重的群体意识，以合群聚居为荣，故侗寨少则一、二十户，多达数百上千户。或单一姓氏房族组成，或一寨数姓而以一姓为主者。如榕江车江的车寨就号称为“千家寨”，从江的龙图、贯洞素有“八百龙图七百贯”之称，黎平的肇兴也称谓“千家肇洞”，以及纪堂等都是著名的大寨子。聚族而居一则便于生产生活上的协作，二则便于团结御侮，体现了侗族民俗社会的适应性。

2. 聚落布局

因受自然地形地势的限制，难以有规则的平面布局，但也有其布局规律和特点，使村落有突出的民族特色。一般由民居、鼓楼及鼓楼坪、戏楼、花桥、祖母坛、粮仓、鱼塘、水井、晾禾架及寨门等建筑要件共同组成。置身其中可见民居沿着山势层层延伸，那前虚后实的地基所形成的“占天不占地”的剖面，木楼吊脚如从地上生出一般，有力地向上生长二层、三层甚或四层。由于地形千变万化，又因不同的时间不同的工匠处理，它们所组成的空间就出现了上下前后错落有致的特点，致使寨中道路无定局且变化多端。更因组合的不同而形成了多样的布局空间，结合山势、河溪、古树等自然环境，而形成了各寨的皆不相同的画卷。

布局虽无定规，但有一个共同的特点：村落都坐落在向阳保气避风之处，周围都培植有风水林木，多数寨子有寨门，内辟公共活动场地作中心，建有鼓楼、鼓楼坪、戏楼、祖母坛等，条条道路都通向这里。周围民居木楼与它们组合的浑然一体，又与寨外的花桥、凉亭相呼应，组成一个和谐的建筑群体，丰富了总体轮廓。

公共活动场所齐全的如从江贯洞，据传为秦娘美的故乡。寨边水田上架设七间花桥，桥外端近处有牛头泉终年吐水不断，内端紧邻岸边鼓楼，楼前有鼓楼坪，对面建有三间戏台，台后侧设“祖母坛”露天神坛，两侧各置四排干阑式民居。鼓楼坪虽处寨中，但民房前后小路四通八达直出寨外，人流集散甚便。在此人们可歌舞看侗戏，可祭祀神祖，可欢迎客人。而花桥与坪有鼓楼相隔，水上廊桥宁静，人们在此休息社交，迎送宾客，长桌聚宴，谈情说爱，已远远超过其“桥”字的功能含意了。

远望侗寨依倚青山、林木葱茏，面向河溪梯田纵横，屋顶青瓦漫漫或杉皮片片，在这参差错落的木楼衬托下，鼓楼矗立、花桥卧波，一个高耸在沉稳的楼群之上，一个舒展在明快的田野之中，此可谓侗乡布局之概貌。

（1）侗寨鼓楼

鼓楼是侗寨中别具一格的建筑物，是侗寨的标识和村落灵魂的体现。它一般建筑在寨子的中心或寨门附近，在南侗方言地区，基本上每寨都有，多按房族建鼓楼，杂姓者则按居住地段范围联合共建鼓楼。如黎平肇兴寨有五大房族，而形成仁、义、礼、智、信五寨五楼林立，从江高增则三楼鼎立，黎平纪堂上中下寨亦各有一座，其他两座者也为数不少（图4-3-1～图4-3-4）。

鼓楼是一种穿斗式木结构建筑，不用一钉一铆，造型各异。平面可分为四边形、六边形、八边形以及它们的组合，通常如底四（边）上六（边）形、底四（边）上八（边）形等。屋顶有攒尖（四角、六角、八角）和歇山、悬山之分，还有单檐亭顶和重檐亭顶及少数叠顶等造型。立面上又有厅堂式（卡房）、楼阁式和密檐式及少数门楼式的鼓楼（图4-3-5～图4-3-10）。

从其发展演变上分析，伴随各个氏族的长途迁徙，当择地定

图4-3-1　黎平纪堂鼓楼戏楼（侗族）

图4-3-2　黎平鼓楼

图4-3-3　黎平义寨鼓楼（侗族）

图4-3-4　黎平智寨鼓楼（侗族）

图4-3-5　从江鼓楼（侗族）

图4-3-6　从江侗族鼓楼

图4-3-7　黎平九龙下寨鼓楼（侗族）

图4-3-8　黎平九龙上寨鼓楼（侗族）

图4-3-9　黎平万江鼓楼（侗族）

图4-3-10　黎平堂安侗寨鼓楼

图4-3-11　黎平花柳鼓楼（侗族长鼓立于底层一角）

居后就需要有一个聚众议事的公共场所——卡房随之产生。厅堂式乃早期的鼓楼形式，适用于最初的寨小人口少之情况，为单檐或重檐。随着寨子的增大，卡房已不敷适用，空间要求宽敞，高度随之升高以俯览全寨内外，即形成楼阁式或密檐式的鼓楼造型，如从江庆云寨鼓楼和银粮寨鼓楼即为楼阁式，为数亦属少见。密檐式鼓楼集塔、阁、亭于一体，具宝塔之英姿、阁楼之壮观，为侗寨鼓楼的主导形式。重檐数为单数，高者达十三、十五、十七重檐。剖面上看重檐虽多，但通常仅为一层。门楼式者多为二层，其下为干阑式架空支柱层，兼作寨门通行，上部方为集会厅堂，以其特殊的造型丰富了村寨入口的空间环境，此例较少。

鼓楼楼身一般不分层，可仰望至顶，顶部悬挂长鼓，或设亭顶挂长鼓，但也有将鼓作架立于楼内一隅者。当顶部挂长鼓时，一般在中柱处立独木梯攀援而上，讲究者设楼梯登临（图4-3-11、图4-3-12）。

现存鼓楼大多建于清末民初，时间不过百年左右，少数鼓楼如从江则里鼓楼建于清道光年间，增冲鼓楼建于清康熙十一年，距今已三百多年的历史，为十三重檐八角攒尖顶，通高20余米，楼身有三层回廊，木楼梯可登临上部置鼓层。它是年代最早、体量最大、工艺最精的一座。其他如从江信地鼓楼、黎平纪堂鼓楼等清代建筑都被列为国家级和省级文物保护单位。

其功能多样，是聚众议事、击鼓报警、迎宾送客、摆古休憩、吹芦笙踩歌堂等群众性活动的场所，是一个“冬烤火、夏歇凉、聚众议事共商量”的好所在。无论其雄伟敦实，还是秀丽挺拔，都能在造型上成为村寨的控制中心，并丰富了村寨整体的外轮廓，它在整个村落建筑文化中占有十分重要的地位，也是侗族建筑艺术的最高体现。鼓楼建筑成为侗族文化的主要物质载体。

（2）侗寨花桥

风雨桥，顾名思义是在桥上建廊亭以供行人遮风避雨，还可

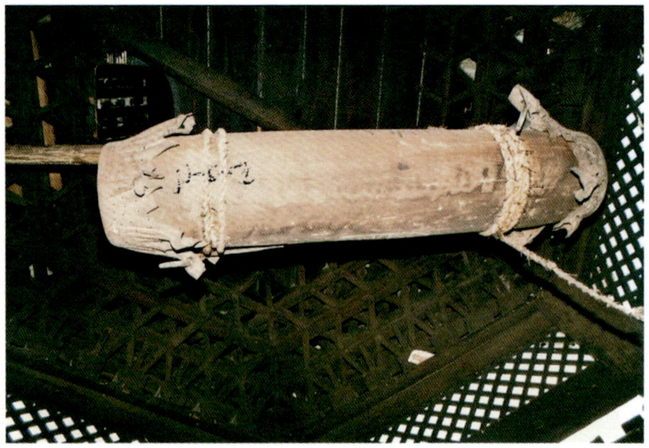

图4-3-12　长鼓挂于亭顶（侗族）

图4-3-13　黎平侗寨

图4-3-14　黎平肇兴义寨鼓楼花桥

保护木桥梁。全国各地古已有之，但都不及侗乡集中和普遍，河多水多桥自多，仅在贵州就有四百余座之多，桥架于田间溪流或大河要道处，俗称“花桥”，以别于其他民族地区。花桥亦是侗寨特有的建筑物，但绝无鼓楼的宗法色彩。其功能并不单是交通一利，尤其位于寨旁者还兼作寨门之用。

花桥上可举行芦笙比赛、拦路迎客、节日聚餐等活动，是寨内外重要的交往空间，平时则作为休息纳凉及青年人谈情说爱的好场所。

在总体布局上有“堵风水、拦村寨”一说，认为花桥是培修风水的吉祥之物，建在村头寨尾的花桥可以截住龙脉，不使财富随水流走。

不同的花桥长短繁简大有差别。如黎平的“跨河风雨桥”即是高架于南江河上的地坪花桥，长56米，廊宽3.85米，为三亭四廊式，一礅二台两跨的木悬臂桥梁，其上彩绘、彩塑丰富多彩，乃名符其实的著名花桥。虽其长度不为最，但其规模和造型上都属于最大最美之列。该桥始建于清光绪年间，至今已百余年，为国家级重点文物保护单位。而“田间风雨桥”可长可短，皆由具体环境所定。小桥从一跨的三五米长的廊桥、亭桥到数十跨延续上百米的长桥皆有，宽度则为2～4米不等（图4-3-13、图4-3-14）。

桥体乃由屋顶、桥面、桥身、桥礅四部分组成，各部分均有多种变式。如屋顶小可单檐、重檐、叠顶，大可竖起形似鼓楼的七重檐亭。顶亦有攒尖、歇山、悬山等式样，丰富了上部轮廓。桥面廊柱分单排与双排两种，单排者仅设护栏，双排者柱间可加设坐凳。简者无腰檐，繁者又悬挑腰檐以护木梁，免遭日晒雨淋。

结构上，虽同是圆木桥身却分两种受力体系：悬臂排梁式和简支排梁式。

桥礅台常以块石砌筑，礅身有收分，迎水面做分水。礅上放置枕木排架设双挑悬臂梁，如天平状自可平衡。而岸台处所设悬臂梁为单挑，则需要作锚固嵌压处理。岸台或石砌或利用天然山岩。为增加礅台上的嵌压重量，更筑亭楼居其上，将造型与使用功能统一，从而达到了完美的建筑技艺效果。

此外，在河水浅处还有木支架的“板凳架”式的廊桥，或石拱桥体的亭桥、楼桥。有的甚至作复廊或者层廊式桥，便于人畜分道通行。

在这种木梁礅台的结构组合中，自然就会产生出廊亭串联而架空的独特造型来。如前述地坪花桥，其两跨一长一短，因之三座亭楼形成不对称布置，一改对称单调的构图形式而倍显活泼。中间亭楼为七重檐四角攒尖亭顶，顶檐下密置如意斗栱，亭柱间设棂格窗，更加突出重点，两边亭楼为五重檐歇山顶，起到了衬托和丰富造型的效果。廊亭内绘有二十多幅侗乡风俗画，亭脊塑宝顶，廊脊塑二龙戏珠，真乃名副其实的花桥。

侗寨花桥中的亭楼造型与鼓楼一致，屋面多以小青瓦盖顶，边远处亦有杉树皮盖顶者，都与民居用料、色彩相统一。鼓楼的高耸和花桥的舒展，共同构成了侗寨建筑的特殊艺术风貌，与侗乡的淳朴民风谐然一体，展现了侗族文化和历史，充溢着浓厚的民族性及地方性。

（3）侗寨民居

侗寨成片的干阑式民居多建于坡地上，倚山就势，充分利用了复杂多变的地形，或悬挑或垒台或架空，产生了与环境有机结合、融为一体、造型质朴的建筑形式，充分体现了因地制宜、就地取材的建筑法则。

民居利用坡地基本有三种方式：

①半挖半填，筑平台作干阑式木楼。

②利用斜坡吊脚架空的半边楼，或楼层从背面直接出外的贴坎建筑。

③贴岩、附崖、跨路、架溪的杂式木楼。

这几种利用地势的落差，使得木楼形成轻巧、通透的效果，与山崖的厚重、坚实形成鲜明的对比。

寨中溪水、道路自然延伸，往往横穿建筑底层或一角，或于建筑之间通过而与建筑有机地结合。实际上多是后来人口增多，逐步扩建、见缝插针地形成的开门处抹角以求得良好的相位。因而，形成在统一风格中产生出多变的民居形象。村寨是逐步扩大的，道路也是长期逐渐扩散延伸的，并且结束于自然环境之中。一般主干道是垂直等高线走向，各支道常沿等高线水平布置。路面就地取材用鹅卵石或块石或石板铺砌。

为适应湿热气候，民居多为干阑式建筑，有利于防潮通风，避免虫兽危害，同时也利于山洪排泄。防雨措施皆选用坡屋面，适当提高坡度，作深出檐或层层悬挑，形成上大下小的形状；或前后设腰檐、山墙加披檐等方法。由于地处林区，有丰富的杉木与松木资源，可供建造木楼。从三柱两瓜的小房到四五十柱的“干阑式长屋”都有，一般以五柱八瓜前后吊的三间房居多。其建筑形式可分为高脚楼、吊脚楼、矮脚楼和平地楼四类。

①高脚楼又称为“干阑式楼”。以黎平、从江、榕江的南侗方言地区的山地民居为代表。楼高三至四丈，二至四层不等。

底层为架空支柱层，作杂物、养禽畜、贮农具、置碓磨等用，亦是楼梯出入口。柱间或是敞开，或用栅栏、板壁围护，空间分隔十分灵活（图4-3-15）。

楼上居住层，通常采用挑廊、通窗、栅窗等作半开敞的宽廊，成为一个扩大的堂屋空间。廊宽2.5米至4米，沿前檐柱装有长条坐凳，为一家起居、待客、纺纱织布等手工劳作之所。后半部为内室，明间作堂屋设“祖宗”之位。火塘间是阖家齐聚取暖炊食之处。两侧卧室处于安静区，以小间为主，一床一间私密性强，卧室只开小窗，封闭式，适于冬季防寒以减少冷空气的侵入。两侧偏厦一作楼梯间，一作姑娘房或贮物间。

屋顶阁楼层利用坡顶空间，或镶板、或编竹分隔，以供小孩居住；或开敞以堆放杂物、贮晾食物等。

②吊脚楼是高脚楼的一种变体楼房，建于陡坡、河坎上。后部与坡坎相接，前部用木柱架空，形成长短不一的吊脚柱，可全

图4-3-15　从江侗寨民居（简家奎　摄）

吊脚亦有半吊脚者，是前虚后实的楼房，既保持楼居的传统，后部又形成接地的平房，入口设于坎上，或利用偏厦通前廊作入口，无须楼梯上下，是一种典型的“占天不占地”的建筑类型。

③矮脚楼亦是干阑式建筑的一种。通常为四排五柱三间二层楼，一层的木板楼面架空，设有堂屋、火塘间和卧室。二层作仓库和卧房，两山设偏厦，一端为楼梯间，一端为灶房。畜舍、柴房另建。此种楼多分布于北侗区和靠近城乡的南侗区。

④平地楼分布于近县城或乡镇的地区，是一种平房加阁楼层的楼房，地面多为灰土或石板铺面。一层为居住空间，有堂屋、卧室、火塘间，上层仅为贮物之用，简单的只搭棚板而无楼板，故通常不能住人。

在北侗地区有一种“开口屋”，即在平地楼前加出一二步披厦，上设腰檐，它增加了建筑的进深，加深了堂屋吞口和次间卧室。常与左右厢房组合。谷仓建在房前或设于阁楼上，畜禽栏圈则另建于屋后或房侧。

结构形式与建筑特点：

①以干阑式穿斗木构架为主要结构形式

②屋架承重。墙体只是用以围护和分隔空间，用木板镶嵌于构架中，通常上部装竖板楼下装横板。

③利用木结构悬挑的灵活性，可层层出挑、或单面挑、前后双面挑、甚或四面挑，以扩大使用面积并形成多种造型，丰富了建筑外观，在统一形式的建筑群中，每幢都有不同的变化。

④屋顶以悬山为主导形式，或加山檐成假歇山式，或在二楼上设腰檐，均属于树皮屋顶的遗构造型。在交通方便处亦有少数歇山顶或四坡顶，以及个别的马头山墙，多是受汉族地区建筑的影响所致。由于地形复杂，则屋顶可组合成叠山、叠檐、披厦等造型，形成了屋面错落、构架自由、轮廓丰富的效果。

⑤立面造型强调水平线。上部大面积的屋顶，由于二层的腰檐更加强了屋顶的水平份量。前廊悬挑、设栏板，都是突出了水平的舒展效果。

⑥屋面的小青瓦或偏远地区（如从江丙梅、腊俄等寨）仍有不少杉树皮屋顶的“杉木寨”。色彩、质感与自然山林融合一致，充分体现了利用自然、改造自然、谐调自然的环境意识。皆属于迁徙时的原生态形式，新中国成立前多数村寨皆如此。

⑦入口设置灵活。可室内设楼梯在山墙一角或山墙外偏厦内，亦可设室外楼梯在正面进入或山墙进入，皆依地势灵活设置。户内上阁楼的梯子常用锯齿形的独木梯，移动方便不占空间。皆属于迁徙时的原生态形式，新中国成立前多数村寨皆如此。

⑧宽廊适合当地温热多雨的气候条件，花桥上有全寨的长廊，民居中有各家的宽廊，这种开放式的格局，也可看出侗家人那种崇尚自然、重视环境的良好风尚。

⑨典型的民居一般为三间房配偏厦，二楼一底的木楼，具有

单幢建筑多种使用功能的特征。其居住方式摆脱了地面居住的束缚，将楼层作为日常起居的主要场所，以抬高居住层面的方式与外界隔离，建立起安全感。这是地域环境和民族文化特质形成的，既适应起伏变化的地形，又适应湿热的气候特点，使得居住环境质量得以提高。

配合住房的还有“干阑”式粮仓。在南侗地区各家粮仓集中建于寨边，形成粮仓群；或分散架设于水塘中，既防火又防鼠害。

牛棚也建于寨边甚至在田头地角设牛棚，可减少运肥之劳。由于该处本是礼仪之邦，无偷盗现象，故能如此设置。

晾禾架排立于房屋前后或路边寨边，秋收时节挂满稻禾，犹如金黄色的风帆片片升起，自成一景。

此外，作为界定空间范围的寨门，则造型多样，繁简差异较大。如牌楼式的寨门，青瓦檐下如意斗栱数排，四柱八字门。或带门廊者设有坐凳。有的寨则把花桥入口建成牌楼门，合二为一成为桥门。简单者为二柱一梁上盖树皮即是。但还有不少寨子无寨门，仅以小平桥或路边的保寨树、村口的“岩菩萨”作为标示而已。

侗寨戏楼多，常与鼓楼、鼓楼坪组合在一起，构成寨内的活动中心，干阑式建筑屋顶盖小青瓦或杉树皮。一些戏楼建在水塘上，既节约土地又防火，音响效果也好，自是台下鱼欢台上人唱，又是一番特有景象。

其他如利用水利架设的水车灌田、水碓舂米、水碾碾米等都和这自然环境结合得十分完美。这些建筑和设施共同谱写出生机昂然、民俗浓郁的侗寨风情之歌（图4-3-16）。

图4-3-16　贵州侗寨调研测绘（简家奎　摄）

参考文献：

［1］冯祖贻等. 侗族文化研究：民族文化研究丛书. 贵州：贵州人民出版社，1999.

［2］贵州省文管会办公室. 侗寨鼓楼研究. 贵州：贵州人民出版社，1985.

贵州布依族建筑

贵州布依族人口260余万人，主要分布在贵州省的黔南、黔西南及黔中地区，位于乌蒙山脉南麓、苗岭南部和西部。地势北高南低，由贵州高原过渡到桂北丘陵地带，境内山峦重叠、丘陵起伏、河流纵横、地势复杂。主要河流是南、北盘江、红水河、三岔河、都柳江等，属于珠江水系。多处于喀斯特地貌，溶洞、暗河、瀑布众多，如黄果树瀑布群、龙宫溶洞群及花溪、红枫湖等风景区便镶嵌在这千山万壑之中。整个地域属于亚热带和温带气候，冬温夏热、雨量充沛，南部为湿热环境，西部则干湿季分明。

南北盘江与红水河流域，系布依族最重要的发祥之地，古时自然生态环境十分良好，故其先民定居于此。布依族的起源亦是古越人的一支，夏商时越人活动在长江中下游地区，后来大批南移，遍布长江以南至东南沿海地域，俗称“百越”。其中转移到桂北、黔南一带的越人，是“垦种山谷中田地的人”，被称为“骆越”的一支，布衣语里“布”即“人”，布衣即古越人之意。

体现农耕文化的住宅建筑，其发展过程都与所处的自然地理环境、生产方式、生活文化等因素相关。从贵州的分布区域可明显地看出来。居住在黔南林区一带的布依寨为木结构的“干阑式”楼居，住在黔南、黔西南红土地带的布依寨则为木构架土墙，而在黔中地区镇宁、安顺一带的民居则为木构架的石头房，贵阳、惠水一带则为木构架镶石板墙。所以，不同地区建筑方式及建筑造型亦不同，这都反映了就地取材，因地制宜的原则。

由于是古越人的后裔，就有其民族系统的文化特征，其中一是稻作，一是住干阑房。正如《博物志》云：“南越巢居，北朔穴居，避寒暑也”。是巢居演变为干阑的，是狩猎经济进入稳定的稻作农耕生产以后形成的。现今所处地域古时森林密布虫兽繁多，营建干阑楼人居其上，既避虫兽侵害又避潮湿瘴气，是对自然环境所作出的选择。随着农业的不断发展，建筑技术的逐步提高，人们需要更多的地方存放农具和饲养禽畜，于是把底层圈围起来，形成“上以自处，下居鸡豕”的空间格局。自汉代以来，布依族地区“人栖其上，牛羊犬豕畜其下”的干阑楼居建筑已普遍存在。明洪武调兵征南，大批汉民迁入该地区，所建平房省工省料，为一些地区所接受。因之布依族的传统住宅建筑风格而有所多样化。同时汉族的风水文化也迎合了布依族朴素的自然观，追求人与自然和谐统一的目标，建房时不但要依山傍水找好靠山，还要选好向山，更要推算“动土吉日”，使房屋也有生命的象征，与人在宇宙时空上是同一的。

建筑群落与宗族制度有着不可分割的渊源关系，布依族住宅建筑单家独户者极为少见，多以十几户到百十户聚族而居，同宗同姓者组成一个自然村寨（近百年来才有杂姓村寨）（图4-4-1），这种建构模式受其农耕生产方式的影响，又是传统宗族制度的内在凝聚力的表现，便于对内相互协作，对外抵御外侮，并且还具有强烈的排他性，以维护其宗族的纯洁，在建筑上也表现得十分明显。如黔南惠水一带，招女婿者要另立房屋在村边，而且建筑高度要低于家族中的房屋。

布依族的传统社会结构是：个体家庭—宗族—榔团联盟。宗族可分“大宗”和“小宗”，有族长。旧时村寨既是一个联合自治的组织，又是一个军事组织，为防盗匪及他寨攻击，各村寨都建有一定的防御设施，村寨周围砌有石墙或植物墙。如贵阳花溪镇山村，围有石墙和城门。许多寨墙边种霸王鞭、黄刺花、刺竹等荆棘，产大楠竹的地方，周围还栽有楠竹作护墙，甚或有的村寨把御敌工事设在村后的岩洞附近，利用自然地形抗敌。

榔团联盟是一种地域性的自治组织，小榔为几个毗连的村寨组成，大榔为跨地域数十、上百里的上百个村寨组成，实是地缘组织与血缘组织的叠合。榔团无常设机构，村寨即是榔团的基层组织，在每年的农历三月三或六月六为祭庙神日期，各家齐集寨口土地庙处，祭祀活动完毕后，即在此共商全寨大事或制定村规寨约，榔团大会则议定榔规团约。

除了物质文化以外，还有其观念形态的精神文化，布依族的宗教信仰，是以原始宗教为主，即以多神崇拜为特征，包括自然崇拜的土地、山神、水神、虫神、火神、树神（护寨树如榕、榔、枫香等）以及山石性崇拜和包括对龙、蛇、鱼、竹的图腾崇拜，还有祖先崇拜、原始巫术等。

图4-4-1 布依族民居（白云上水寨）

在这种农耕文化的影响下，随着自然环境的差异，布依族的建筑文化也有所不同，主要表现在住宅建筑上，大致有四种不同的构造和类型：木板房、石板房、石头房、土墙房。

一、木板房

木板房是布依族传统的住宅建筑，具有浓厚的地域性和民族性特征。明代以前森林遍布，这种木结构住宅在黔南、黔西南地区十分普遍。此类建筑为穿斗式木构架、木板壁、木楼板及小青瓦屋面。分“落脚型木楼”和“吊脚型木楼”两种形式及其组合，均属木干阑式建筑。

落脚型木楼建于台地上，多为长三间，亦有长五间、长七间者。分上下两层和阁楼，底层为架空支柱层，作为畜牛豕、存农

图4-4-2 兴义布依族八卦寨

图4-4-3 布依族民居（白云下水寨）

图4-4-4 兴义布依族民居

具、堆柴草等用。上层为居住层作堂屋、卧室、厨房之用。屋顶阁楼层则堆放粮食和制品，每幢房屋就是一个独立的天地（图4-4-2）。

吊脚型木楼常立在坡地上，地基作上下两级，前低后高。前间柱吊脚于下级地基上，后柱立于堡坎上，形成上人下畜的“半爿楼”。明间前部为堂屋带吞口，吞口深1米许（图4-3-3），大门为双扇木板门，堂屋正壁设神龛，作供奉祖先之用，后间为厨房并开后门，次间分前后两小间，安置卧室或织机房等；底层用石块或木栏、编竹等围护作厩，置放碓磨、农具等；屋顶阁楼上堆放粮食，人口多者也可住人，一般不分隔，讲究者用木板壁或竹笆墙围护。山檐或设外廊，还有的架设晒台，日间可晾晒物件，夜晚又可纳凉小憩，是一种舒适而富有民族情趣的建筑类型，这在黔南偏远地区的布依人多居住此类建筑（图4-4-4～图4-4-7）。

图4-4-5 荔波布依族寨

图4-4-6 兴义布依族八卦寨

图4-4-7 兴义八卦寨

二、石板房

在贵阳、龙里、惠水一带处于林区和片岩山区地域，既有穿斗木构架的造型，又充分利用该地盛产的薄石板10～30毫米厚——合朋石作围护材料，形成贵州十八怪之一的“石板当瓦盖”的屋面和木构架镶嵌合朋石的墙体，合朋石的地面、合朋石的水缸以及用合朋石垒筑的围墙这又是一种特有的建筑形式，木石组合形成了不同质感不同颜色的对比效果，如花溪镇山村布依寨较为典型。由于该处水成岩层理明晰取用方便，平板到平毛石丰富。

镇山村位于花溪河上游，河道从天河潭而来，在寨前急转了个直角拐向半边山而去。在这直角地带的三面山坡上建有三个布依村石板寨，其中镇山村最大，并筑有爬山城墙及南北二城门，寨内还建有武庙，寨外通天河潭、石板哨和花溪镇，交通方便。又与天河潭的营盘山遥相对峙，是一个具有防御性质的村寨。

全村房屋依山面水，后坡树林成片，自1950年代兴修花溪水库以来，该寨脚水位提高，使原来石城盘踞在“龙头”上的雄伟景象大减，而成了一座水边村寨，湖水上涨时则成两面临水的半岛，另有一番山水景色。

镇山民居的平面形式有一字型、曲尺型、三合院型等变化。多为一楼一底的房屋，面阔长三间者进深7米许，长五间者进深8米许。富有者增建厢房，与乱石围墙、朝门组合成三合院，自成一组小天地。

房基用块石和条石砌就，由于建在坡地上，故正房台基前沿要高出院子地面0.8米左右，设石阶数级进入。明间设吞口与堂屋，大门为内开双扇木板门，另有外开双扇腰门，门上雕刻花式各异，照面枋上有门簪，左乾右坤，深受汉族道教影响，门簪内固定上门枢。大门两侧设棂花窗，丰富入口形象和增加堂屋的亮度。堂屋后壁为神龛，其后则为老人房。次间分为前后两小间，右后间为厨房，前间卧室女儿房，左后间为父母卧室，前为烤火间或卧房。阁楼层乃储粮存物之用。厢房两层，为上楼下圈式，下层圈以豕牛、柴草、农具，上层或作小孩用房。房屋皆为悬山顶，木椽皮上搭盖石板。一种为方石板（400毫米x400毫米或500毫米×500毫米，鱼鳞式搭接），一种为碎石板（水纹式搭接），两样石板一样色相各有其趣，但仍有主次之分。

三、石头房

石头房分布于黔中平坝、安顺、镇宁、关岭一带石灰岩山区的喀斯特地域。据记载明代以前森林丰盛，人们居住的是“木干阑”房，待林木伐光后岩石裸露，由于生存的需要即“以石代木”，仍保留了干阑的“上以自处，下豢牛豕”之特性，而成为“石干阑”建筑，用木材减少到最低限度。又因其山间谷地田土少、土层薄，泥土多沙石不宜烧砖瓦。而山石多层岩，易于开采平毛石或片子石，则厚石代砖、薄石作瓦，解决了就地取材之宜。

布依村寨背依石山，峰峦怪石簇拥，前傍水流，树木田园展现，寨边竹影婆娑，寨中古树参天。有的寨子还围以石墙、筑以拱门、配以石砌碉堡作哨观防敌之用。座座民居皆石墙、石瓦、石地面，一片石的环境、石的世界。布依人的生活无不与石头息息相关，建筑形式也就具有了其独特的风格。

石干阑建筑是稻耕文化习俗的反映。

此类建筑的一大特点是减少占地，土地是宝贵的，俗语“多占天少占地，多留土地种谷米”为其指导原则。

从室内空间组织上把贮粮、居住、养畜等生活必需空间合为一体，主要考虑了人的安居和牛的饲养，创建了“上人下畜”的石干阑建筑。顶层贮粮，既免受潮又取用方便。“人居其上”则中层住人，可利用石材建筑的冬暖夏凉的特性，抗拒湿热和寒冷气候，亦可居高临下预防蛇兽侵害，同时还避潮湿。“下畜牛豕”用坚固的石墙保护耕牛，还可积存圈肥，是一种古老而环保型的有机肥料，也是稻作文化的反应。这种在一幢楼里就解决了从农具存放、耕牛饲养到粮食保管和加工处理，从人们的吃、住、活动到衣料的制作，都完整地体现了农业社会的自我完备性。石干阑建筑的发展不是偶然的，是布依人追求和营建理想生活空间的具体表现。

石干阑建筑是布依人礼仪习俗的反映。

表现在房屋平面布局上，正房堂屋宽大，适用于供奉祖先、接待宾客、婚丧嫁娶等活动之场所。堂屋后间小房是专门供老人用的卧室，安居养老以祈延年益寿，是对老人尊重的传统习俗，也可在这石干阑建筑中表现出来。

石干阑建筑是因地制宜的表现形式。

由于建于坡地，需用块石垒砌成平台基而后建房，形成了前高后平的基址，为利用这抬高的空间，可处理成半地下室的掉层，俗称“偏架楼”。也可利用地形在一端掉层，俗称“半边楼”。底层如此处理以作牛圈、柴房，置放农具、碓磨等用，在次间前墙开小门进出。明间墙外则为石阶位置，或正向台阶或侧向台阶，以升达门口平台。

石头房根据地形地势可构成多种形式，有全楼、半边楼，有一正二厢围墙配朝门的“四落框”，有一正一厢或两厢的过道围墙式组合等等。全楼乃基本形式，为四面石墙封山、石板盖顶的长三间、长五间甚或长七间的石头房，每个开间宽度在3.5~4.5米。一般是“二楼一底”也有“一楼一底”者，均为楼层居人、底层养畜的石干阑建筑。

石干阑建筑结构形式有三种：

（1）全穿斗木屋架结构：三间房有四榀木屋架，每榀为五柱四瓜九个头或九柱落地。进深长者可达五柱六瓜十一个头或七柱四瓜十一个头。周围石墙体仅为围护墙。

（2）半穿斗木屋架硬山结构：仅明间设二榀木屋架，两山墙属于承重墙，楼枕、檩条均直接砌入石墙中。

（3）全封山结构：即硬山搁檩。纵横墙均为石墙，用木材最少，仅用于檩、椽、楼板、楼枕及门窗。

不论何种结构，其外观造型均一致，特点如下：

（1）石墙或浆砌或干摆，有滑墙、毛墙、砂墙及滑砂墙四种砌筑类型，就有不同的墙面效果（图4-4-8～图4-4-12）。

图4-4-8　荔波布依寨

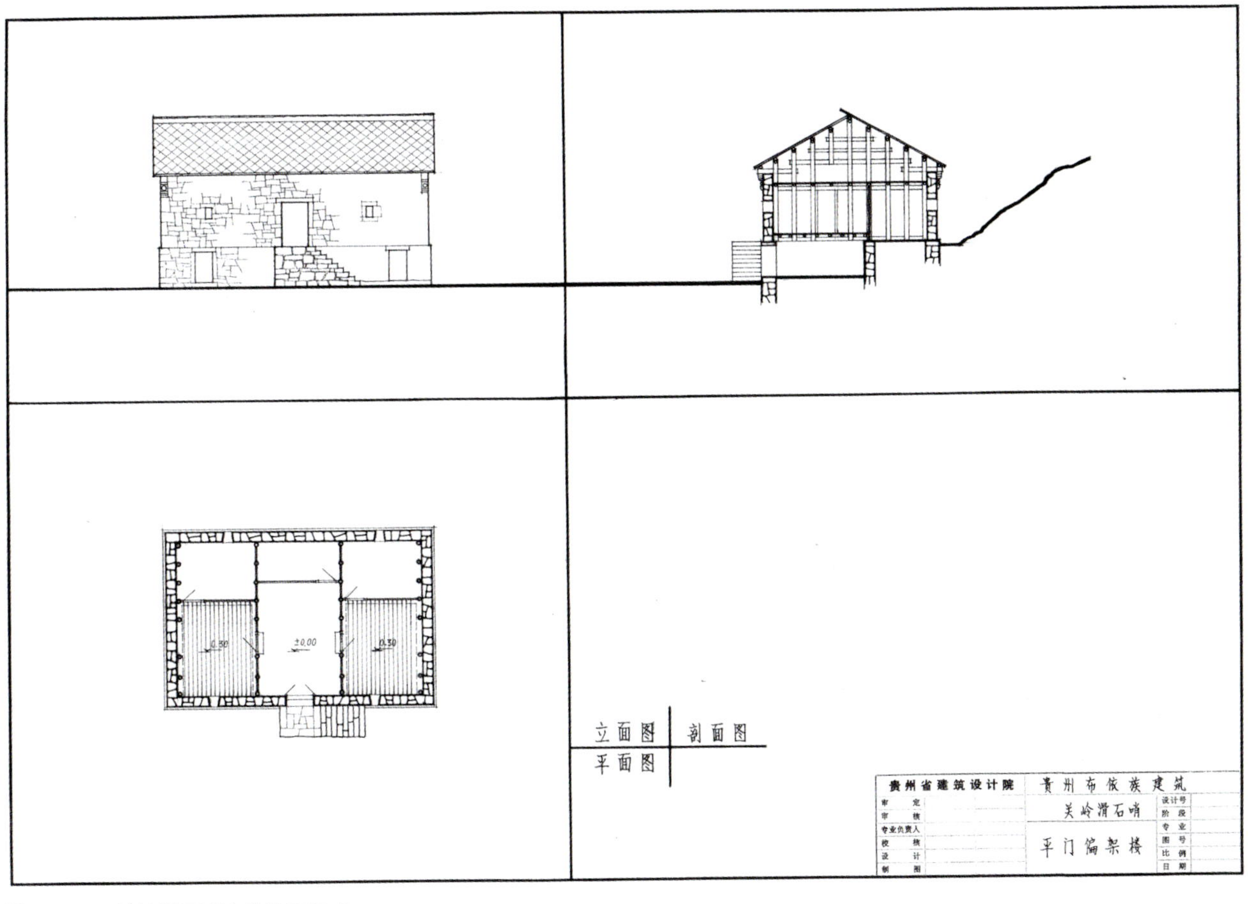

图4-4-9　关岭滑石哨布依族石头房

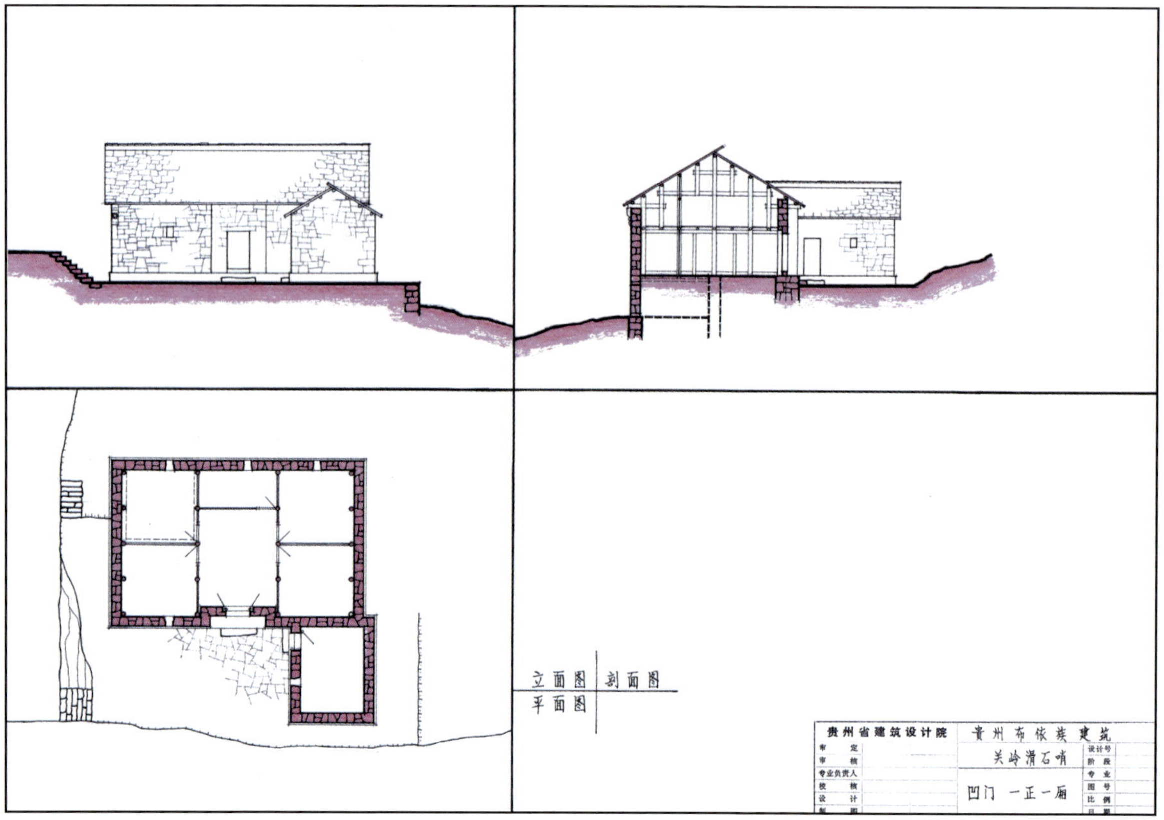

图4-4-10　关岭滑石哨布依族石头房

图4-4-11　普定讲义寨寨门（布依）

图4-4-12　普定讲义寨院门（布依）

（2）墙体较厚，一般在40～60厘米之间，墙角、门窗框洞均安设条石整护。

（3）门窗小，均为内开木板门。大门仅1.2米×2米，厨房后门为0.6米×1.8米，牛圈门0.8米×1.4米。在次间前后各开一扇小窗，仅0.3～0.4米宽，0.4～0.6米高，里大外小防御性强。

（4）民居大门有“平门”和“凹门”之别，平门即在墙上直接开门洞，凹门则留0.5米深的浅吞口。

（5）由于石墙较厚，致使屋面挑檐、出山净尺寸都比较小，常为0.3～0.4米。以檩木挑山、椽木挑檐，椽木一般选用直径4～6厘米的细树干挑出，需满缠绕麻皮绳以防上盖石板瓦滑动。端部之上以竹青或麻皮绳绑扎横杆作收头，同时横杆的厚度又成了石板檐口起翘的高度，以稳定干摆石板瓦不致下滑。讲究者椽子还是用扁木椽皮钉牢。

（6）屋面坡度为六分水，用1.5～3厘米厚的石板上下搭铺。有两种：一为冰纹板，一为鱼鳞板。前者乃大小形状不规则的石板铺盖，效果如冰裂纹状；后者较讲究，为40厘米见方的石板，菱形交错排列、上下搭接状如鱼鳞，俗称“合朋石”。

这种将笨重的石头通过冰裂纹、鱼鳞纹的安排而表现出轻巧美观的屋顶效果来，实属巧构。而鱼鳞纹寓意“连年有余（鱼）”，冰裂纹寓意“岁岁（碎碎）平安”，均属水，以求克火保佐家居安泰（图4-4-13）。

（7）屋脊是将后面石板盖过前面30厘米左右，高起如屋脊，并作封顶防漏处理（图4-4-14、图4-4-15）。

清代李宗昉在《黔记》中赞叹布依族的石头房是：

“寻山不见远，活石化为板。一板两板纵复横，重重石板鱼鳞盘。”

这种造型大方、风格古朴的石头房建筑群，能与当地自然环境融为一体，铺陈于石山岩坡之上，犹如天造地设的一般。

四、土墙房

土墙房分布于黔西南靠近云南的红土地带，又是一种就地取

图4-4-13　布依寨镇宁石头寨

图4-4-14　镇宁石头寨屋脊（一）

图4-4-15　镇宁石头寨屋脊（二）

材的建筑。一般为长三间二层楼或长五间二层楼，前檐或有外廊或是明间设吞口。外廊者其上另有腰檐一道。土墙房为小青瓦悬山顶，穿斗式木构架，两山及后墙为土质围护墙，厚40～50厘米。分土筑墙和土坯墙两种。墙身和土地颜色一样，远看村寨房屋如同从地里长出一般，但见青瓦屋顶高低错落地漂浮于红土地上，又是一番景致。

室内空间组织上，已无“干阑”特色。底层为居住用房，有堂屋、卧室、厨房等。上层为贮粮、存物，或隔作小孩卧室。牛圈、柴房分别单设在屋后房前，或贴连于一侧，共同组合成一个院落。其外廊、吞口这种半户外空间，非常适合多雨气候的自然环境。

综上所述，贵州布依族建筑，是由其先民从广西迁徙来时，生活的需要和环境条件的制约，而逐渐发展起来的。在农耕社会中因地制宜、就地取材的结果就形成了多种建筑类型（图4-4-16、图4-4-17）。最为典型的当属利用石材建房的成就了。当然，在石山地区的其他民族，同样也在利用石头建房，如“屯堡”建筑，只是不如布依人寨多 、地广、范围大，故而其社会影响就不如布依石头寨这么深远了（图4-4-18）。

参考文献：

[1] 贵州省文物管理委员会，贵州省文化出版厅. 贵州省文物工作资料汇编9. 贵州：贵州省文物管理委员会，贵州省文化出版厅，1985.

[2] 韦启光等. 布依族文化研究：民族文化研究丛书. 贵州：贵州人民出版社，1999.

[3] 马启忠，王德龙. 布依族文化研究. 贵州：贵州民族出版社，1998.

图4-4-16　贞丰纳孔布依寨民居石墙青瓦

图4-4-17　贞丰纳孔布依寨民居

图4-4-18　普定讲义寨院子（布依）

贵州水族建筑

水族分布在苗岭山脉以南的龙江和都柳江上游一带，总人口约35万人，集中居住在贵州黔南、黔东南及广西北部的比邻地区，尤以贵州境内人数最多，约32万人。其中，仅三都县就聚居了18万人，占全国的水族总人数的一半以上。

水族先民乃古越人中一支的骆越人，稻耕文化和干阑文化是其特征。秦朝时被迫离开原居住的邕江流域，迁徙至黔、桂交接的山高林密处定居下来。由于居住地域不广，故对意识、风情、习俗等文化传承表现出了比较统一的模式。

境内群山连绵、森林茂密，山多坡大、地势复杂，小块平坝镶嵌于山坡丘陵之间，因之人们居住比较分散，村寨大都依山傍水构房建屋，四周古树翠竹围护，寨内果树鱼塘散布，寨外梯田溪流交错，好一派田园风光。

水族人喜聚族而居，一寨有十几户、几十户，多的有百来户，形成了一个个相互依存的血缘集团。有水语和古老的文字——《水书》。

水族的原始崇拜意识传承至今，如自然崇拜、祖先崇拜、图腾崇拜等，尤其对岩石、古木这种最显著的自然崇拜遗存，信奉较为普遍。寨前村口附近竖立的略似人形的石头即是供奉对象，山野中奇石怪岩亦奉为“岩菩萨”，又把蚌壳形岩石、天然圆洞形岩石奉为母性神石崇拜，水语称“尼量”。对这些岩菩萨的祭祀祈福活动称为“拜谬”，旁边所立的细杉木桅杆叫做“干朵”，是还愿者所立。寨口、寨脚挺立着高大的枫木、杉树，作为风水树，成为村寨的标志，象征全寨兴旺发达，认为风水树乃先人的遗泽，寄寓着祖先的灵魂，是庇佑村寨的力量（图4-5-1、图4-5-2）。

这一带山高林密气候湿热，为稻耕农业和干阑建筑的发展、传承具备了良好的自然条件。干阑建筑乃古人巢居的发展，由狩猎转成农耕饲养时代产生的。干阑建筑是百越文化的遗产，水语称“干”为“楼”意，“阑”则是“房”、“家”之意，“干阑”即为“楼房”，是水族继承其母体文化的结果。明《赤雅》就有记载当时水族地区的住房是“人栖其上，牛羊犬豕畜其下”的干阑建筑了。

由于先民巢居，搬到地上后仍保持着巢居的习惯，把长柱依次立于地上，绑扎横杆搁木板或竹竿，上以竹木作壁四周围护，

图4-5-1 山上路旁“岩菩萨”三都九阡水族乡（水族）

图4-5-2 水族还愿者所立“千朵”（三都九阡）

图4-5-3 民居下部之干阑（水族）

顶以草或树皮树叶遮盖。这种建筑类型的出现和当地气候、环境、建筑材料有着直接的关系。为避免自然环境带来的不利，运用“干阑”建筑三层的楼房来解决。中层住人，可避瘴气毒虫，且房屋干燥通风、光线良好、居住舒适；下层圈养牲畜，便于照管，置放农具、杂物，也有将碓房、厨房设置于此的；顶层通风干燥，堆放粮食免遭虫蚀霉变。况且林木丰盛、就地取材以木料建房最为方便。

通常干阑木楼二、三层，屋顶有歇山、悬山或悬山加披檐三种形式，上盖青瓦、茅草或树皮，壁装杉木横板，楼分上下两段，属于真正的干阑建筑。下层犹如一个带腿的托盘，是整个上层房屋的承重部件。施工时先平整场地修石基脚，以粗木作下层砥柱（直径在30厘米左右，柱高为2～2.4米），用穿枋纵横榫卯连结，每排砥柱上端扣架粗圆木作横梁，梁上铺楼枕，枕上铺宽厚的楼板（多为4～5厘米厚的松、枫木板），形成平整厚实的楼面。其上再立上层柱架，柱间皆以穿枋组接，上柱脚用地脚枋圈连置于楼板上，并且与枕木、砥柱对应，俗称“柱顶柱”（也可有些许偏差）。这种砥柱与上柱是断开的，为两个建筑实体，此乃是与吊脚楼的最大区别（图4-5-3），亦是“干阑”建筑与“干阑式”建筑的本质区别之所在。当属巢居落地后的早期形式。近代新建民居以干阑式的建筑居多，既省工省料，整体刚性又强。

每个民族都有自己独特的传承和性格，反映在建筑上就形成了各具特色的民族风格。水族民居则具有简洁明快、自由豪放的风格。通常皆以单体建筑为主，使建筑空间开放，较少有院落的组合空间。一般为四榀三间或三间搭两厦的构成为主导形式，通过开间的增减、剖面的变化、楼梯的位置等不同而变化，如受地形的制约，可附岩、可跨沟，就出现了架空、悬挑的处理手法，形成“占天不占地”的剖面形式；有的地基作错层处理，而形成“天地均不平”的剖面形式，这充分表现了干阑木建筑因地制宜的灵活性。又因在造房的全过程中，房主可将自己的设想和意图贯彻进去，从而在共性的基础上表现出不同的个性，即便百户水家寨也找不出同样的民居来，加之位置、地形互异，形成参差错落、各具风姿的民居，共同组成了一个个空间层次丰富多彩的村寨。所以，水族民居干阑建筑又是水族文化集中表现的地方（图4-5-4～图4-5-6）。

图4-5-4　荔波水族寨（一）

图4-5-5　荔波水族寨（二）

图4-5-6　荔波水利水族寨

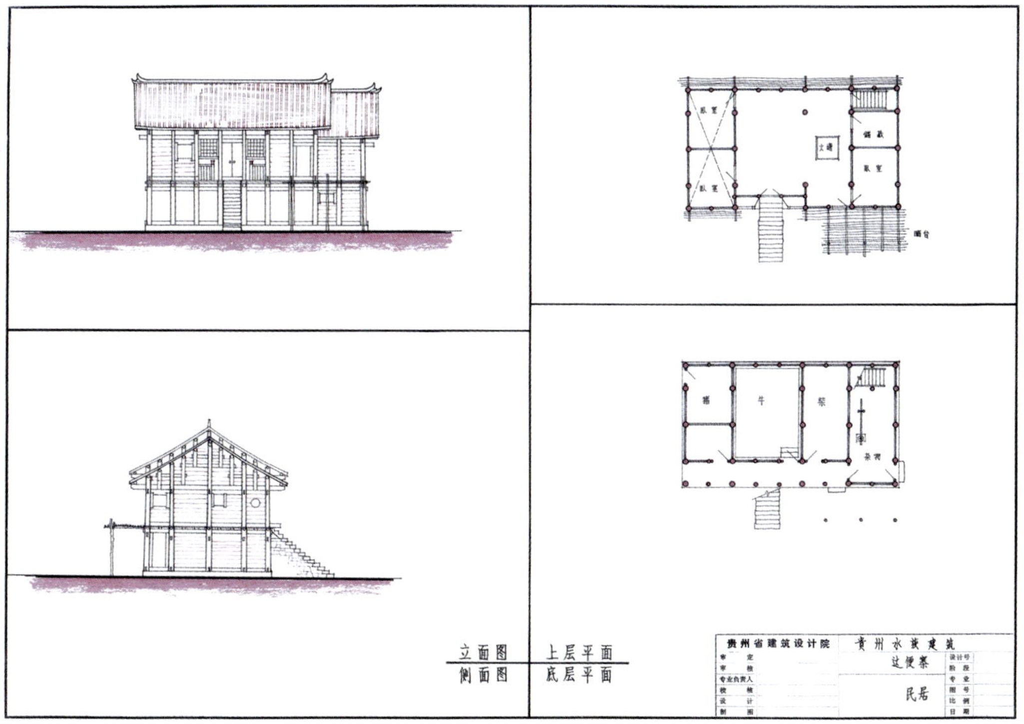

图4-5-7　三都达便寨水族民居

图4-5-8　三都三洞达便寨

图4-5-9　干阑式民居（三都三洞达便寨（水族））

如三洞乡达便寨位于丘陵间的大平坝中，有支路连通公路，交通方便。寨外水田纵横阡陌交织，寨中有245户人家，青瓦木楼成团布置，疏密相间，其中分布有五十余处水塘。四周寨门多达七座，方便出入。寨内多数为百年的干阑古屋，也有后建的干阑式廊房和粮仓，均建于平地上，以达到“人居楼、梯而上”、“上以自处、下居鸡豕”的景象。木楼下设牲畜厩及堆放农具杂物，楼上住人，是典型的干阑建筑（图4-5-7～图4-5-9）。

如都江镇怎雷寨，分上中下三寨，上寨为水家寨，中寨为水、苗共居寨，下寨为苗家寨。它们处于崇山峻岭之中，地势险要，杉林遍山绿染长天，梯田层叠绕满山脊。在这种山坡上建的上寨里，干阑楼层层向上，形成一幅立体的画卷。建设时亦如梯田，砌石坎整平基才建楼房。只是底层的牛圈分出，单独建于梯田地角中。粮仓也单独建于寨边、房侧。由于交通不便，山高谷深，民风淳朴，才可达到这种布局境界。

一、民居

水族的传统民居建筑是真正的“干阑”木楼。通常为长三间三层，或一边加披厦、或两边加披厦，就形成了长四间或长五间的面阔。每间的柱子为主柱，上承屋架，属于穿斗式排架柱，每榀五柱四瓜或七柱六瓜。若明间为通间时则改为抬梁式排架，以减少室内柱子，方便使用，形成有两间联通的或三间联通的堂屋。外墙在排架主柱之间的长度内有的还加有一、二根支柱，以解决横板壁的嵌入和加强板壁的刚度。此外还可利用底盘的横梁外挑尺余（单面挑或双面挑30~40厘米），来扩大楼上的进深，并丰富其造型。

基本类型有二种：按室外阶梯的位置可分为中间入口与侧面入口。

1. 中间入口——即室外阶梯在明间吞口处，大门处于对称位置。用石、木台阶垂直大门设置，或作木梯横于吞口内，皆由门前地势和风水相位来定，进门即达堂屋。此种占用了吞口的面积（图4-5-10、图4-5-11）。

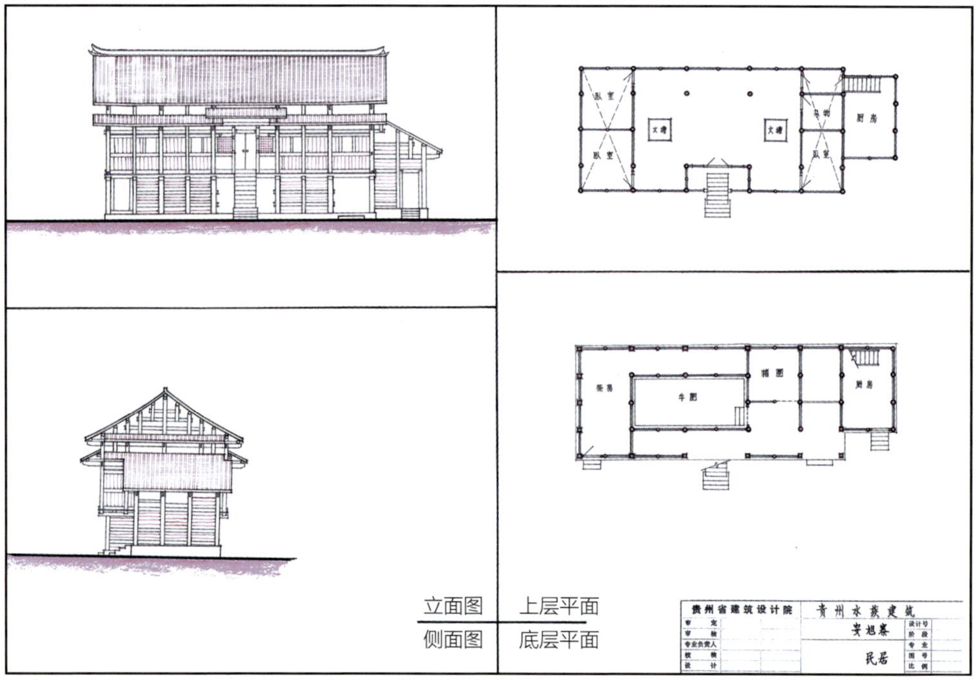

图4-5-10　三都安旭寨水族民居

图4-5-11　水族民居（三都　群力　安旭寨）

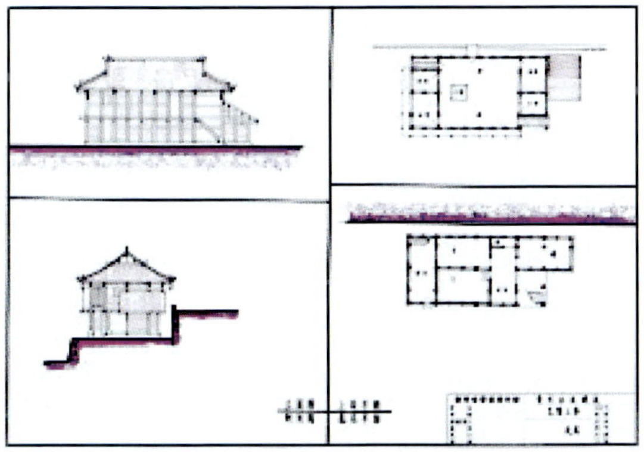
图4-5-12　三都怎雷上寨水族民居

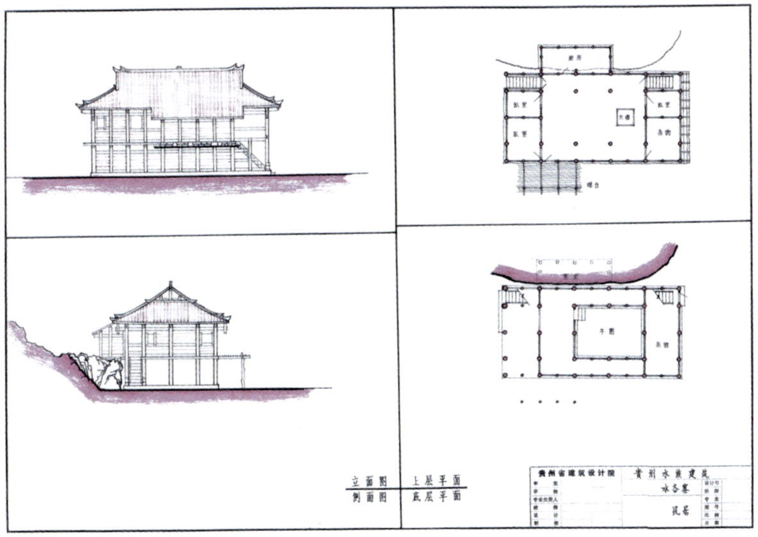
图4-5-13　三都水各寨水族民居

2. 侧面入口——是设在披厦角廊中的木楼梯，垂直山墙入口（图4-5-12），可免遭雨淋之虞，入内即为堂屋一角，至于哪个角作入口，亦是由门前地势与风水相位而定。此种占用了一角的面积。有的就直接把楼梯置于室内一角，进入底层再上楼，故在室外见不到阶梯，大门开在了底层（图4-5-13）。此外，还有近代建的干阑式的民居多设置外廊，把楼梯设于外廊的一端，通过外廊再进堂屋。

不同的建筑形式，缘于不同的生存环境、居住习俗和使用功能。水族民居的内部功能布置，与其干阑建筑形式是一致的。底层养禽畜、堆杂物、存柴草、放农具或置碓磨、作厨房等；阁楼层为贮藏空间，人多时也隔作小孩卧室；楼层是住宅的主要空间，明间为堂屋或加大次间扩大堂屋，即把火塘也安设于该次间中。其上部不作楼层，故空间高大，成为全家的共享空间，两侧房为卧室，在这主导空间之外，或于屋侧加披厦，或于房后连拖屋，这就形成了多种组合的造型，丰富了水家寨的建筑格局和空间形态。有部分民居在外墙搭有凉台，以供晒物和乘凉之用，同时也活跃了建筑的立面和房前的空间，偕使用与美观于一体。

二、粮仓

民以食为天，粮食是人们赖以生存的命根子。在水族村寨中，粮仓一般都建在住房之外，单独设置，以免火灾影响生活。粮仓的形式也与其民居相谐调。位置多设在水塘边、寨子边，甚至远离住房建在田边。每家一二座，或集中于一区或分散设置，无一定规。建筑形式可分为高脚仓和落脚仓两种（图4-5-14）。

1. 高脚仓——是仓面抬高距地1米以上，平面多为矩形，长宽在2.5～3.5米。在荔波一带还有少量圆形仓。

矩形仓细分又有干阑结构和干阑式结构的区别。干阑仓如同

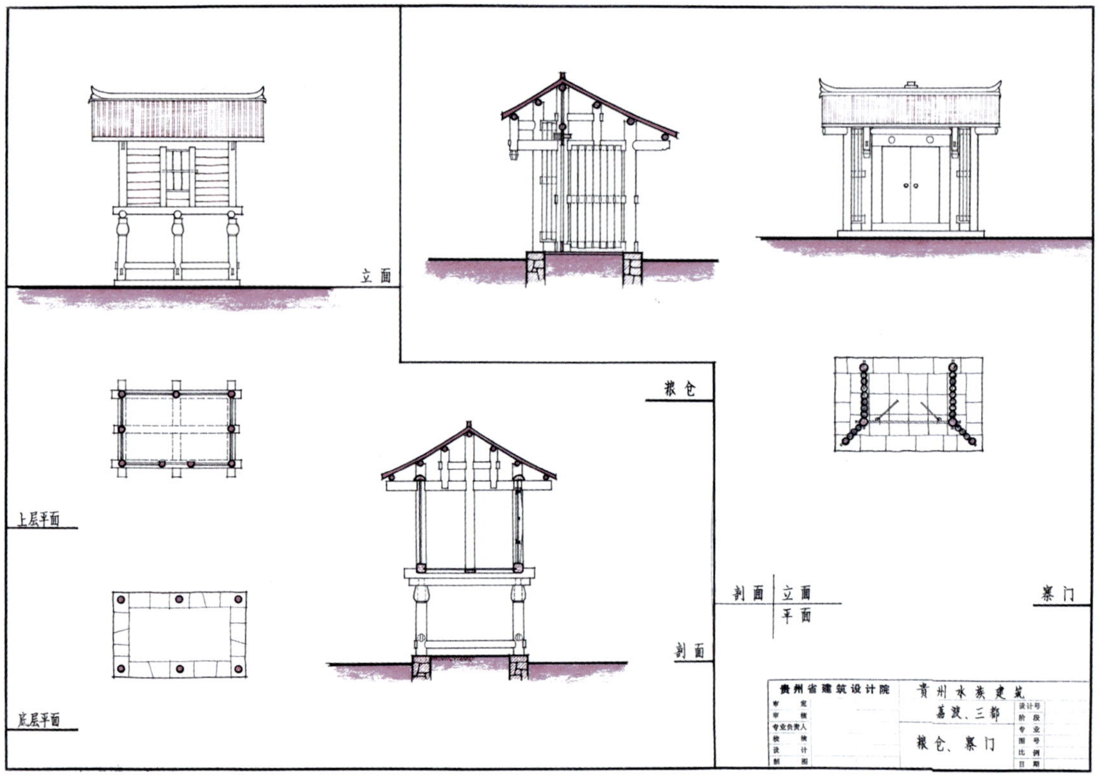

图4-5-14 荔波水族粮仓、寨门

民居一样，上下部分是分段施工的，即下部作一承台，由四根主柱之间加设支柱，铺好楼板后上部再立穿斗式的木排架，悬山屋顶铺青瓦或草屋顶。存取粮食时需“梯而上”，临时搭放木梯。下部架空在田边时可兼作凉亭之用，或用横板、土、石围护作为柴草房。

圆仓亦是干阑仓，其造型特殊又古朴，实是一个架空的囤箩盖草帽的组合体。下部四柱架空，连横梁、搭楼枕、铺席板，上以木架、竹席围成圆筒形的仓壁，上盖茅草攒尖顶即成。在柱顶梁下套以陶罐来防鼠，颇有其独创性，同时又成为柱头的装饰，美化了立面造型。下部四柱架空，建于田边时亦有遮阴避雨的凉亭功能。该处瑶族多用，疑是学习瑶仓之故。

干阑式的粮仓，即屋架四柱落地，为四根通长的柱子，整体性能好，可用较细的木柱。近代建造多为此类型。

2. 落脚仓——即在地面或水面上，四角以块石垫起防潮，抬高在1米以下，其空间不便利用。施工时先摆放地脚梁、铺楼板，而后四角立柱上作人字斜架、悬山屋顶，上盖青瓦或茅草、树皮等。

粮仓的位置远近，与交通方便与否有直接的关系，靠近大路处的粮仓就设在厢房上，或直接设在正房阁楼层中，以便于安全管理。

三、牛棚

水族是一个稻作为主的农耕民族，家家养牛、爱牛、崇拜牛，牛是水家人生产中离不开的劳动力，其厩肥又是有机肥料的主要来源。通常是将牛圈设在干阑楼的底层，条件好的单独设在屋后或近旁，而偏僻的山区如都江怎雷上寨，却将二层牛棚直接建在梯田边，下畜牛上以贮草料。这样就地构成了田→草→牛→田的自然生态平衡。由于梯田层叠陡峭，每天赶牛上下也不是件易事，而每次担肥到田也不是件轻活，就地养牛省工省力，同时牛棚处也成为劳作时的歇息地。

以上各种布置方式，均与当地环境、民风和治安等条件有关系。

四、寨门

作为界定寨子空间范围的标志，常设有寨门和寨墙。从几个寨子的门墙情况分析，过去还是属于保卫防御性质的建筑设施。如达便寨的寨门保留得比较完整，为六柱八字门，其内为2.3米宽、1.4米进深的四柱门亭，既可保护门扇，又可供人们歇息、迎送宾客等用（图4-5-14），为外高内低的长短坡悬山青瓦顶。其外八字门墙，是用粗圆木栅组成，有厚板门扇启闭。该寨周围有七座门位，有的比较简单，只是1米左右厚的块石寨墙，蜿蜒数10米长，其门仅为一个1.25米宽、2米高的石门洞，可容人、牛、农具通过，门内侧装有厚板门扇。

板庙寨的寨门制式与上述大同小异，门左右亦有残墙断壁存在，其石寨墙为高2米、厚1米的规模。其他多数寨子的门墙已了无痕迹，有的已随人口的增加，房屋建筑早已越过寨墙，使村寨扩大了许多，况且如今也没有防御的必要，故一些残留和遗址也就任其消失了。

由上可见，水族人民就生活在这自然的原生态的环境中，经过漫长的岁月更替，还保留着真正的干阑建筑遗风，在周围苗、侗、布依、瑶、汉等民族的影响下，仍创造了这独具风格的灿烂文化，实属不易。

参考文献：

[1] 水族简史编写组. 水族简史：中国少数民族简史丛书. 贵州：贵州民族出版社，1985.

[2] 三都水族自治县概况编写组. 三都水族自治县概况. 贵州：贵州人民出版社，1986.

[3] 刘之侠等. 水族文化研究：民族文化研究丛书. 贵州：贵州人民出版社，1999.

[4] 吴正光. 黔南民族文物考察散记.

隐于深山一奇葩——侗寨鼓楼与花桥
梵净山自然保护区开发之浅见
三中古城墙应妥善保护

意匠

匠意

隐于深山一奇葩

——侗寨鼓楼与花桥

摘要：

探讨侗寨鼓楼和花桥的发展与演变，总体布局的特点，通过对黔、湘、桂三省交界地区侗乡的大量调查、测绘资料，归纳为四种建筑类型和两类建筑形式，并分析其建筑特点。

关键词： 建筑与民族习俗，历史与发展演变，环境与类型特点

在那贵州、广西、湖南三省、区毗连的崇山峻岭中，聚居着二百五十多万勤劳智慧的侗族人民。这里山高谷深溪清水秀，梯田层叠森林茏葱，在此绿色的世界里星罗棋布着点点侗寨，人们开拓田园种杉造林，春播秋收世代耕耘，创造出别具一格的民族文化，孕育出独特的“鼓楼文化”来，具有十分重要的历史、科学、艺术价值和民族民俗文物价值。

侗寨鼓楼鲜为人识，虽长久隐于深山老林，但其高雅古风犹存，它那如塔似阁的造型，在我国古典建筑种类中别树一帜，是侗族人民智慧的结晶，是我国民族文化及古建筑遗产的又一瑰宝。侗寨建筑中高耸的鼓楼、舒展的花桥与鳞次栉比的木楼民居，共同组画出一幅幅侗寨的民族景色来，它们各自都有其独特之处，而鼓楼更为精华所在。

全国一半以上的侗族分布在贵州黔东南地区，而贵州的侗寨鼓楼则集中于黎平、从江、榕江三县的南侗方言地域。自1980年代以来的调查，据不完全统计尚存有三百座之多，其中包括历代建造的单层及简易鼓楼，现存的多层鼓楼就有一百八十余座之多。

侗民大多聚族而居，以便于生活、便于抵御外侮。几座鼓楼代表了几大姓族，也有几姓共建的，但常分姓而建，故大寨中鼓楼往往不止一个，如从江高增有三楼鼎立，黎平肇兴更是五楼林立相互呼应。

侗寨本身因山就势而建，因水临溪而筑，已构成了多层次立体的空间布局，在密集的民居建筑群中，仍辟出有限的空地建鼓楼，形成构图中心，如出水芙蓉亭亭玉立在吊脚楼群之上，宝塔式的造型拔地高耸，俯视全寨，更加丰富了总体轮廓，使人看到鼓楼就意味着进入侗乡。作为侗寨标志，其功能和含义大不同于汉族之鼓楼，一般说鼓楼即置鼓、击鼓用的建筑物，而侗寨鼓楼就不是此二字所能概括了的，有它广泛的意义与特点，试述如下：

一、鼓楼的发展演变

侗族为古越人的后代，源于古“百越”族系，由秦汉时期“西瓯越”中的一支发展而来，秦始皇统一中国调兵征岭南时，就开始被迫大迁徙，逐步西进北上最后定居于黔、桂、湘交界处的山林中，在各种《祭祖歌》中都说其祖先来自“梧州”、“浔州”（今桂平）、“贵州”（今贵县）等地，《广西通志·诸蛮》篇曰：“（宋）高宗绍兴时”，“诱降诸蛮伶、俍、僚、侗之属三十一种”，明人顾炎武记苍梧县有瑶、侗聚居，说明迟至明代该处尚有侗民居住。侗族语言属僮侗语族侗水语支，分南北两个方言区。而僮族和水族亦属古“百越”族系。

历史上“古越人”习“巢居”，后人从“依树积木为巢”发展到立木架梁、铺板盖屋而成干阑建筑，至今偏远侗乡仍有此干阑民居和鼓楼，而大多数地区已发展成“干阑式”民居，鼓楼亦随之改变为“干阑式”鼓楼。今之“鼓楼”，在榕江县车江一带称为“百”，系侗语“堆垒”之意。《祭祖歌》及从江县九洞等地称之为“楼”，已发展了“百”。湖南通道县称为“鼓楼”，明确内置大鼓。明《赤雅》称之为“罗汉楼”，侗语“罗汉”者后生之谓也，意青年活动场所。

由于其地区多产杉木，一说侗民视杉树为“杉仙”，乃吉祥树，砍伐后还可生发小树，又有生生不息之意，故把这一聚众议事的公共建筑物仿树形建鼓楼。正如明《赤雅》一书所载“以大木一株埋地，作独脚楼，高百尺，烧五色瓦覆之，望之若锦鳞矣。扳男子歌唱饮啖，夜缘宿其上，以此自豪”。此种独脚楼今已不复见，然其民俗尚有遗痕，如无鼓楼的地方，踩歌堂时便砍一杉树立于“鼓楼坪”中，以当“鼓楼”；有时寨烧楼毁，必先建鼓楼后修住房，即在遗址上竖一杉木即为心中的“鼓楼”，在真正的鼓楼未造成之前，这颗杉木就发挥着鼓楼应有的作用。

侗寨鼓楼建筑的发展与演变过程，首先是社会功能所决定的。对内有十大功能，对外接待宾客，男女老少均有所用。可在此组织各种庄严隆重的仪式，由德高望重的寨老宣布族规及民约乡款；或有议事堂的作用，裁决民事纠纷进行奖罚训导，是个政治活动中心。战时击鼓报警，喊寨聚众，施行号令是个军事指挥中心。各种节日在鼓楼坪上举行纪念祭祀活动，是个文化娱乐中心。因无侗文，平时年轻人听老人们摆古论今以传播文化知识，接受民族传统教育；姑娘们集于一起学习绣花，小伙子集于一块练习吹芦笙，请歌师教歌；老人们在一处交谈休息，又是一个学习休息场所。有时请外来工匠技师制作芦笙等工艺品，又可作为临时作坊。是一个“冬烤火、夏歇凉，聚众议事共商量”的好所在。总之，它是全寨的公共活动中心，就需要有一个相应的公共建筑物来满足其多功能的要求。

其次，是由低层到高层逐步发展起来的。与世界上一切事物的发展规律一样，由简单到复杂。最初仅是解决一个集中的场所，建一个单层的、空间开敞的房子即可适用，内架大鼓，设木条凳，如今有的寨中仍保留着这种单层歇山顶或庑殿顶的敞轩。进而加前后披厦形成重檐厅堂，鼓架随之升高。这与寨子的发展有直接关系，村寨占地范围愈扩愈大，为使击鼓声能传得更远，登高料敌更清楚，必须将鼓置于高处，因之鼓楼则逐步增高。

再者，决定建筑物规模的因素有三，不外乎是人力、物力和财力。相当大的因素取决于木柱材料的规格与数量，尤其是通天中柱选材更严格，既要挺直峻拔又得粗细一致，其长度决定了鼓楼的高度与层数。若建十七层者，中柱底径需选用800毫米，高20米的上好杉木，一般十一层以下者，中柱底径亦在600毫米左右。若备有四根中柱即可建四角或八角塔楼，六根者则建六角塔楼。大材需组织全寨男劳动力上山采伐并抬运下来，小材则由各户捐献并写有姓名，正如“众人拾柴火焰高”。人力也决定了建楼的规模，有时外寨人也来支援。所以鼓楼的建设，是侗家团结齐心的象征，吉祥兴旺的标志，是全寨人们共同的荣誉和愿望，是件大事。它属于全寨人共有的财产，因之也更加爱护。平时请专人做“传事”，喊寨传令，打扫卫生，集柴护火。人力物力齐备，则视财力而定其繁简程度，表现在外部装饰上出入较大，有的古朴素雅，有的塑脊雕木、油漆彩绘、富丽壮观。

由于鼓楼属木结构体系，极易受兵燹、雷击、或虫蛀失修，或取火遭焚，致使清代以前的实物还未发现，其始建年代尚未可考。又因旧时对侗族文化所不屑，致使文字记载亦无可查，古训“先修鼓楼、后起民房”一说，虽不足为凭，但分析侗族社会组织形式，则侗寨鼓楼建筑的出现当与侗族迁移的历史同步。鼓楼的出现与祖先择地定居可谓同时，不仅反映了“鼓楼文化”是侗族的传统文化，与侗族社会生活密切相关，同时也意味着这一文化来自他地，且随其先民迁徙而产生鼓楼，从其建筑功能和形式即可见诸。单从建筑本身的特殊造型来看，发展进步至如此完美，实非几朝几代所能创造形成的，在那原始、封建的漫长岁月里，信息闭塞技术低下的情况中，能造就出今日所见的鼓楼，应是有其光辉的民族文化熏陶和悠久的历史积淀所致。

二、鼓楼的总体布局

山寨中民居皆择地而处随势而就，不占良田好土，致使布置疏密相间，故侗寨鼓楼位置多变而无定规，但选较平坦地建之，寨内寨边皆可。据《三江县志》卷五《平流北楼记》载：鼓楼所处位置“诸山来朝势若星拱，踞其中以望，凡山之高、云之浮、溪之流、鸟之语、花之香、兽之走、鱼之游，以极万类，举熙熙然回巧献技，无一不目悦耳娱心旷神怡……”楼前建鼓楼坪，多以石板或卵石墁地，用以踩歌堂、表演传统节目。此坪大可数亩，小到不足半亩甚或无有。或者楼前无坪但有水塘、青山、绿树衬托，水中显倒影，更觉腰檐层层、指天插地，别有一番情趣，如黎平肇兴智寨鼓楼等。

公共活动场所齐全的如从江贯洞（图5-1-1），据传为秦娘美的故乡。寨边水田上架设七间风雨桥，外端近处有牛头泉终年吐水不断，内端紧邻岸边鼓楼，楼前有鼓楼坪，对面建有三间戏台，台后侧设“祖母堂”露天神坛，两侧各置四排。

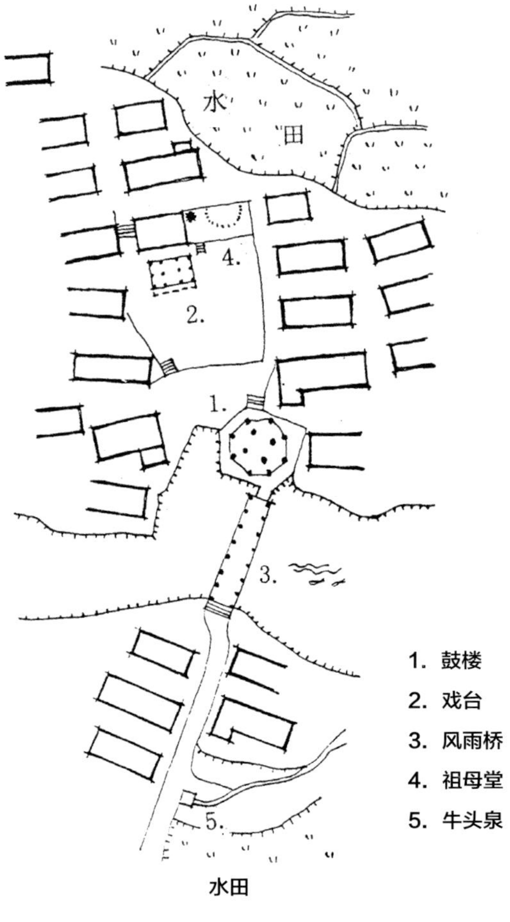

图5-1-1　从江贯洞

吊脚楼民居，鼓楼坪虽处于寨中，但民房前后小路四通八达直出寨外，对人流的集散甚便。在此人们可歌舞看侗戏，可集合祭祀神祖，可欢迎客人摆桌大宴宾客。而花桥与坪有鼓楼相隔，水上廊桥宁静，人们在此休息社交，谈情说爱，已是单单一个“桥”字的功能含义所包括不了的。

又如肇兴五楼均在干道两侧布置，有的紧建于路旁，干道的扩大部分形成了鼓楼坪，有的隔水塘和鼓楼坪依山而建，总体轮廓进出各异，间距不一高矮有别，此呼彼应顺乎自然而达其自然，与二三层的干阑式吊脚木楼连成一体，小溪淙淙青瓦漫漫，填满于崇山峡谷间。

如高增鼓楼，有的寨前植大榕树遮天蔽日，过廊桥跨溪进寨，七弯八转步步高升，方到达寨内鼓楼坪。吊脚楼鳞次栉比挤挤挨挨，把鼓楼团团围拢，甚至檐、墙相靠，在这小小的空地上，能运进巨木立起高柱，可想而知施工绝非易事。有的顺小路沿溪行，突登高坡入寨中鼓楼坪。有的则建于寨后高坦处，周围散以干阑式粮仓，每家一座远离住房以免遭火灾。同时也可以了解到侗乡实是礼仪之邦，民风淳朴并不担心偷盗之事。

其社会活动中心是随鼓楼位置而形成的。鼓楼以其造型独特，体量高大功能显著，而突现在全寨建筑群之上，每座鼓楼又以方便的交通网络联系着各家各户，构成了丰富的空间层次，虽不规则但有格局，能充分地利用其山坡地形。

三、鼓楼的建筑类型

侗寨鼓楼因地制宜，一般多起于平地，室内外高差一步或两步，亦有视地形筑堡坎造台地上立楼体者，更有少数底部架空形成过街楼式的干阑建筑，或部分柱在坎上部分柱落于坎下，形成吊脚楼架空处理，与附近的干阑式民居相呼应，其楼层作为活动场地。总之，利用地形不拘一格，处理手法相当灵活，各种山地建筑的特点均有应用。鼓楼地基虽有变化，然而其类型大致可归纳为四种：

1. 厅堂式——为单层或重檐建筑，是发展初期的造型，如今由于人力、物力、财力的各种因素所致，仍未建塔楼，但社会功能的需要仍需设此场所。因侗家人历来是聚寨而居的，一寨少则十几户多则上千户，如“八百龙图七百贯（洞）”、“千家肇洞”等。在决定一些生产、生活和全寨人利益相关的问题时，任何人都不便擅自决断，必须聚众商议才能决定，所以需要一个容纳多人的公共活动空间，称此公房为“卡房”，侗家叫“堂卡”或“堂瓦”。“堂”是众人之意，“瓦”为说话之意，卡房即是众人议事的场所——聚堂。

早期形式比较简陋，四根木柱两坡悬山，上盖树皮用以遮雨，围以木板藉以挡风，内设四凳围一方圈，中挖火塘供人烤火，这种卡房不大，仅容二三十人。随后扩成三间四坡顶或歇山顶，与干阑式民居的结构形式一致，只无门窗隔断而已，此类型为数尚不少。

随着人口增多，生产发展经济宽裕，卡房已不符合人们需要，而发展建成一种宽敞高大、精致美观、雄伟壮丽并具有浓厚的民族特色和风采的鼓楼建筑代替了卡房。

2. 门楼式——用八字牌楼门作为对鼓楼的衬托，设于寨门处与寨门合一，将鼓楼的功能与交通的过道混杂一起，使用不便业已罕见，仅在通道县尚有几处，但架空的干阑式鼓楼还为数不少，位于寨门处者即成门楼，位于路中央者即成过街楼，它们均是在二层作为活动场所，以与交通功能作了明显的分开。另外，位于坎下的鼓楼也有作干阑式架空处理者，以抬离地面便于坎上进出，甚或在平地上作架空处理而兼有戏楼的功能。如湖南通道的马田鼓楼等。

3. 楼阁式——层檐上下间距大，造型与一般阁楼相似，可登临远望，如从江庆云寨的四角三层攒尖顶鼓楼和银粮寨的四角七层攒尖顶鼓楼。其为数亦属少见。

4. 密檐式——集塔、阁、亭于一体，具宝塔之英姿，阁楼之壮观，为侗寨鼓楼的主导形式。此种造型丰富、体型变化多样，其主要特点是楼身下部特别高大，四五米不等，以上各层却重檐相挨距离很短，约0.8~1米之间。在有斗栱的顶层下部设有棂格窗，可登高眺望。亭顶多攒尖式或歇山式，偏远地区还有悬山顶如道士帽状。此外，底层和顶层又有单檐、重檐之分，乃为侗乡鼓楼之典型标志。

四、鼓楼的建筑形式

侗寨鼓楼造型尽管丰富多彩，然万变不离其宗，均由三段组成：阁底、塔身、亭顶（图5-1-2）。

各层平面均为规则的几何图形构成，一般为四边形、六边形、八边形，或其中两种几何图形的组合。如从江百二鼓楼为全四角，贯洞胜权鼓楼为全六角，信地荣福鼓楼为全八角。还有底层四角如带腿之托盘，上层随中柱根数而变化，如黎平纪堂鼓楼（图5-1-3），底层四排十六柱，即组成底部四角重檐，上部八角密檐的形式，而顶部为置鼓亭。六角密檐者只能形成六角攒尖顶，四角、八角密檐者则可作为四角攒尖、四角歇山或八角攒尖、八角歇山（即十字顶）的鼓亭，甚至建成重层鼓亭，如从江的增冲鼓楼、高阡鼓楼等即是。

综上所述可归纳为下列两大形式：

1. 底方n层n角攒尖顶（或歇山顶），底方细分又有单檐、重檐之别。如纪堂鼓楼即谓：底方重檐九层八角攒尖顶。

2. 全n角n层攒尖顶（或歇山顶），亭顶细分亦有单亭、重亭之别。如增冲鼓楼即谓：全八角十三层重亭攒尖顶。

五、鼓楼的建筑特点

1. 造型为密檐塔式

楼身呈多边锥柱体，外轮廓或直或略呈一条柔和的凹曲线，腰檐层层叠叠，由下而上一层比一层缩小，使庞大的塔身显得稳重而庄丽，远远望去犹如巨龙盘绕，亭顶似龙首高昂，小青瓦像鳞甲片片，白色的封檐板更似龙腹，真可谓活灵活现了。据传龙亦是侗族崇拜的图腾——保护者和象征。正如侗家赞鼓楼歌中所唱：“你们鼓楼建在龙窝上，锁住金龙留下万年长，龙公献出鳞甲当瓦盖……”之句。建鼓楼作盘龙状亦似是最初的设计意图，

图5-1-2 黎平纪堂鼓楼集塔、阁、亭于一体

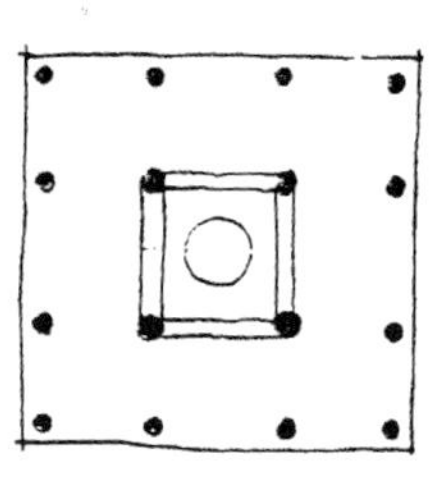

图5-1-3 黎平纪堂鼓楼平面

按此意图进行建造，就必然会出现这种独特的建筑造型，角愈多效果愈佳，腰檐的通透架空更增加了龙身的立体感。

此密檐之密，是许多典型的密檐塔所不及。一般为每层密檐收分一尺，间距二尺半，出挑三尺，实测胜权鼓楼，每层收400毫米，间距800毫米，出挑1000毫米，与工匠所传尺寸基本相符。

2. 亭顶是特殊标志

楼身虽高但处理手法毕竟单调，只是应用逐步缩短的横向分割，而表达了一定的韵律，如音乐的高潮还是在顶部的鼓亭处，顶檐猛然升高六尺有多，露出木柱安设透窗，其斜十字窗格仍如“龙鳞片片”。每根亭柱均在中柱上端内缩一尺许，使塔顶又突然缩细。此种亭身恰似从盘绕中昂起的龙头。顶盖多为攒尖式或变化成为歇山式，而挑檐又极力加大，檐下常以如意斗栱层层出挑，形如叠涩封檐，这部分封檐的上斜与上腰檐屋面的下坡，形成了周圈的喇叭口，功能上使击鼓声不被阻挡以传得较远，亭顶内天花板更增强声波的反射外传。外观伞形宝盖的造型如翼振飞。顶内立雷公柱，其上固定一丈左右的铁杆，串以钵、罐、宝瓶作宝顶，形似糖葫芦状，三至九节不等，取其单数。此与佛塔刹顶装饰不尽相同，佛塔塔刹是覆钵、相轮、宝盖、圆光等件组成，而鼓楼只取覆钵一件，虽侗民不信佛道，但只取僧徒的钵瓶用之，以求“一瓶一钵垂垂老，千水千山得得来”诗句中的得来之意。从而形成细长宝顶，似塔状更增鼓楼之挺拔。

3. 楼身常不封墙壁

底部如阁多为开敞式，少数用砖或镶板作窗台，一般不设门窗。中柱间设木凳围成一圈，内作石砌火塘。楼身中部密檐间均通透，故通风良好。由于出檐大且间距小，故防雨效果亦佳，当冬季烤火时，排烟顺利，不管风向如何，均不会产生倒灌现象。层檐架空，夏季太阳的辐射热也传不到人们的活动范围，适合当地气候条件。

4. 檐层多而楼层少

屋檐层数均为单数，古时认为以单为多、为活、为吉，少则三五层，多达十七层不一，视其规模而定。鼓楼虽高仅为上下两层（无亭顶者仅为一层通顶），顶部作鼓亭，其下空间高敞，正如侗歌中所唱“仰首望掉包头难见顶”，仰望的确有种崇高之感，但绝大多数楼内并无神佛供奉，此种崇高感已人性化。鼓楼在寨民的心目中，既崇拜又富有感情，使人易亲近，不像教堂、佛殿之类的建筑物，崇高且阴暗神秘，使人敬而远之。

5. 结构为双环筒架

一般选用一根雷公柱、四根中柱、十二根檐柱的结构布置，人们将其解释为一年四季十二个月，寓意“日久天长”。中柱整根高耸，有较大的侧脚，相邻两柱以穿枋拉结，组成内外两环组合筒架，底部高一丈三尺左右，檐柱间又以额枋联系并用穿枋与中柱连接。中部密檐以短檐柱逐层收进一尺许（或400毫米），该短檐柱与中柱的连接方式有二：

（1）穿斗式：如民居之立贴梁架的结构形式（图5-1-4a）。由于腰檐甚密，若每层均连中柱，则中柱每800毫米就要设一穿枋，既无必要又极易使中柱受损，于是就构成每2～3层短檐柱同立于一穿枋上的处理手法。

（2）穿斗与杠杆组合式：亦为隔层檐柱与中柱穿斗，即上层的檐柱压于下层挑檐枋的内端，使其平衡稳定，则穿斗、杠杆交替使用，是一种发挥、利用木材的物理性能和力学原理的一种结构形式（图5-1-4b）。

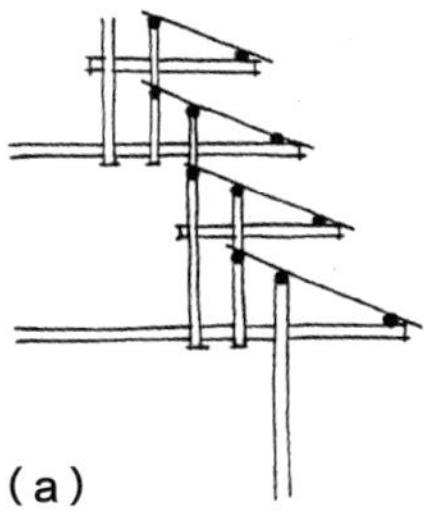

(a)

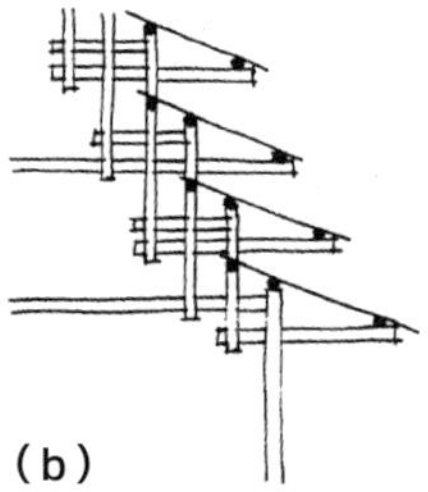

(b)

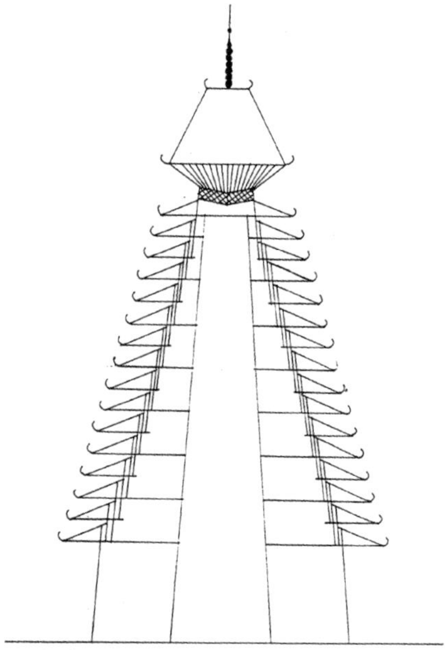

(c)

图5-1-4　工匠画在墙上的设计图

6. 檐口一般为直檐

既不起翘又不出翘，角部下为挑檐枋，脊处无斜梁仅以长椽皮代之，虽现今所见实物多系干摆小青瓦（冷摊瓦）的屋面，但早期的侗寨在尚无土瓦之时，仍为杉树皮屋面，今在民居建筑中还有采用。在铺装树皮板扇时，屋面起翘是难以施工的，现在的直檐当认为是树皮时代的痕迹，与侗寨民居的直檐一样，皆为旧时所遗留的造型。仅有少数例外，如从江增冲鼓楼曲檐翘起倍加生动，与贵州的一种硬歇山屋顶做法相同，脊下加一斜梁，翘起高度即斜梁之高。

7. 翘角泥塑花样繁

翘角者侗乡工匠叫“勾”，即用扁铁弯成鹤颈状，钉于角梁上，缠以蔴皮瓦片外包塑桐油石灰（或加糯米浆），根根白勾冲天，如白鹤齐飞，如刀剑林立，如龙爪只只，如云气缥缈。有的在扁铁外还塑以升龙、立虎、仙鹤、凤凰等吉祥辟邪的动物式样。

8. 彩画题材内容多

富有生活气息且是朴实的记载，表现出民族特点并集释、道、儒、俗于一楼。如描写现实生活的踩歌堂、打猎、耕种、插秧等图画；有体现各民族文化交流的《三国演义》、《西游记》、《杨家将》等故事画幅；有对图腾的崇拜，如二龙戏珠、三龙抢宝、白龙归海等；有佛教道家的饰样，如宝瓶、如意、八卦等；以及侗锦中常用的花纹图案。这些图画多应用在底部几层的封檐板上或脊翘上，以便于人们观览，重点的则设木雕彩绘、镶嵌玻镜，精塑游龙宝珠，立于正面底檐之上，甚或在亭顶处塑龙脊、门神等。此外，还挂有匾额楹联，更增添了鼓楼那雍容华贵的气魄和文化内涵。

以八角十三重檐的鼓楼为例，仅封檐板、翼角及宝顶等处的彩塑、彩绘就多达二百余处，绘画技艺虽不高但表现的内容却充满着侗乡人民的喜爱和向往，有着浓郁的民间艺术特色，不失为侗家艺术的宝库。

9. 楼梯通常为独木

于中柱近处立一细长杉杆，下径约200毫米，在一人高处开始向上设踏棍，每隔一尺凿一榫眼，横插木棍即谓之梯。上可达鼓亭下又不占面积不影响楼内活动，且垂直攀登极为方便。另有少数鼓楼沿外檐柱设折梯者，旋转而上达。不过多数鼓楼不设梯。击鼓时由青年“罗汉”攀援梁架也算便捷。

10. 长鼓安设无定规

凡鼓楼均置有皮鼓一个，作为聚众报警之用。早在清代《黔记》(清)卷三中就记有侗族制鼓和击鼓的情况：侗乡“邻近诸寨共于高坦处造一楼，高数层，名聚堂。用一木杆长数尺空其中，以悬于顶，名长鼓。凡有不平之事，即登楼击之，各寨相闻，俱带长镖利刃，齐至楼下，听寨长判之……”

鼓的制作较独特，是将一截数尺或一丈余长的梧桐木掏空，两端蒙上牛皮而成。皮鼓多悬于鼓楼的顶部，也有绑设于三、四层腰檐架上，或做鼓架立于楼下一角者，如从江高增鼓楼悬挂1.8米长的皮鼓于顶部，三江马胖鼓楼其大鼓则用木架立于第三层的木板上。

11. 不用铁钉只用榫

木结构全为榫卯穿斗，竹销、木楔固定，但椽皮无法榫卯，系为竹钉钉牢。

12. 丈竿权作图纸用

当地工匠施工皆无图纸为据，最多在墙板上画一单线骨架草图示意，并无一数字表示(图5-1-4c)，全由掌墨师将竹竿去青皮作“香竿”，把鼓楼的主要构件尺寸、资料刻画其上，使用起来横比竖量，得心应手无一差错，好似裁剪尺裁衣服之简便。此外还有侗语施工口诀，视其规模大小繁简程度而取用。

现存鼓楼大多建于清末民初，时间不过百年左右，少数鼓楼如从江则里鼓楼建于清道光年间；增冲鼓楼建于清康熙十一年，距今已三百多年的历史，为一座十三重檐八角攒尖顶的鼓楼，通高二十余米，楼身有三层回廊，木楼梯可登临上部置鼓亭。它是年代最早、体量最大、工艺最精致的一座。其他如从江信地鼓楼、黎平纪堂鼓楼等清代建筑都被列为国家级和省级文物保护单位。

鼓楼的造型无论其雄伟敦实，还是秀丽挺拔，皆能构成村寨的控制中心，并丰富村寨整体的外轮廓，它在整个村落建筑文化中占有十分重要的地位，也是侗族建筑艺术的最高体现，鼓楼建筑成为侗族文化的主要物质载体。

六、花桥的种类概述

侗寨鼓楼造型别具一格，风格甚为独特，与其相应的乡土建筑是风雨桥——花桥，这又是一种侗寨的标志性建筑。

风雨桥，顾名思义是在桥上建廊亭，以供人遮风避雨，更可保护木质桥梁。全国各地许多民族古已有之，但都不及侗乡的集中和普遍。河多水多桥自多，仅在贵州就有四百余座之多。桥架于田间溪流或大河要道处，俗称“花桥”，以别于其他民族地区。花桥亦是侗寨特有的建筑物，但绝无鼓楼的宗法色彩。其功能并不单是交通一利，尤其位于寨旁者还可兼作寨门之用。

花桥上可举行芦笙比赛、拦路迎客、节日聚餐等活动，是寨内外重要的交往空间，平时则作为休息纳凉及青年人谈情说爱的好所在。

在总体布局上有“堵风水、拦村寨”一说，认为花桥是培修“风水”的吉祥之物，建在村头寨尾的花桥可以截住龙脉，不使财富随水流走。

不同的花桥长短简繁大有差别。如黎平县的“跨河风雨桥”即是高架于南江河上的地坪花桥，长56米，廊宽3.85米，为三楼四廊式，一磩二台两跨的木悬臂桥梁，其上彩绘、彩塑丰富多彩，乃名副其实的著名“花桥”。该桥利用桥梁挂有长木水笕，还兼有高悬输水之功能，实属罕见。该桥始建于清光绪年间，至今已有百余年，为国家级重点文物保护单位。又如广西三江的程阳桥，横跨于林溪河上，全长76米，为五楼四廊式，三磩二台四跨的大桥，是全国著名的风雨桥，虽其长度不为最，但其规模和造型上当属最大最美之列。而“田间花桥”可长可短，皆由具体环境所定。小桥从一跨的三五米长的廊桥、亭桥到数十跨延续上百米的长桥皆有，宽度则为2～4米不等。

桥体乃由屋顶、桥面、桥身、桥磩四部分组成，各部分均有多种变式。如屋顶小可单檐、重檐、叠顶，大可竖立起形似鼓楼的七重檐楼。顶亦有攒尖、歇山、悬山等式样，丰富了上部轮廓。桥面廊柱又分为单排与双排两种，单排者设护栏，双排者柱间可加设坐凳。简者无腰檐，繁者则悬挑腰檐以护木梁，免遭日晒和雨淋之虞。

结构上，虽同是原木桥身却分两种受力体系：为悬臂排梁式和简支排梁式。

1. 悬臂排梁式

适用于跨度大者，弥补了原木长度不足的缺陷。在磩台上用粗杉木密排叠数层作托架梁，使之“木上加木层层悬出”，以缩短中间跨距，其上再密铺巨木大梁数层各数根，简支搭放。而每层密排悬臂托架梁的端部，皆以木枋嵌连成一整体，所有上下层间均以“枕木排”组成叠合梁体，便于共同受力。整个结构系统完全符合力学原理。

2. 简支排梁式

应用于跨距小者。原木长度大于跨度，即可密排巨木大梁简支搭设，多单层亦可数层。此种常架设在田间或小河上，同样可单跨或是多跨。如湖南通道某桥可延续成长桥，总长度逾百米者有之。

桥磩台常以块石砌筑，磩身有收分，迎水面作分水。磩上放置枕木排，架设双向挑的悬臂梁，如天平状自可平衡。而岸台处所设悬臂梁为单挑，则需要作锚固嵌压处理，岸台或石砌或利用天然山岩。为增加石台上的嵌压重量，更筑亭楼居其上，将造型与使用功能统一，从而达到了完美的建筑技艺效果。

此外，在河水浅处还有木支架的“板凳桥”，由于木架过轻，易被大水冲垮，故在板凳腿部除插入河床中一段外，还用大卵石围垒起来，以减少水流对支架的冲刷。支架间距一般在3米左右，其上搭绑原木或厚枋，密排而成梁板，高离水面1～2米，而宽度仅0.8～1米。所谓“板凳”者，即无栏杆可倚也。其上村民肩挑背驮、赶牛而行如履平地，此类桥在贵州锦屏县亮司寨较典型，利用大河中洲地分成两段板凳桥，总长近百米，形成了一组与自然环境非常和谐的风景桥。这是一种较为原始的桥梁结构形式。在此基础上把木支架加宽加大，形成“板凳磩”，其上搭建原木简支排梁，覆以长廊即为“板凳磩”式的花桥。

另有石拱桥体的亭桥、楼桥。有的甚或作复廊，如广西三江巴团花桥，以便于行人和牛马分道通行。还有重廊式桥，如从江流架的三层花桥，其利用地形在石拱桥上建楼廊，行人皆从楼上过，实为一座罕见的形式。

在这种木梁礅台的结构组合中，自然就会产生出廊、亭串联而架空的独特造型来。如前述地坪花桥，其两跨一长一短，因之三座亭、楼形成不对称布置，一改对称单调的构图形式而倍显活泼。中间亭楼为七重檐四角攒尖亭顶，顶檐下密置如意斗栱，亭柱间设棂格窗，更加突出重点。两边的亭楼为五重檐歇山顶，起到了衬托和丰富造型的效果。廊亭内绘有二十多幅侗乡风俗画，亭脊塑宝顶，廊脊塑二龙戏珠，其乃名副其实的“花桥”。

贯洞寨花桥建于寨子边水田上，桥下小流水，但有木料和寿木贮存于此，民曰：鼓楼、花桥乃吉祥物，宜贮寿木。该桥实作寨门用。

侗寨花桥中的亭楼造型与鼓楼一致，屋面多以小青瓦盖顶，边远处亦有杉树皮盖顶者，都与民居用料、色彩相统一。鼓楼的高耸和花桥的舒展，共同构成了侗寨建筑的特殊艺术风貌，与侗乡的淳朴民风谐然一体，展现了侗族文化和历史，充溢着浓厚的民族性及地方性，乃我中华古典民族建筑中的一枝奇葩，它就生长在这片侗乡的青山秀水中。

附言：

本文系1985年贵州侗族文化初次进京展览时所出版之《侗寨鼓楼研究》一书中的收录文稿——“侗寨鼓楼建筑初探”，并刊登于1986年的《贵州建筑设计》第一期中。随着1980年代多次去黔、湘、桂的南侗地区考察的深入，和于1990年代初在深圳中国民俗文化村与北京中华民族园的侗寨设计、建造中，更丰富了感性认识和理性的归纳，并在1997年贵州鼓楼花桥的纪念邮票发行前，应《集邮》杂志社约稿写就的一篇简文，刊登于《集邮》第六期上，并转载于《当代贵州》第八期中。至1998年又将其增订稿作为《全国第九届中国民居学术会议》的论文交流。于2004年应中国民族建筑研究会约稿而收录到《中国民族建筑论文集》（中国建筑工业出版社）中。

从文章和设计实践中，为宣传贵州之侗乡特色建筑，应尽了自己的努力。

梵净山自然保护区开发之浅见

由于近两年负责搞梵净山的文物建筑修复设计，对梵净山的保护问题略有几点粗浅的看法。

一、保护应该是积极的，而不是消极的

积极者即加强管理也。管理也是一门学问，管理者应具有动物植物、地质气象、文物历史的一般知识，和较强的组织能力。

二、保护是手段，其目的在于利用

梵净山是个得天独厚的自然宝库，具有丰富的科学研究价值，珍稀动植物区是供国内外专家的考察场所和教学科研基地，同时也是广大人民增长自然常识的良好处所，这一片大好河山不由人不激起爱国热忱，即所谓寓教育于旅游中。

我就有这种体会，去过几次，见到了自然界里的蛇、各种鸟、多种高山杜鹃、中草药及有名的珙桐、高山上的原始树林等，其温度、海拔与植物种群的变化关系；什么是佛光，日出云海又若何等，均得以见识，还想最好在路旁的树上设树名牌，以便于人们学习。

如同对打鸡洞（织金洞）的开发一样，我是主张科研与旅游兼顾的，有特大价值的几个洞可以封闭作为地质学家们的研究场所，其他可面向广大人民，以增加大家的地质知识。这里同样如此，专家们研究的目的也是为了加强保护并提高人民的科学水平。

三、可以有控制的开展旅游

该处旅游地带绝大部分是一条2米宽的线，连同山顶古庙地段合起来还不足1平方千米，在这保护区的567平方千米偌大的面积中，这个比例是微乎其微的。在这细长狭窄的旅游线外，人们是不敢随便走进草丛林中去的，毒蛇人皆惧之，所以对动植物的生长可以说是无甚妨碍，尽可共存共荣。

在自然保护区里开展旅游的地区多矣，黄山、庐山、武夷山、长白山、九寨沟、神农架等不胜枚举，这是大势所趋。如今人们生活好了，就想多见见世面、开阔眼界。梵净山是一处极好

的旅游胜地，尤其是青年人长足旅行的好地方。如今可以在原有的旅游细线上建点必要的设施，这也是有控制的引导，以免游人乱行。

梵净山适合游览的季节很短，仅有半年，从10月份到第二年的3月份属于自然封山状态，影响保护的问题也就更小了。灰金丝猴等动物下山来的时节正是冬季，所以并不存在什么干扰问题。

四、自然要保护，文物也要保护

梵净山金顶古庙属省级文物保护单位，根据史料记载，早在明万历以前就有了庙宇，万历二十七年播州宣慰司杨应龙反，庙宇遭兵燹，明神宗之母李太后笃信佛教，特地拨款重建金顶，并在山上修了4大皇庵，赐镇山印，立“敕赐梵净山重建金顶序”碑，至今犹存，称梵净山是“天下名岳之宗”，“自开辟迄今，海内信奉而奔趋，不啻若水”，“驰灵于两京，倾动于十三布政，劳旌于抚按，硕顾于道府”……仅山下就有四十八脚庵分布四周，那时与峨眉山同有名望。后来几毁几建，至清光绪时，在现存的茶殿碑记里还有“数百年进香男妇，时往时来，若城市然”哩。

可见光有记载的已有四百年的建庙历史了，在这漫长的岁月中，梵净山的动植物都保护下来了，建的庙、游的人并没怎么损害自然界的生物。在贵州明代的建筑已属悠久的了，能把这珍贵的文物残迹修复好，确是做了件上对祖宗下对子孙的大好事，否则后代也要埋怨我们不重视文化遗产的。

这次是根据文物修复原则而进行设计的，按明代的庙宇布局式样修整好，同时加以利用，有组织按规划地将游人收容来，可利用庙宇作为接待站，以解决上山之人的食宿问题，对于考察的专业工作者，也是个有利的科研处所。设计中采用电热烧饭、取暖、洗浴，厕所有上下水化粪池，以最大限度地减少污染。

在规划中，俟古庙修复使用后，现山上食宿点的临时房屋即将拆除，以现出“万宝岩”的美好景观。

由于文物寺庙原就存在的，又是省政府批准公布的省级文物保护单位，所以省、地、县各级文物保护部门有责任抢救修复。

五、印江县政府的明传电报

电报内容其实质是边界争端问题。第三条，印江也决定要来进行维修，他们也是热心的文物保护者，也为梵净山的名胜古迹而自豪，到那时将同样会出现今天建筑工地上的情景。金顶古山属谁？我看还是找个详细的地图查看一下，以国家行政区划为准，这是不以任何个人的意志为转移的。

本人系省文物管理委员会文物保护顾问，是搞文物古建筑这一专业的，如何保护自然景观、保护文物我是很重视的。电文中提到“置自然保护和文物保护于不顾”，“劈山开岭，大兴土木，使部分珍稀动物受到惊扰，使梵净山风光遭到人为的践踏”，本人并不认同。对于“凿石开山”，我安排的是就地取材，往日历次修建都是在建房的地点取石，一边平整了地基，同时又将凿出之石筑屋，待建好后，就覆盖了开山之迹。至于“大量销毁茶殿周围的古建筑群”，此话不当，因原来的墙体是干砌平毛石的，东倒西歪已不能用，但石料可利用，不拆除没法建设，也不能把庙宇建在半空中，何况周围并没有什么古建筑群，我亲自将原遗址测绘过。“毁坏石碑石联多处”，实际并没有毁坏，而是让工人将压在残迹中的石碑石联收拢来，哪怕一块碎碑片都当作珍贵文物堆放好，设计中将其嵌入适当位置的墙上，以便保护，并供研究、欣赏之用。其中还提到“在其附近随意支架工棚”，不是随意，而是在建筑范围内，不能让工人住在露天，搭建临时设施是建筑工地必不可少的。至于“成批砍伐用作燃料”，据我所见，砍的是已枯灌木和根蔸，以作燃料。目前每个上山去的人所吃的饭菜都是用它烧出来的，也包括上山考察的专家们。由于需要大量的施工用水和食用水，水管接到了印江境内，因为在那个海拔高度只有滴水岩处的水能自流过来，维修好了古庙，印江人民也同等有权利使用。

修复省保古庙，是省文物处同铜仁地区、江口县政府三方共同商定拨款修建的，省里出一半，地区和县共出一半，去年4月协议好的，我们省建筑设计院担负设计任务，早已完成了设计工作。再者，现在江口梵净山开发指挥部的领导成员也有保护区管理处的领导参加，我是搞文物建筑保护的，又是具体搞设计的，不管谁来建此工程，我都由衷地感激和欢迎。

六、关于省林业厅陪美国学者考察人员的报告

1. 考察报告的题目为：“从金顶古建筑遗址遭破坏谈起”，我认为并不是破坏，而是建设。7月7日在林业厅召集的“梵净山自然保护区座谈会”上，我的发言中也指出过，该会议所发的影集中就写有“上、下茶殿古建筑遗址被‘维修古庙’的施工单位所破坏”，应该更正为“上、下茶殿古建筑遗址正在清理修复中”。

2. 虽然在“明传电报”发文，但回避了其实质内容，断章取义，所取的“罪状”又不属实，对第三条更是避而不敢谈。

3. 大黑湾处建的不是“亭阁”，而是一仿古小亭，这不是文物经费开支，是江口县另取专款修建，目的是为过路人避雨歇息赏景之用。在沿途大景点处建小亭，有意使人留足观赏，即“亭者停也”之义，强调了景观，是符合规划原则的，无可非议。

4. 新金顶的天桥，原已裂缝多处，拱券一些石块也松动，拱基不牢，为安全耐久计，这次在修复中将拱下支好模板，拆下石块，重又加灰浆砌筑，并采取了加固措施，按原样修复好，如果把这3.1米跨长、1.95米宽的石拱小桥，誉为“20世纪80年代的新桥梁”，那么，修复过的隋代赵州桥又该如何称誉呢？这里毫不存在“与古桥比高低”的问题，可由拆建前后的照片作证。

5. 因修筑了小路，沿途及金顶的植物不但没有被践踏，反而使人们循路而行，更加有效地保护了植被。看来印江、松桃两县之山路也该及早动工筑成，以加强对自然的保护。

6. 个人认为美国动物学家的话有其片面性，因他们不了解梵净山的历史文物、风土人情，并不是我们才“在这么好的环境中搞建筑”，而是这建筑早在四五百年前就有了的，外国的一些专家还不是感叹他们的自然保护区里仅有自然景观，缺少人文景观，不能使多数人受益？如果换了别的专业的博士来恐怕又有别的观点，我认为这是造福于民。

7. 朝山进香不足为怪，历来如此，何况也不是梵净山所特有的，泰山上跪地顶拜的人多矣，昆明亦然，沿海开放城市更视为常事。美国人也有信仰，去教堂做祷告的大有人在。这是一种民俗，所以，不能归罪于文物修复。

8. 文物经费纯粹是干投资，丝毫不存在赚钱之事，文物经费不能用来新塑神像，修复文物的目的不是要搞封建迷信，这点需分清。据我了解，县里没有专门的接待经费，这一批批团体，都是由对口单位分别用其本身经费来开支的，还要有人陪同，所以县里的负担也是相当重的。山上吃的食物、烤的杠炭、住的、用的都是一点点挑上去的，加上工作人员的工资，能够自足亦属不易。决不像洋博士所说“单纯追求经济收入”，这在他们国家可能是这样，而我们搞文物保护并非如此。

七、几点措施建议

1. 保护梵净山要加强管理，尤其不宜搞经营性质的林业管理，增加经费投入，使保护区管理处及林业站的奖金等开支有所增长，费用有所来源。

2. 宜尽快修建小水电，使山上烧柴改为用电。

3. 保护区周围村寨首先实行电气化，才能解决老百姓的烧柴这个大问题，光制止砍柴不解决实际困难是没有用的，否则树木生的不如砍的快，光说保护是保护不了的，这方面的破坏比起游客的损害不知大多少倍。

4. 引导周围老百姓的致富门路，改变靠山吃山、靠水吃水的旧习惯，还要学习养山养水来养人。

5. 普及老百姓的科学常识，提高文化水平。

6. 从速建起“梵净山博物馆”，地址已选定，位于江口县城北，依山临水。规划的建筑面积为4000平方米。设综合馆（包括矿物）、动物馆、植物馆、文物馆、图书资料室及山林区、花草园等，希望有关部门能协力支持。

保护和管理好梵净山是我们这一代人的光荣职责，自然保护部门和文物保护部门的目的都是同一的，大家都有具体的义务和责任，为此，而让我们各尽所能吧。

1986年7月10日

后记

印江县与江口县在梵净山金顶的地界之争中，而发了明传电报，由于金顶寺庙建筑群（护国寺、承恩寺及金刀峡顶端上的小庙等）是本人主持设计的，省文管会便转给我作解释而引发此文，登于贵州日报学术研究栏，并收录于《贵州省文博事业发展战略讨论集》中。结果可想而知，除了小庙建成外，其他两座建筑群就停工了，当时估算造价仅一百万元左右即可建成，若现在再建，恐怕一千万元都建不成原设计的规模和标准了，时间就是如此地不饶人（图5-2-1～图5-2-3）！

图5-2-1　梵净山古庙工地

图5-2-2　梵净山顶

图5-2-3　梵净山顶

三中古城墙应妥善保护

随着南明河河岸整治（阳明路段）工程的进展，原三中教学楼的拆除将要把遮挡多年的古城墙现出，该段遗存的古城墙系明朝洪武十五年（1382年）镇远侯顾成、都指挥马烨在元代土城基础上砌筑的石城墙，距今已有623年之久了，它与保护最完整的西安市城墙同时修建，属于我市次南门经一中桥城墙、六洞桥水关到大南门中间的一部分，实属现存不多的元、明建筑，这段城墙前临南明河作为护城河，乃是用土石写就的历史，贵阳城市发展的见证，是我市又一处紧临母亲河畔的人文景观，理应予以保护，原由如下：

1. 贵阳市原是个有历史、有文化的古城，作为古城的实物载体就是城墙了，除在志书上和地名上还能查到内外贵阳城的轮廓，其遗存仅仅保留下零星的三段：东门有文昌阁城墙、大西门还剩有一小段三元宫城墙，以及一中桥古城墙，这次显露出来的黔明寺古城墙是靠近大南门的一段，长约百米，还是很有价值的。这几段虽然都是分散的，但在空间上还是能给老城区作出部分界定。

2. 该处对古城的发展也保留下了一处特色地段，如贵阳城的庙宇建筑除了在街区中的以外，还有和城墙组合在一起的形式，如建在月城上的文昌阁建筑群，如建在城墙内侧的华家阁楼（大觉精舍）建筑群，再就是这一段建在城墙外侧的黔明寺建筑群，它们都是寺庙和城墙紧密结合的范例。

3. 贵阳城外黔明寺背靠南城墙，面向南明河，旧时有渡船码头下到河边，介于城墙和护城河之间，处于河湾凸出地带，风景极其秀美。东面不远处即是大南门、南门桥、甲秀楼一带，该处集自然景观与人文景观于一体，实在是一处不可多得的风水宝地。

4. 古城墙内侧现建有全市最高楼——航天大厦，其三面环路，对于消防登高业已满足，没有必要把这段极有价值的古城墙拆除而建一条内部通道。

5. 作为现代化的高楼大厦与古色古香的省级文物建筑——黔明寺之间也应有一个空间上的隔断，利用古城墙就形成了一道天然的分隔。如今在城墙上已生长了两棵大银杏树——历史的载体，应妥为保留，并在城墙两侧补砌白棉巨石，力求恢复其原貌雄姿，同时也可作为黔明寺的后部疏散通道，使寺与墙连成一条游览路线，从而增加其趣味性。

随着南明河岸黔明寺段的绿化整治，使得古城墙→黔明寺→绿化花园→南明河，连通成一串多样景观的休憩之地，进而可开发河中游览，上达一中桥、下至甲秀楼，丰富了人们的活动场所，并且也增加了经济效益、社会效益和环境效益，何乐而不为呢？

结合这段工程的整治，看到南京夫子庙、秦淮河夜游，上海城隍庙、豫园，苏州玄妙观、观前街等，人们莫不把寺庙名称打出来，借古已有之的寺庙提高其城市文化和旅游的知名度，我们为何不敢把“黔明寺”响亮地打出来呢？何况该寺还是贵阳建于明末的古寺，建造年代比黔灵山弘福寺还要早。为此特向有关领导和部门呼吁：

1. 解放思想。庙宇不是洪水猛兽，以其发展旅游无需有所畏惧。

2. 手下留情。这段古城墙虽然已成残垣断壁，但它是老祖宗留下的历史文物，希望不要在我们手里毁掉，还是尽可能地给子孙后代们保留下来为好。

附注：

宋之贵州城即元之顺元城，《贵阳府志》云：“贵阳府城即元顺元城也”。顺元城是一座土城，其位置在今贵阳市城区的南部，范围为：北到钟鼓楼，今勇烈街口，东到今老东门，西到今大西门，南到今大南门。据清康熙《贵州通志》载明洪武十五年（1382年）始筑石城，“周长九里七分，高二丈二尺……”

构建和谐青岩——文物保护与旅游发展浅析

民族性、地域性及时代性——记贵州民族文化宫的工程设计实践

建院60年华诞征文——半个世纪的回忆片段　之一

建院60年华诞征文——半个世纪的回忆片段　之二

意匠

匠意

构建和谐青岩

——文物保护与旅游发展浅析

作为国家级的历史文化名镇——青岩镇是当之无愧的。曾经是明清时期集传统民族文化、宗教文化、商贸文化、军事文化及红色革命文化为一体的历史重镇，是贵州省保存较为完整的一座文化古镇。

2005年2月10日，胡锦涛同志来青岩考察时的讲话中提到青岩古镇历史悠久、文化丰富，位于省会近郊，这些有利条件是非常珍贵的，只有保护好，才有可能开发利用好。

首先看其历史悠久的一面——据《贵阳府志》记载，“青岩堡在青岩下”，“青岩”原为山名，是镇东北面诸山之主峰狮子山，岩石色青而得名。在明洪武二十八年（公元1395年）设置青岩堡，屯田驻军，作为当时“治城”贵阳的军事前卫。以后逐渐向南发展，明隆庆三年（1569年）在今青岩镇设“青岩司”，民国三年（1914年）改为“青岩镇”，至今已六百余年了。镇的城墙始建于明天启四年（1624年）的土城为老城，设东西南北四门，明徐霞客曾于崇祯十一年（1638年）到过，该游记中记述“其城新建……是贵州省南鄙要害”，清顺治十七年（1660年）改为石城，并向南扩建了外城“定广门”，此后在清嘉庆三年（1798年）和咸丰四年（1854年）均有重修和整修，挖壕沟、筑炮台依山就势，极富贵州山区城堡之特色。

再看文化丰富的一面——古城位于贵阳南下广西的第一站，古时老路有六十余华里的驿道，为车马行人一天的行程，至此作为歇息点，于是形成了商贾云集的城镇。由于该处山环水绕，井泉较多，适宜居留发展。城墙内占地不足五十公顷，从文物保护规划的要求分：一级保护区（绝对保护区）4.66公顷，二级保护区（严格控制区）18.3公顷，三级保护区（环境协调区）59.9公顷，共82.86公顷，尚不足一平方千米，此外还有外围保护地带，共同组成古城的范围。在这弹丸之地，就设有东西南北街及背街五条，小街巷二十六条，喜迎四面八方客商行旅，逐渐形成了九寺、八庙、五阁、二祠、一宫、一院、八坊等37座寺宇祠观。容纳了佛、道、儒、天主、基督等五教兴盛，江西、湖南、四川三地会馆（同乡会）齐聚，说明了从最初的军事前卫，演变成了繁华的商业城镇，造就了丰富多彩的文化氛围和民俗，保存下了丰富的历史文物古迹和苗族、布依族与汉族的民俗风情。从而孕育了代代名人雅士。如进士周渔璜，武举袁大鹏，状元赵以炯，进士赵以焕、赵以奎、赵继香及举人赵以炳等，民国初年孙中山先生的秘书长平刚都是青岩人的优秀代表。抗日战争时期有周恩来之父、邓颖超之母及李克农家属等都在青岩有避隐处。还有江西会馆万寿宫曾是国立浙江大学西迁办学之所。这些皆润染着名人志士们的气息和遗迹。

早在20世纪80年代中期，省规划设计院就作了保护与发展规划，立足于完整地原状保存现有的文物建筑，按《文物保护法》“整旧如旧”，保护文物的三性（历史性、科学性、艺术性），分期分批予以抢救修复。在镇内不发展工业，在镇外另辟新区，为后人保留一个“原汁原味”的明清古镇。如今要想在贵州省看到六百多年前先人们留下的生存古迹，已不可多得了。正由于当时“穷”，故没有遭到大拆大建，更由于当时镇的党政领导能坚决贯彻保护古镇的决策，使得今天还能看到古镇多方面的遗风遗物，正是他们的功劳，在政府的启发和引导下，居民逐步懂得珍爱自己祖先的这份遗产，自觉保护家乡的生活环境实属可贵。对原有的民居，保持其旧巷深宅，把青岩地区建筑的根留住，方为正理。

1998年9月，省古建专家黄浩先生，在“古镇的特色及其保护”，一文中，对古镇的保护和利用作了有益的表述：如祠宇寺观必须按“修旧如旧”原则，原物原状逐步保护修复，但可赋以新的功能。原古民居的四合院，是贵州传统民居的精华，要改变“千家院”多居、杂居的现状，拆除乱搭房舍、恢复原有装修，复原石板天井及庭院绿化，改善厨厕设施。镇内街巷仍保留石板路面和条石台阶的山镇特色，逐步恢复已毁的老城墙、城门及城楼……

1999年12月在省建筑设计研究院的《青岩古镇保护规划》中，也特地强调了历史建筑文化古迹及其与环境相结合形成的空间，既是观赏的对象，也反映了当时社会生产力和建筑技术发展水平。因此，历史建筑抢救维修原则是：“修旧如旧保持原貌”、“保护和利用相结合”，这是古镇保护的主要途径，保护最终目的是利用，只有合理利用才能充分发挥其固有价值。历史悠久、人文荟萃、传统文化特色是古镇吸引游人的宝贵财富，通过开拓旅游环境，使它与现代生活更好地结合，从而达到保护目的，保持青岩古镇可持续发展，“古镇保护和文物保护不同，不应把它当成博物馆”，应为花溪风景名胜区的景区之一——丰富的人文，民俗景区。其中包括了名人遗址：历史近代文武皆备；宗教文化：五教齐聚中西交融；民族文化：汉、苗、布依和睦相处。这些均在众多的古建筑中显露出来。

按照同济大学阮仪三教授的观点是“修旧如故”，即不仅恢复原有建筑的形式，还要恢复原有建筑的功能，原来做什么用的还应恢复其用途，即建筑形式与其使用功能应一致，性质是同一的，这才是修旧如旧或如故。我很赞赏这种观点，所以在修复设计中尽力体现了这种理念。

市建委早在一开始的一期工程修复方案评审时的［2000］8号纪要中，就明确提出“公建恢复要同原有职能相结合……慈云寺、迎祥寺连接在一起形成一个规模较大的寺院”。这在2000年12月26日的镇党委所作的《青岩镇历史文物管理与开发实施方案》中亦有体现。古镇的一大亮点是“五教聚一”，整个镇都具有很浓厚的宗教文化氛围，是“多民族、多宗教、多元文化汇聚的画卷”，“明清时期，古镇商贾云集、寺庙林立、香烟缭绕、盛极一时……恢复宗教场所，采取以寺养寺的办法”是明智之举。

附注：

“九寺”：龙泉寺、慈云寺、观音寺、朝阳寺、迎祥寺、寿佛寺、圆通寺、凤鸣寺、莲花寺。

“八庙”：药王庙、黑神庙、川祖庙、雷祖庙、财神庙、火神庙、孙膑庙、东岳庙。

“五阁”：文昌阁、云龙阁、三官阁、奎光阁、玉皇阁。

“二祠”：斑麟贵祠、赵国澍祠。

“一宫”：万寿宫（又名江西会馆）。

“一院”：青岩书院。

“八坊”：现存，北门外赵彩章百岁坊、南门外赵理伦百岁坊、定广门外周王氏媳刘氏节孝坊。已毁，东门外平车氏节孝坊、北门外吴张氏节孝坊、王张氏节孝坊、赵车氏节孝坊、西门外李姓妯娌节孝坊。

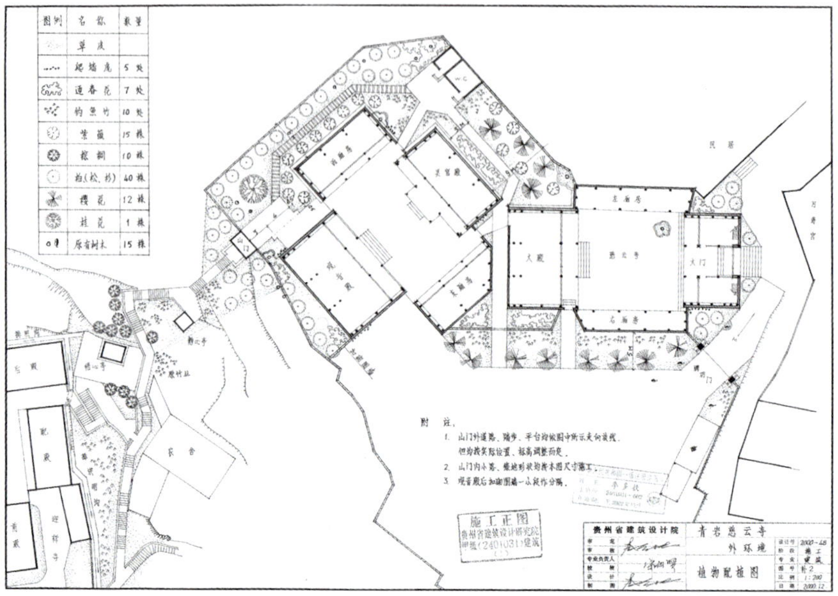

图6-1-1　慈云寺与迎祥寺相连

一、慈云寺

慈云寺系青岩镇的九寺之一，为供奉观音菩萨的庙宇，位于背街的转角处，其斜对面即为万寿宫地盘，该寺院建在一处平坦的高地上，大门朝向北偏东44°，南部后墙即是一个弧形的高坎，其下即是迎祥寺，西侧紧临背街民居。根据地形分为三大块：前院、后院和侧院。占地面积3930平方米。清康熙年初建，道光十二年（1832年）重修。根据和迎祥寺的佛教历史沿革和地形特征，重修后的慈云寺与迎祥寺将串联为一体，自然形成一个较大规模的佛教场所（图6-1-1、图6-1-2）。

前院属于一座完整的四合院，门楼两层，皆为青岩形式（图6-1-3、图6-1-4），下层为过道、门房和楼梯，上层即为戏楼（图6-1-5）。这在过

图6-1-2　青岩迎祥寺大门

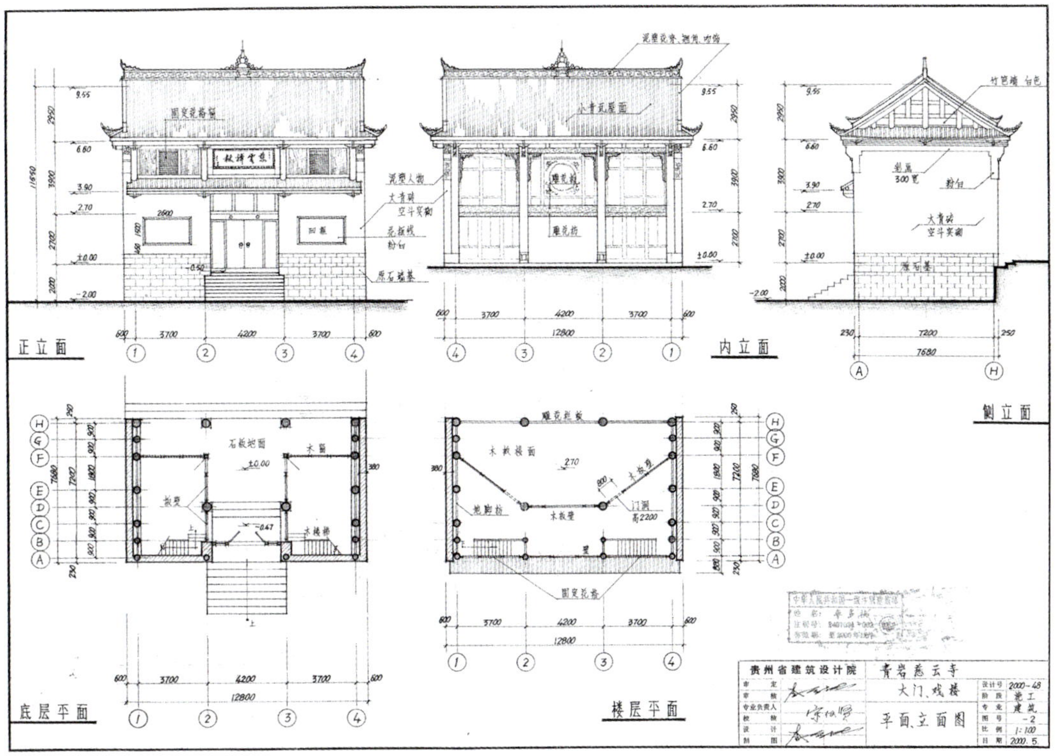

图6-1-3　慈云寺大门戏楼图

图6-1-4　青岩慈云寺（戏楼修复前）

图6-1-5　青岩慈云寺戏楼大门

图6-1-6　青岩慈云寺大殿与钟楼

图6-1-7　青岩慈云寺（前院修复前）

图6-1-8　青岩慈云寺观音殿

年过节及菩萨的三个生日时，寺里都会举行庙会，人神同乐。两厢是二层的钟、鼓廊，左钟右鼓和男左女右的游人休息、观戏廊（图6-1-6）。院中由当地石板铺地，戏楼正对大雄宝殿，殿内供奉如来佛，十八罗汉列两旁，次间后墙辟有一门通达后院和侧院（图6-1-7）。

后院进入一个夹角42°的四合院，正殿三间观音殿（图6-1-8），倒座为韦陀三官殿（图6-1-9、图6-1-10），东西两厢为客堂，在西厢房边开有小路和后山门，下山坡有台阶山道和路边悟心亭与静心亭供休息。顺山路沿迎祥寺外墙下至迎祥寺（图6-1-11～图6-1-13）。

恢复其为佛教场所，以寺养寺，供游客观赏游玩，欣赏寺中佛像、石雕、木雕等艺术精品和房屋构造，了解其佛教活动。

寺的东侧为僧房及斋堂，此处居于古镇高埠处，可远望南城墙和定广门，实是一景观佳地，斋堂为素餐馆，恢复其传统素斋，用青岩特产的多种豆腐宴招待游客，实是一大乐事（图6-1-14）。“慈云寺素斋”是青岩的一张名片。当时黔灵山弘福寺方丈慧海法师很有兴趣经营管理，如果那时由他们管理可省却政府的负担，僧侣是以庙为家的，日常维护及建筑维修都由他们出资，人员的吃、住、工资等问题也无需负担。现在光靠门票收入是远远不足的，殿堂里作蜡染展览明显的人气不足，也是不可能持续发展的，况且庙堂与展览风马牛不相及。

如今每逢大年初一和菩萨的三个生日，由于交通方便早已不只有青岩当地人来了，贵阳人亦有跑到青岩来烧香祈福的，可见民俗的习惯还是顺应的好。日前广州

图6-1-9　青岩慈云寺韦陀殿、三官殿修复前

图6-1-10　青岩慈云寺后院三官殿修复后

图6-1-11　青岩慈云寺后山门连通迎祥寺

图6-1-13　青岩慈云寺后门环境

图6-1-12　青岩慈云寺后门静心亭

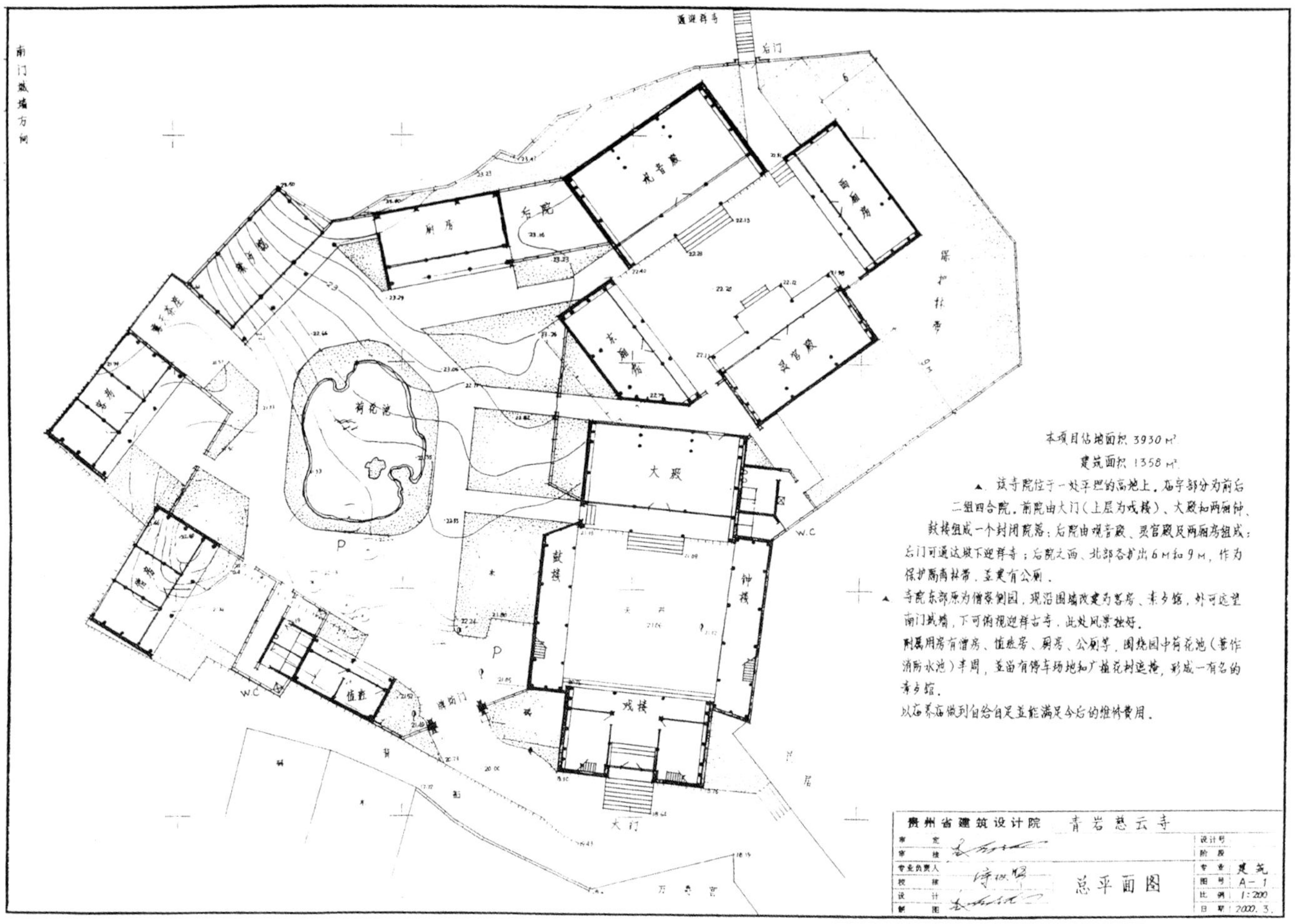

图6-1-14　慈云寺总平面

耗费2000万元修复城隍庙，正式免费对市民开放，恢复烧香等传统民俗活动。这在外地及沿海一带已是正常的事。

建筑特点：皆是贵州的穿斗木结构和穿斗木梁架的组合，木檩是搭在童柱顶上，山架的穿斗木柱多根落地，而山架的穿斗格中或封板、或设小窗，甚或全开敞，该寺庙是用编竹笆双面抹白色麻刀灰的传统做法，砖砌空斗山墙，两端部作墀头和白粉横带，以作为空斗山墙的收头，常饰以泥塑和彩绘。屋脊亦为白灰粉面，中间塑宝顶，两端设脊吻龙饰，翘角亦为泥塑草龙，皆以桐油、糯米、白灰浆的传统做法塑造。

两厢房则是钟鼓亭和休息廊的组合，打破了五间侧廊的简单形式，而是在第二间突起歇山屋面亭顶形成一、三、四、五间为平直的悬山廊，不对称的立面轮廓使得不大的前院有了灵活的造型，丰富了空间。

大殿带前廊，有小门通侧院，后院的四幢房屋皆设前廊，倒

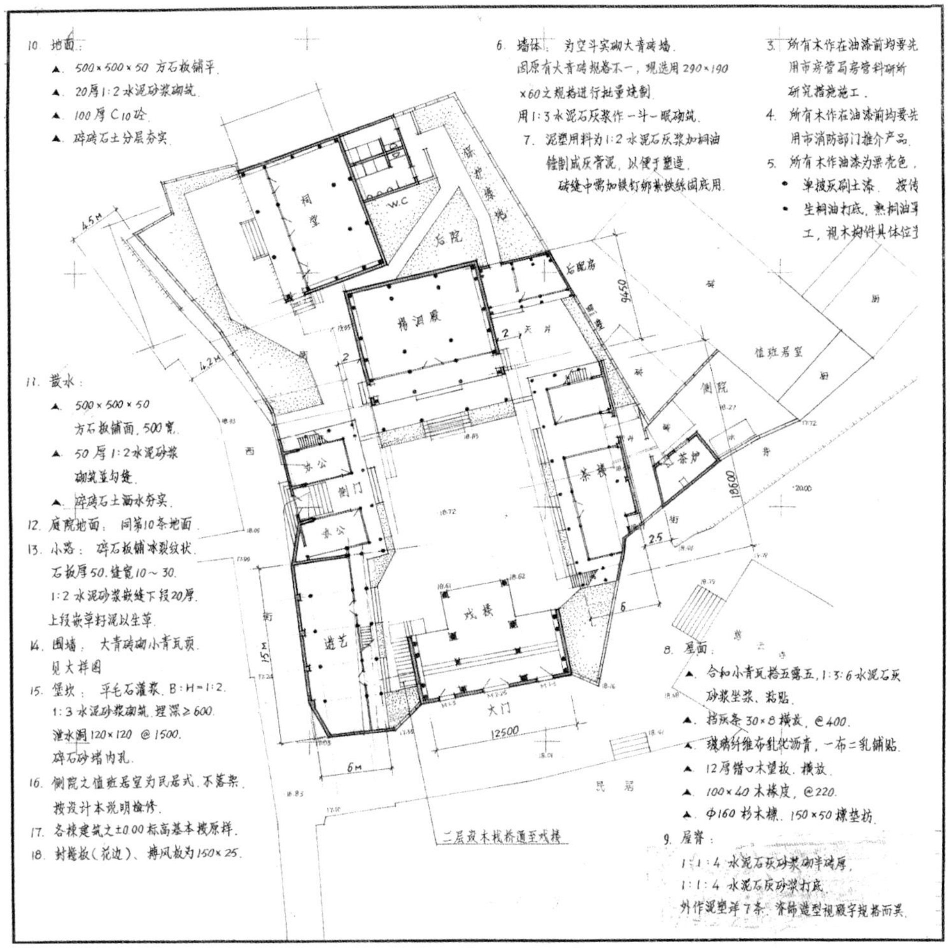

图6-1-15　万寿宫总平面

座韦陀殿中间并有披厦突出，此种带前廊的形式，符合当地“天无三日晴”的气候特点，同时又是该建筑的半开敞过渡空间。

二、万寿宫

万寿宫系青岩古镇的“一宫”，即江西会馆，是江西商人来青岩的同乡会。分前院、后院和侧院。占地面积1500平方米。位于背街的东北端，坐东朝西，其斜对面即为慈云寺，北部邻西街，地势较平坦，后部为十字街口民居，东南部亦由民居紧紧包围。清康熙年间建，嘉庆三年（1798年）重修（图6-1-15）。

前院：由门楼、正殿、两厢楼组成四合院，按贵州制式，入口为牌坊墙大门，设一正二副三个不同功能的石砌拱券门：左门上部石刻横匾“月宫”，右门横匾“紫府”，正门大拱券，其

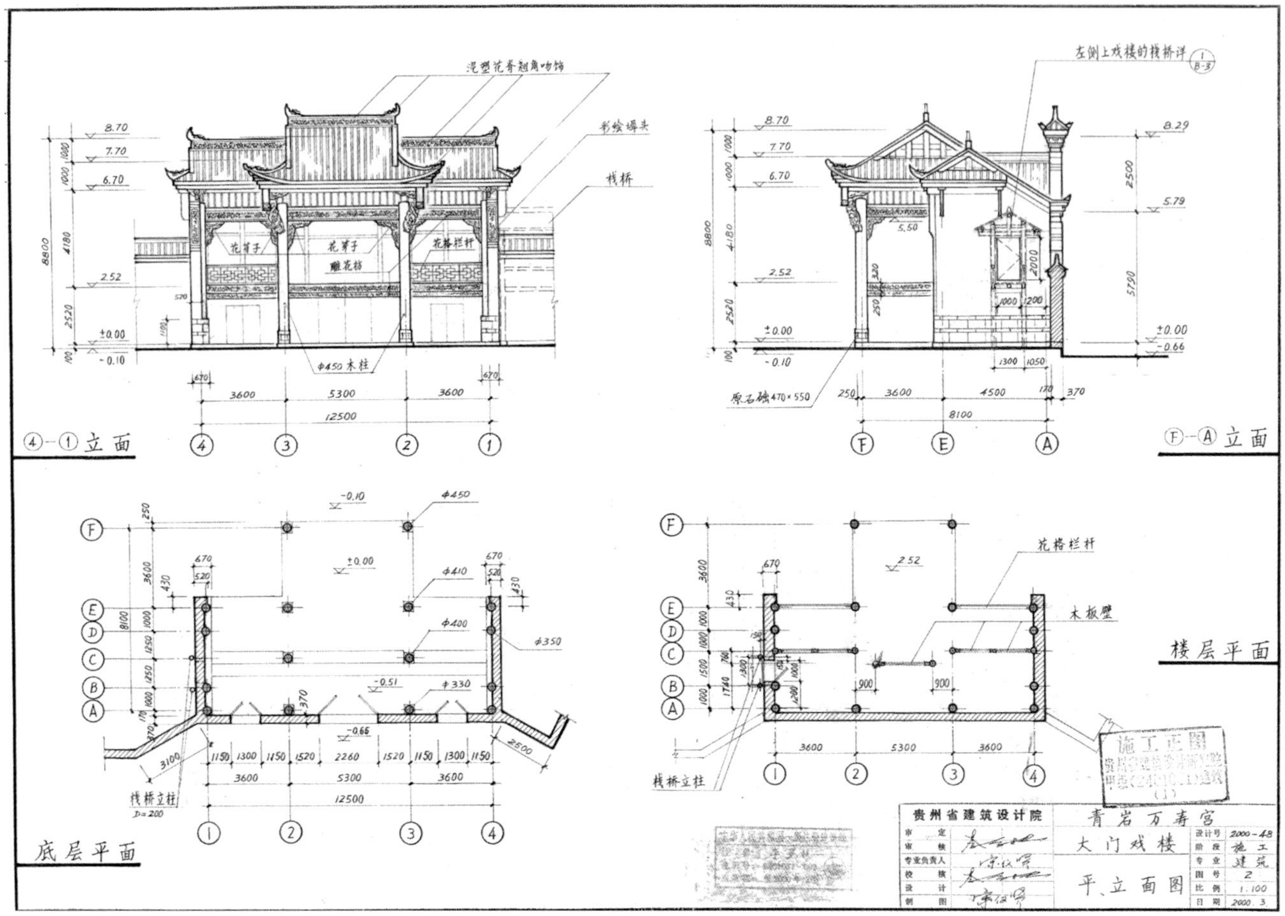

图6-1-16　万寿宫大门戏楼图（宋仪贤　绘）

上石刻竖匾“万寿宫”，三匾下皆有砖饰立雕人物故事，精细生动，代表了当时工匠高超的施工技艺！入得门来即为上下二层三开间的楼房，正中间是5.3米宽的大开间，楼下为三门内过道，楼上为戏楼（图6-1-16），次间有短廊与厢房楼梯相连。戏楼建筑为全院精华，戏台突出，台裙三面戏文木雕生动，大额枋圆雕二龙戏珠，两角柱檐下撑拱为木立雕的下山狮，栩栩如生（图6-1-17～图6-1-20）。檐周卷板垂柱，戏台中八角藻井盘龙踞中俯视台上演出（图6-1-21）。屋顶为歇山翘角飞檐（图6-1-22），脊塑草龙，均按贵州传统做法施工。其他建筑也多为硬歇山屋面。南厢房下有一排半地下室的牛圈，利用前后高差的地形而得，系当年会馆在城内外均有田产，故养牛以耕种（图6-1-23）。一些民居院内也曾留有菜园，丰富了城内绿地，可见当时人们还是农、商并举的。现在通过这十来年的开发，见缝插针地盖起了房子，菜地将消失殆尽。

图6-1-17　青岩万寿宫戏楼（修复前——20世纪80年代）

图6-1-18　青岩万寿宫戏楼（修复前——20世纪90年代）

图6-1-19　青岩万寿宫戏楼

图6-1-20　青岩万寿宫戏楼，江西会馆

图6-1-21　青岩万寿宫戏楼八角藻井

图6-1-22　青岩万寿宫（江西会馆）戏楼角撑拱

图6-1-23　青岩万寿宫（左厢房半地下室牛棚）

图6-1-24　青岩万寿宫（江西会馆）杨泗殿

图6-1-25　青岩万寿宫（江西会馆）修复前大殿与右厢

图6-1-26　青岩万寿宫杨泗殿（辟为精神文明活动中心）

正因为名字为“宫”，从而使人误以为是道教场所，其实这与国内的福建会馆称为“天后宫”一样，均不是道教宫观而是会馆建筑。大门内即是戏楼，两侧厢房为女眷观戏之所，长辈与男眷观戏在正殿前廊下。正殿中供奉杨泗（图6-1-24），乃鄱阳湖的水神，保佑赣商从水路溯江经洞庭湖、沅江、㵲阳河，在黄平旧州登岸来至黔之腹地，从而进行了跨省的物资流通，活跃了贵州与外省的商品和文化的交流（图6-1-25）。

按［2000］8号会议纪要精神：“万寿宫作为镇的文化宫，为当地群众提供休闲娱乐场所”。于是在设计中作了修复利用，选作“精神文明建设活动中心”（图6-1-26），将两厢原幼儿园的平房改为二层楼，作为茶室或游艺室，大殿作为展室或讲座报告厅，戏楼为镇上文艺演出舞台。祠堂地处静区，可辟为图书阅览室，后院设洗手间，侧院设茶炉间等附属工作用房，使之以宫养宫，可谓建筑形式与内容的民族文化结合，却也适宜。回顾新中国成立已六十多年了，青岩还未有一个文化活动的地方，实在说不过去。总之，还原万寿宫的本来面目，古为今用，能使镇上普通百姓得以使用，造福于大众，以提高古镇的文化素养，同时又开辟了一块精神文明宣传之地。

当时来到青岩经商的有七姓家族，在后院就建有一座三开间的七姓祠堂，堂内有石碑记载。侧院有值班室和厨房、卫生间等。

抗战时期，浙江大学内迁，曾在此处停留办学，后迁湄潭文庙。

三、龙泉寺

龙泉寺系青岩古镇的九寺之一，名虽为“寺”，实为道教场所，位于北城门里，在古城中属于“北玄武”方位，是供奉真武大帝的庙宇，原有真武宫、老君殿、纯阳殿及其配殿，大门为白石框，其梁下正中古刻有太极图，门内亦有戏楼，两侧廊二层为钟鼓廊，可在底层观看戏楼演出，男左女右。“文革”前大殿檐下设竖匾“真武宫”一副，其后随殿圮而失。在修复前，前院大门与两厢作为浴室，后部侧房为中学教师宿舍。真武宫和老君殿仅留遗址地基，其他多为危房，在2001～2002年的修复中，亦是按照原有地段而进行复原，所存留建筑尽量不落架，只局部更换已毁构件，并且按照片和实测图设计施工（图6-1-27）。这组建筑群原意是交由道教协会经营管理的，理由同前所述，但由于该处称“寺”，就以为是佛教的，其实道教是产生于我国的古老宗教，自汉顺帝时张道陵天师始创，历经一千八百余载，名称多样：宫、观、洞、府、寺、庙、庵、院、祠、阁、楼、台不一而足，称谓“寺”的，近处就有贵阳扶风寺、重庆上清寺等，皆属道家所为。如今作为私人收藏的奇石展览馆，就失去了原有建筑的个性，不伦不类，望有领导者们能为青岩的寺庙正名。本来好端端的一处宗教文化的景点，反而冷冷清清，这对于古镇历史原貌是一种不尊重，为增加人气指数，还是恢复其本来面目为上，以求五教齐聚之盛事。

龙泉寺占地2360平方米，建筑面积1026平方米，共十处殿堂及一影壁和厕所。地势南高北低，相差5.5米，大门北偏东47°。分为上下两院和侧院，三部分。

明万历年间首建于龙井寨大龙井处，故名之。后迁建于此，清康熙五十七年（1718年）重修，嘉庆三年（1798年）又重修，至今戏楼大梁上仍有题字佐证。

正门由北城门里之北街北端进入，街对面8米处立一座大青砖砌古照壁，长高11.8米×3.5米，庑殿顶。大门是一座二层砖坊门楼，仍按青岩建筑格式，楼下中间为过道，两侧为门房，楼上为三间戏台（图6-1-28），正中间设八角藻井，盘龙踞中。由东侧室外石梯上下，屋面为青岩式的硬歇山顶。门楼两侧为二层廊，底层为观戏廊，围成一个三合下院，大门正对一台阶，顺石级升至上院平台，分左右而达二层的钟鼓廊（图6-1-29）。中路正对大殿真武宫（图6-1-30），内供奉真武大帝和龟蛇二将。与左右两厢组合成三合上院。大殿为五开间，两端梢间，形成歇山式屋顶，卷板包檐，角柱设圆雕撑拱，周围挑檐枋均安有垂花柱，正间佛光背板后开两侧门通后院。正对五间重檐硬山顶的老君殿，两厢各有三间硬山顶的配殿，又围合成一个大的四合后院，东南角设有砖砌牌坊后门。形成了中路的“日”字形平面组合。

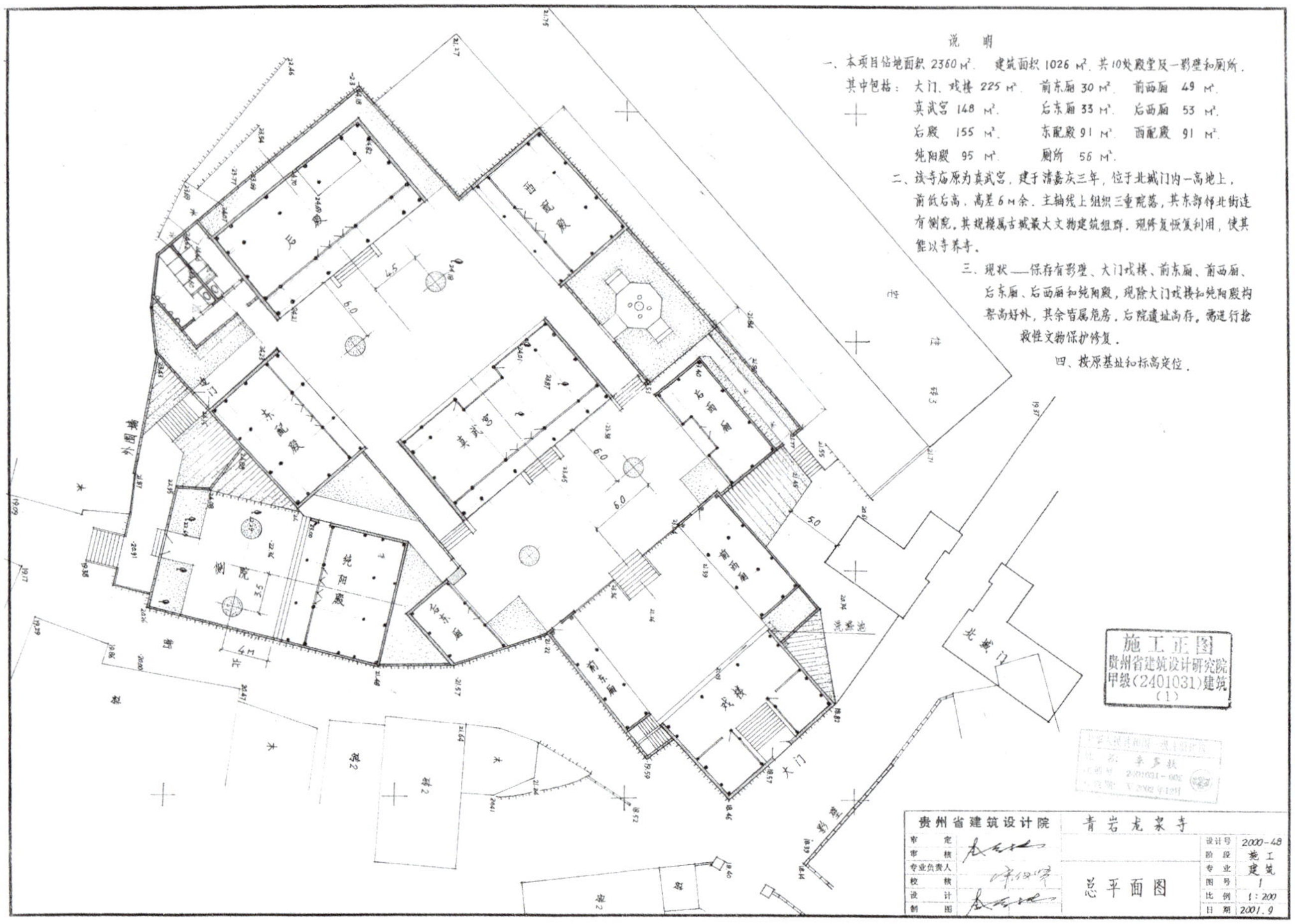

图6-1-27 龙泉寺总平面图

图6-1-28 青岩龙泉寺大门戏楼

图6-1-29 青岩龙泉寺左右钟鼓廊

图6-1-30 青岩龙泉寺中院真武殿

另从大殿东侧进入东跨院，有一坐北朝南的三间大殿：纯阳殿，供奉吕洞宾及其他七仙：汉钟离、张果老、铁拐李、曹国舅、韩湘子、蓝采和、何仙姑，侧墙上有八仙过海等壁画。此处地段低平自成一番天地，高墙围合成独院，又辟有砖砌牌坊大门，门外则与后门台阶结合，即面对北街闹市。

四、寿佛寺

寿佛寺系青岩古镇的九寺之一，名虽为“寺”，实是湖南会馆，即湖南商贾来青岩的同乡会所。大殿内供奉无量寿佛故名之。位于镇内东门阁上山北坡，坐南朝北，门前原为一场坝。进内逐层上坡，自前坝到后院南北高差有八米余。现存建筑大梁上书有“大清道光元年十月吉日立，民国二十年十二月初六日重修”等字样。

寿佛寺占地1877平方米，建筑面积966平方米（图 6-1-31）。

大门建于场坝南侧的1.5米高的台基上，东侧为顺墙边修的小路，上达山头民居，西侧紧邻孙膑庙。入得门内前后分上下两院和后园三部分。大门为牌坊式三间二层楼，下部为入口通道和门房，上部三间为戏楼，由东侧的室外石阶上下。明间宽5.3米，仍按旧制，有四方八角垂花藻井，内踞盘龙，台唇有木雕戏文典故。额枋圆雕二龙戏珠，弯椽卷板封檐，硬歇山屋顶，两侧建厢房，原为同乡会住所，体量较大，新中国成立后作为粮管所粮仓。

根据市建委筑建纪要 [2000] 8号文件所定，“为下一步旅游开发提供服务”。所以在修复设计中将其定为“寿佛寺旅舍”，将下院的平房粮仓改为二层的客房，上下两院的厢房即可改建为20个标准间的客房，可容纳一个小的旅行团。大殿则辟为餐厅，东侧建有厨房等配套设施。

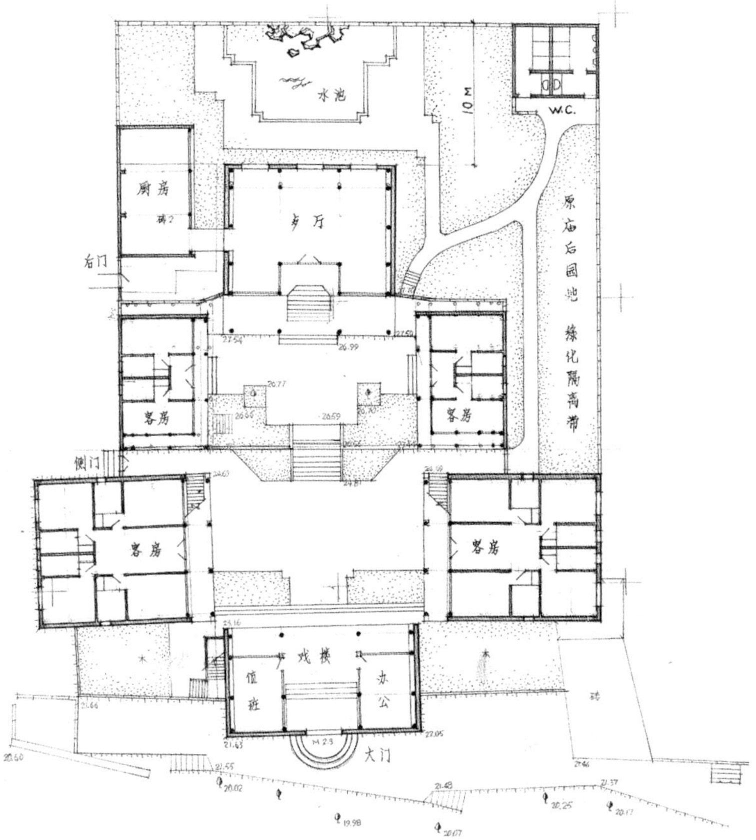

图6-1-31 寿佛寺总平面图

由于门楼、两厢房处于低层平台上，而围合成了三合下院。中轴线处有石阶石栏皆为当地白棉石质雕制，登上则达上院。上院左右厢房作曲尺形外廊、歇山屋顶，因体量较小，原为办公用房，2000年亦改为客房，与正中大殿又围合成一组三合上院，同下院共组成一个隔而不断的大四合院（图6-1-32、图6-1-33）。上下院东侧分别辟有后门和侧门，连通墙外道路以方便服务运输。大殿三开间带前廊，硬山屋顶。廊前台阶两侧设抱鼓石，中间斜置有一米见方的御路石，凸雕云水盘龙吐珠图饰，这在青岩的其他寺庙中尚无二例。其院坝形成一个扁长的上院，种有两棵老桂花树，枝繁叶茂，花香四溢。两侧建有券洞门通后园，原寺后山头均为会馆之田产，作粮仓时建围墙隔成民房聚居区，墙内仅剩有十米宽的后花园，以作为绿化隔离带和消防水池位置。在西南后角增建有公用卫生间，隐于绿化树木中。

寿佛寺旅舍规模有40个床位，西侧留有孙膑庙位置，作为旅舍的发展用地，恢复庙宇古为今用，以达到以寺养寺的目的。

戏楼在修复后用以丰富旅客晚间的文化活动，按其原功能使用。这在2000年设计前镇上还未有一座像样的招待所，的确需要有一处可留住人的地方，这一园林式旅舍，在建成后青岩到花溪的公路也扩建好了，人们可以很方便地回花溪或贵阳住宿，如此一来该寺的可持续发展就成了问题。

寺西紧临“孙膑庙”，前几年还保留着砖砌斗栱牌坊门，现年久失修已坍塌无踪影，好在当时修寿佛寺时把围墙建起，原规划此庙修好为寿佛寺旅舍的扩建部分，如今十年过去已废尚无动静（图6-1-34）。

图6-1-32　青岩寿佛寺（修复前）

图6-1-33　青岩寿佛寺

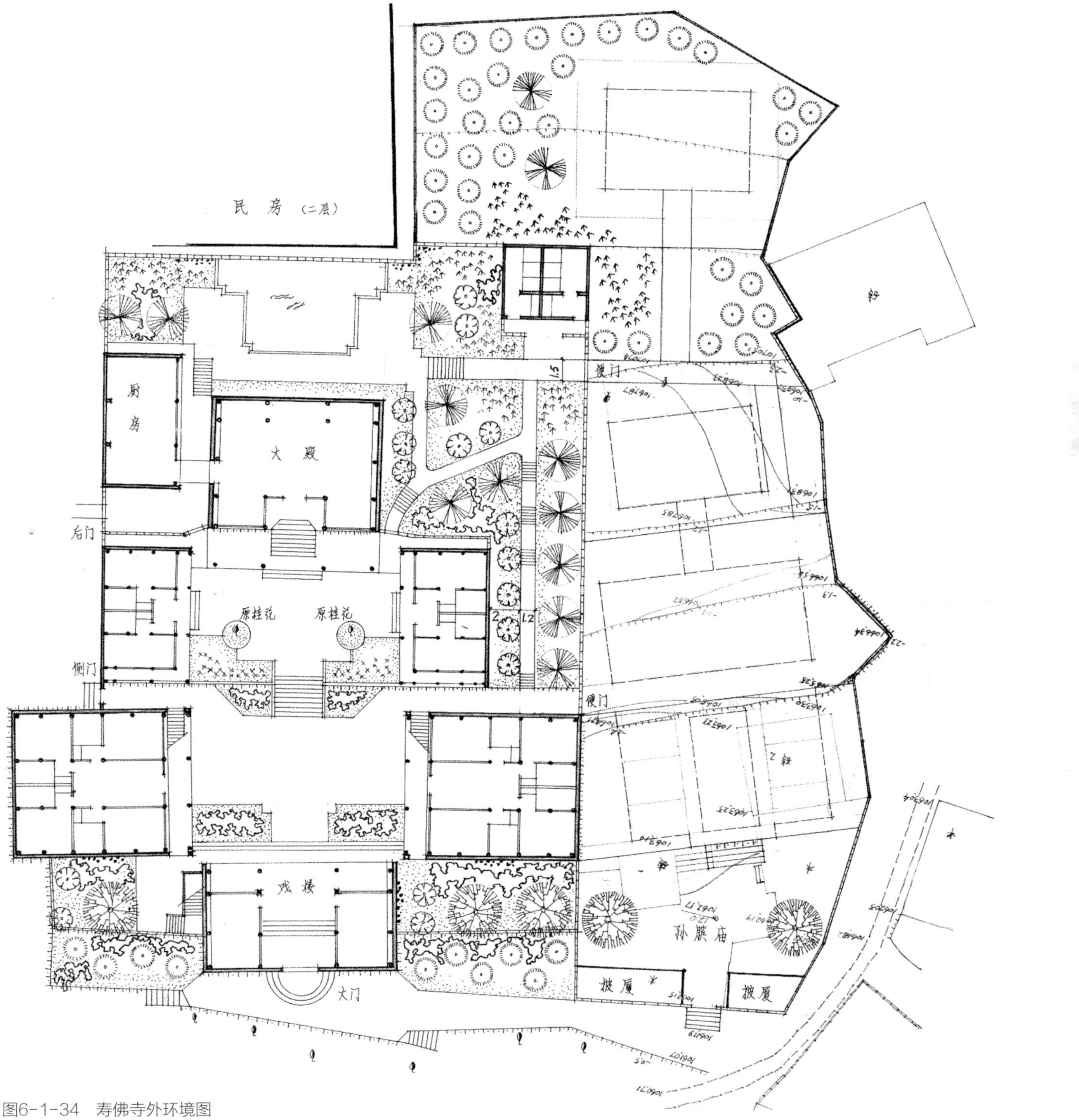

图6-1-34　寿佛寺外环境图

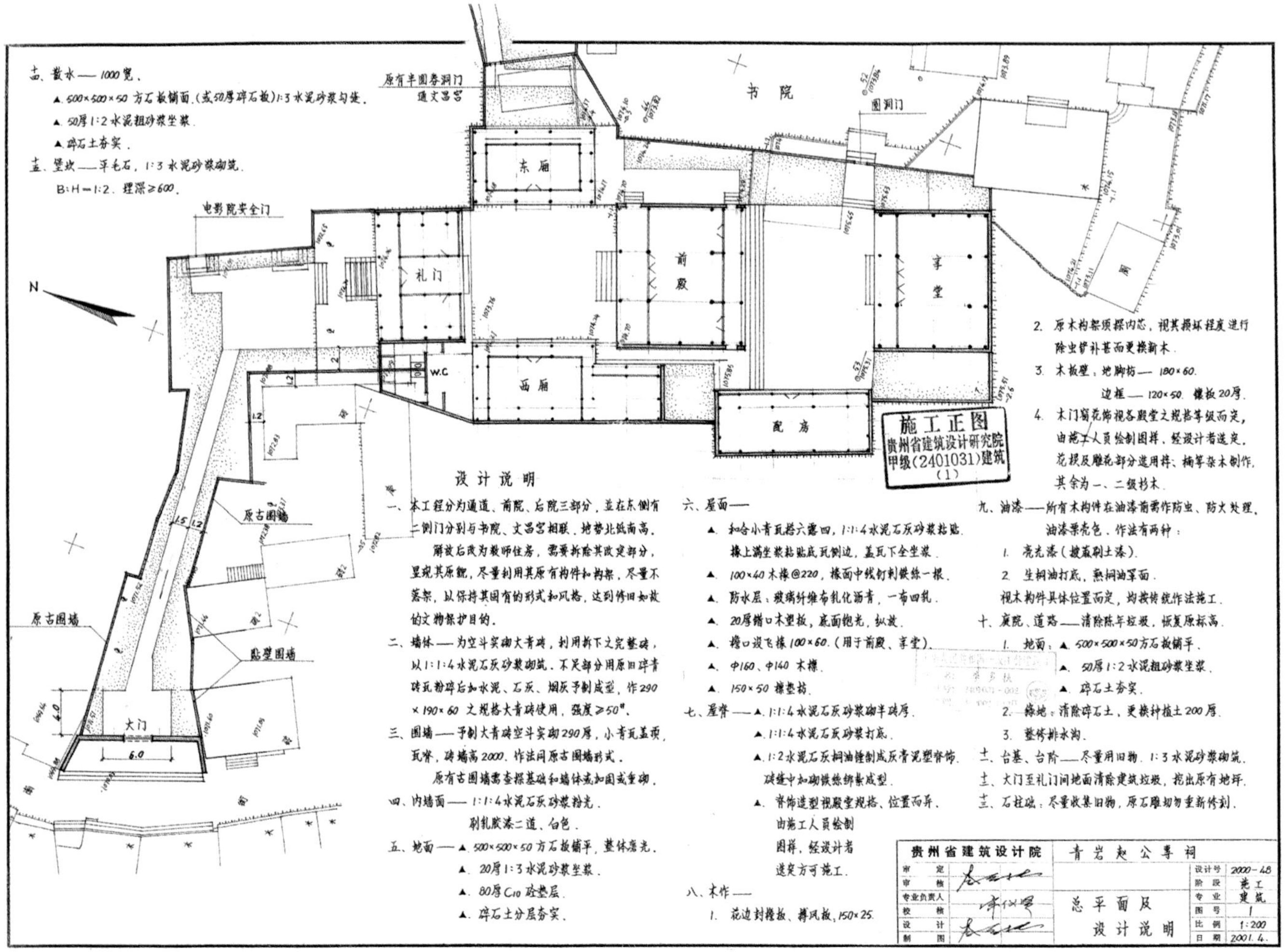

图6-1-35　赵公专祠总平面图

五、赵公专祠

赵公专祠系青岩古镇的二祠之一，位于南街北端，文昌阁、书院之西邻，朝阳寺之南邻，地势北低南高，高差5.5米。占地2000平方米，建筑面积902平方米。为纪念青岩团练使赵国澍（赵状元之父）而建，始建于清咸丰十三年（图6-1-35）。

大门位于南街东侧，是一座三楼庑殿顶的砖砌牌坊式金刚门，内外抹灰白色，中间券洞门之上横匾石刻“赵公专祠”（图6-1-36、图6-1-37），左边横匾石刻“金汤”，右边石刻“柱石”，两旁有八字撇山影壁，中塑下山狮，面阔12米、高8米。入得坊门即是一条长45米的甬道，两边筑有青砖围墙，与墙外民房分隔，墙内种植修竹等花木夹道。直对朝阳寺的后门。

图6-1-36　青岩赵公专祠大门修复前

图6-1-37　青岩赵公专祠大门

图6-1-38　青岩赵公专祠祭殿修复前

图6-1-39　青岩赵公专祠享堂

顺寺墙右拐，即到祠堂门前场地，礼门立于重层白石台基之上，为歇山屋顶五间带前廊，明间过道，坐南朝北。由此顺中轴线入前院，正中为三大间祭殿（图6-1-38），硬山屋顶带前后廊，与两侧之二层厢楼，围合成一组前四合院。并在东侧围墙辟有半圆券拱门可通文昌阁。

出祭殿后廊顺中轴线正对享堂，硬山重檐带前廊，三大间乃本祠堂之最高建筑（图6-1-39），西侧建有配殿五间，东侧围墙辟有一个圆洞门直通书院。它们则组成了三合后院，有礼门、祭殿和享堂，享堂中塑有赵国澍全身武装立像，以供祭祀。此一武将与城墙的修建也有关系。

这些建筑中展出了历史上各城门的照片，石达开余部攻打青岩的历次战役图，明清青岩战区军事攻略图，青岩军事体系攻防图等，以及古兵器、铠甲等陈列于此，以供人们了解青岩的武备情况。此处旧址在新中国成立后改为小学教师住房，已成危房，享堂仅剩地基，2001年在原址拆除搭建棚户，并修复完整，从而显现其原貌。尽量利用原有的构架不拆落，以保持其固有的形式、尺寸和风格，达到修旧如故的文物保护目的。

六、文昌宫

文昌宫位于一片北向坡地上，前低后高差八米余，南临书院，西傍赵公专祠和朝阳寺，使寺、祠、阁、院并联成一组建筑群，丰富了文物景点的内容，增加了旅游的观赏价值（图6-1-40）。

前院大门为砖砌牌坊门，面向文化广场。前殿供奉魁星点斗，东侧为斋堂和侧门。后院有花厅为文人学士、休息吟诗、行书作画之所，面对高台上的二层文昌阁，按照历史原真性应恢复塑像，阁内供奉文昌帝君，并有说明介绍，两厢房为服务用房，其山墙南端依靠着建有钟、鼓亭各1座，南侧则为4米见方的白石栏板放生池，阁楼底层后墙即为南围墙，两边辟有小门可通书院，西围墙开有半圆券拱门与赵公专祠相连通。

新中国成立后作为居民住房，阁楼仅剩地基，按原址大小复建。修好后被作为棋艺馆舍，只是楹联匾额书写得不伦不类，与原建筑性质大相径庭，那就失去了原古迹的意义，还是应该恢复文昌阁的原有楹联匾牌为妥，虽然可古为今用，但其原真的

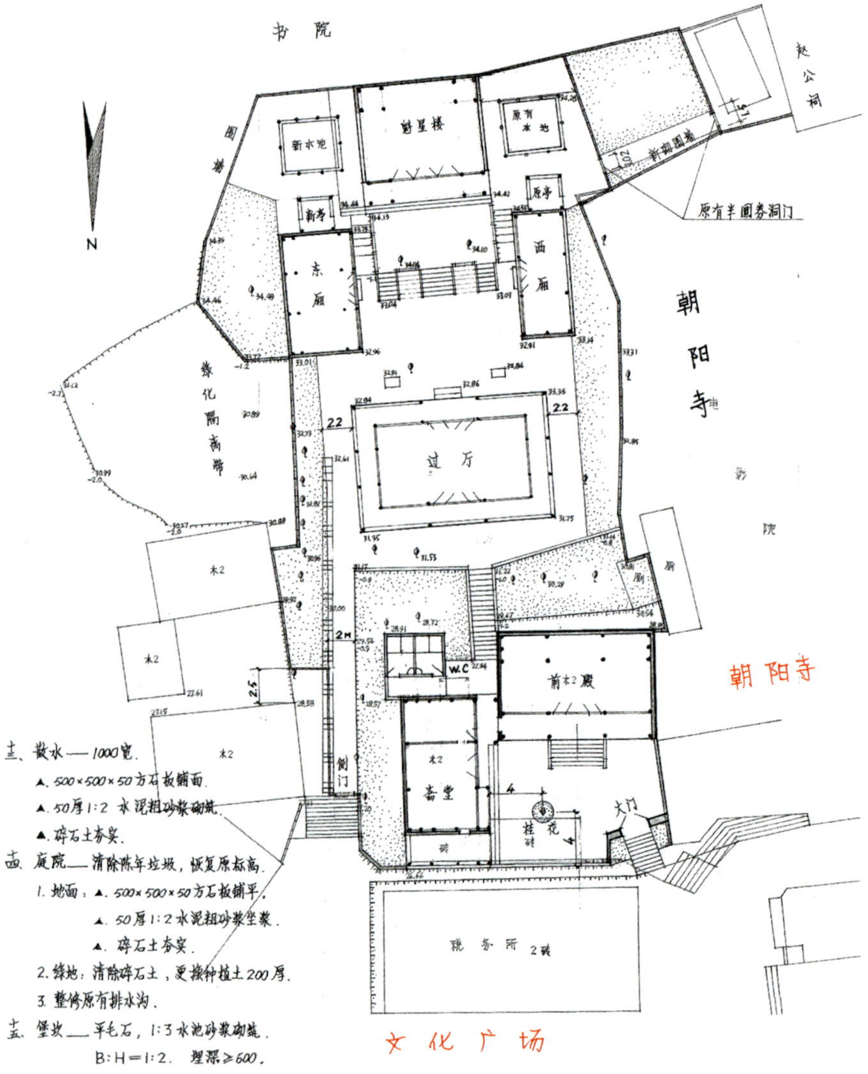

图6-1-40　文昌宫总平面图

历史不可强行割断，古意仍应保留。

七、青岩书院

历史上青岩就是一座很重教育的古镇。由明末清初始建的班氏土司衙门，在清乾隆年间改为学堂，让全镇百姓子弟到此读书。咸丰十年维修成环境幽静的教书育人之最佳场所。由此出去考取秀才、举人的便有五十多人，其中十余人金榜题名，有状元、进士等名士，书院名震黔省功不可没。民国初年改为小学，几经维修，直到新中国成立后随着学校的发展，才改建为砖混结构的楼房。

如今小学的后操场改为幼儿园，其实原规划设想幼儿园在城东北部，敬老院附近的空地上，以形成老幼同乐之趣。

青岩书院在历史发展上起了很重要的作用，“五教聚一”的“儒”即指此，因书院中有先师堂供奉孔子之故，还用传统木雕或壁画，表现孔子及七十二弟子之圣迹故事等，以及明清的历届进士、举人、秀才等名士简介于此，以充实文化内涵。

建成后可与赵公专祠的“武”文化联通一起，与北邻的文昌阁、朝阳寺等4个寺、祠、阁、院并为一组，丰富了该游览小区的内容。

然而，又是由于种种原因，至今还未恢复。

八、朝阳寺

朝阳寺原寺庙位于文昌阁之西部，面对文化广场，新中国成立后改建为青岩电影院，后影院效益不佳，长期空置，应该恢复其原有的寺庙建筑。由于在古城内位置居中，靠近十字街，可作为青岩的文史展览馆，藉此可对青岩的文史资料和实物作进一步的收集整理，古代如此近代也应开发。

譬如，贵州省国画院有名的画家、雕塑家“刘竹子”——刘复莘，就是地地道道的青岩城中人，在他病重期间青岩镇长姚显峰还亲自拜访他家，商讨为他在家乡组建展览馆，对方也欣然同意并提供作品，可惜“抢救”时间太短促，没来得及落实实现，他就辞世而去，最终不了了之。可惜了一位现代青岩名人，呜呼！

九、文化广场

文化广场系古镇文明的“客厅”，位于文昌阁和朝阳寺之门前，利用原有集贸场坝，改建成文化性质的绿化广场，创造一个“友善”、“亲和”的空间形态，广场的公共性向众多市民和游客提供交往的平台，是一个活动、休闲的场所，周围除原有的店铺提供物质文化，还提供有关精神方面的需求——在这里可体验到古镇的传统文化风貌。

由绿化、座椅、灯柱及广场入口石牌坊处的照壁——青岩崖，衬托周渔璜、赵以炯、平刚3位历史名人的塑像，崖背为山石三叠泉、九潮水来表现青岩的自然山水风光。中间场地可作为晨练、演出、耍龙等传统的民俗、民族活动场所。设计中充分考虑了各种文化功能的需要，并辟有绿化静区，供人们休息谈心，以求动静结合、老少咸宜。

然而在施工图设计完成时，镇政府另委托的3位人雕塑小样也完成了，不知何故后来竟被设计成“现代化”的广场，建成了一个与周围环境极不协调的“城市广场”。现在竟又把此“客厅”变成了停车场，实不应该。

古镇面积不大，完全可作为步行街区，古人如此，现代人亦可步行来扩大旅游内容。

十、状元府

青岩自古就很重视文修，赵以炯为清光绪十二年（1886年）丙戌科进士，后殿试一甲第一名大魁天下的状元，是清代开科取士259年中，云贵两省第一个中状元的人，授职翰林院编修。赵以炯的长兄赵以焕，清光绪十五年（1889年）己丑科进士，三弟赵以炳、四弟赵以奎、堂弟赵继香均为同榜进士，一门出进士五人（其中一人状元），震憾全国，改变了国人“贵州无人才”的偏见。

赵状元故居属青岩的传统两进四合院，始建于清乾隆年间，占地面积757平方米，面阔16～26米，进深36米，均为单层。

整座建筑群坐南朝北，位于状元街路南一号。朝门为一座单间垂花大门，门上安有“文魁”匾额，门两侧小八字墙，大门正对过厅东次间。入内即为一个前四合院，青石板墁地，东厢三间门房，西厢三间书房，门内西顺墙有一座砖砌抹灰的百寿图影壁，是纪念状元祖父赵理伦百岁有二时所作。对面为过厅三间，其明间为过道。迎面设有木板太师壁，两侧小门过吞口而至内院。对面正房三间带吞口，中为堂屋，供有天地君亲师佛龛，左右卧房是状元及长辈居住之所。正房台阶两侧，留有石井泉各一，水质清澈，戏称聪明泉，旱涝不枯不盈，当年府中为生活饮用水源。内院左右建有东西两厢，围合成为四合后院，东为仆人住房，西为厨房。

主体结构均为穿斗式木屋架，正房为硬山双坡小青瓦屋面，檐下挑枋作象鼻拱，挑檐檩枋下作牛角形的花芽子。其余建筑多为悬山双坡青瓦面，各房装修简朴，花格棂支摘木窗，花饰多样，特别是前院书房的窗花更是精致。

十一、北城门

北城门系依据20世纪30年代法国传教士的照片所作的复原设计（图6-1-41），因原位置已被住宅楼占据一端，故城门位置向城内稍有移位，为解决今后城门的经营，故将城墙内部空间利用作管理室和经营室，公共卫生间将在其东翼的二期城墙内解决。建筑面积264平方米（图6-1-42、图6-1-43）。

门中道路为北街之北段，对直西北方向来的古驿道，形成北偏西54° 的夹角，是贵阳来向的进城之要冲。该驿道上至今还立着清代赵彩章百岁坊一座。进得城门内即是龙泉寺和其大影壁间8米宽的夹道。右转向南沿龙泉寺东墙根即可行至北街繁华之地。城门位置险要，据照片看其城墙前还有壕沟所在，后城毁沟填，已无原生态环境之貌。城门的复建点出了古镇北部的界定空间，是进入镇内的第一座标志性建筑（图6-1-44）。

图6-1-41　青岩北城门

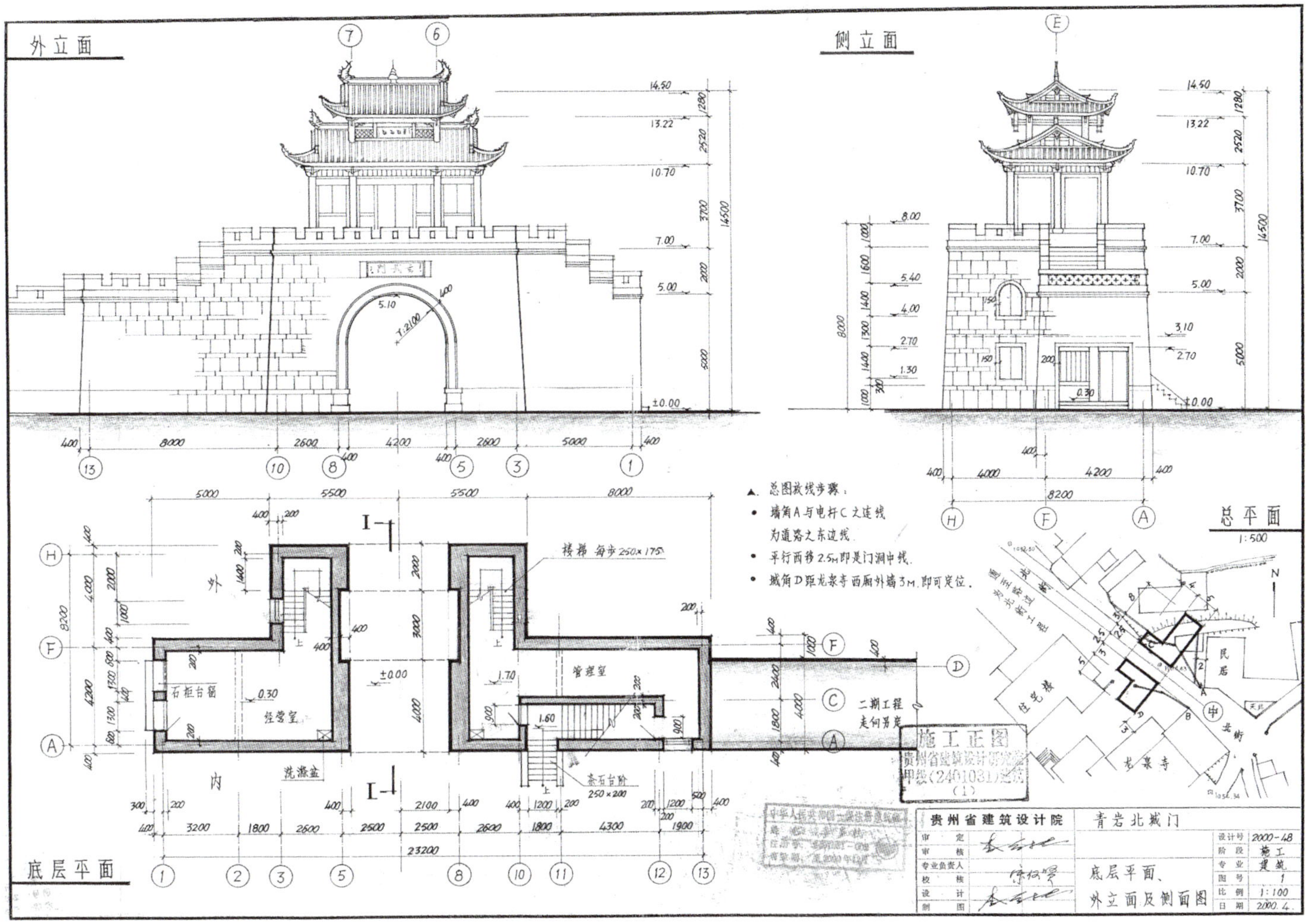

图6-1-42　北城门平面、立面图

图6-1-43　青岩北城门建设中

图6-1-44　青岩北城门

城门洞宽4.2米、深9米、券高5.1米，城墙高7米，上立城门楼十柱三间，明间屋顶突起一座2.6米×3.6米的硬歇山亭，形成了重楼歇山屋顶高8米的造型，丰富了4米×7米长方形的简洁平面，但在四个立面效果上看，每个面都有两重四个翘角高耸。檐下为青岩常有的象头栱和弯椽卷板封闭，额坊木雕花，门窗为棂格木雕饰。翘角泥塑如花束，城门洞凸前，都起到了欢迎宾客光临古镇的意境。

本项目全为当地白棉方整石砌就，继承了青岩古城墙的选材和建筑风格。2000年设计动工，翌年建成。

十二、川主庙

川主庙又名川祖庙，供奉李冰父子，是四川会馆（同乡会），也是古时商贾云集的一座重要场所，亦应作抢救性的修复。入口亦是戏楼与大殿、厢房组成的四合院。可作为青岩特产工艺品的展销场所等用，也可与青岩关系不大的奇石展览来用。

十三、黑神庙

黑神庙位于西门城墙处山上，位置显赫，是南北道路走近青岩城的指示性标志，犹如航塔。此处可俯瞰全城镇，是一座古迹风光的景点，为旅游休憩增加了又一环境，顺此西城墙北去，可抵达北门，通过西城门又可登山观赏城南的田园风光，亦是放风筝的佳地，下至定广门即与南街相连，扩大了城墙游一线，以分散游客、方便选择多种游览路线，调剂各种游览情趣。

十四、南外城

南外城利用部分旧墙址和土埂遗迹修复，自定广门向西偏北26°延伸至山岩处，建烽火台以备连接山上遗存之西城墙。烽火台平面5.4米×7.4米、高10米。依照老城墙体砌筑方式作方整石墙面、条石台阶、方石板铺马道，全长182米，墙高平均2.5米、厚度3.4米，另砌雉堞高1.5米，栏墙高0.8米，均选用当地白棉石材（图6-1-45）。

本段的外城墙将古镇南部作了一个完整的界定，由于城墙蜿蜒起伏的横展，更突出了定广门城楼的入口地位和标志性建筑（图6-1-46）。此城门楼古时亦有演出功能，其下有台唇，面城内一侧之门是可方便拆卸的，面对城内是一溜石台阶坐凳，又方便了群众的观赏驻足。20世纪80年代修复时曾盖了黄琉璃瓦顶，显得不伦不类，在2000年的维修时，柱子加高了

图6-1-45　青岩南城墙

图6-1-46　青岩定广门城墙、烽火台

图6-1-47　青岩南城定广门

0.6米，屋顶也改为小青瓦，恢复其青岩的传统风格，由于门楼的提高，改善了其透视效果，使其挺拔起来，而不再矮矬下去了（图6-1-47）。

十五、南、北街

根据地形从镇中心十字街向4个方向伸展，成为东、西、南、北街，其长度均在380米有余，宽度通常为5～7米。路两边密布民居和店铺，尤以南、北街为繁华，系古时的贵阳到广西主要驿道，均为石板石阶铺就，20世纪八十年代曾一度将北街铺成水泥路，在2000年的修复中，仍取掉水泥面层，恢复其原有的石材和原有的功能，仍以步行街的面貌呈现明清古镇的风格。为了保留古意，故将强电、弱电、上水、下水都暗埋于道路之下，并分别通入各户人家，并加密道路消火栓间距，来满足古镇的消防要求，杜绝镇内行驶汽车，还街道古时的环境风貌，此外在各寺庙的建筑组群中也设有消火栓，从而最大限度地保留了青岩山城的原生态特色，并彰显旅游特点（图6-1-48、图6-1-49）。

十六、民居

按贵阳市建委筑建纪要［2000］23号文件精神："依照《青岩古镇保护规划》本着修旧如故原则进行，切忌大拆大建。要十分注重对历史建筑风格的保护，处理好保护与发展的关系，完善民居内部设施，提高居民的生活水平，带动青岩旅游业的发展。""对典型民居、典型院落的处理要突出青岩历史风貌。民居

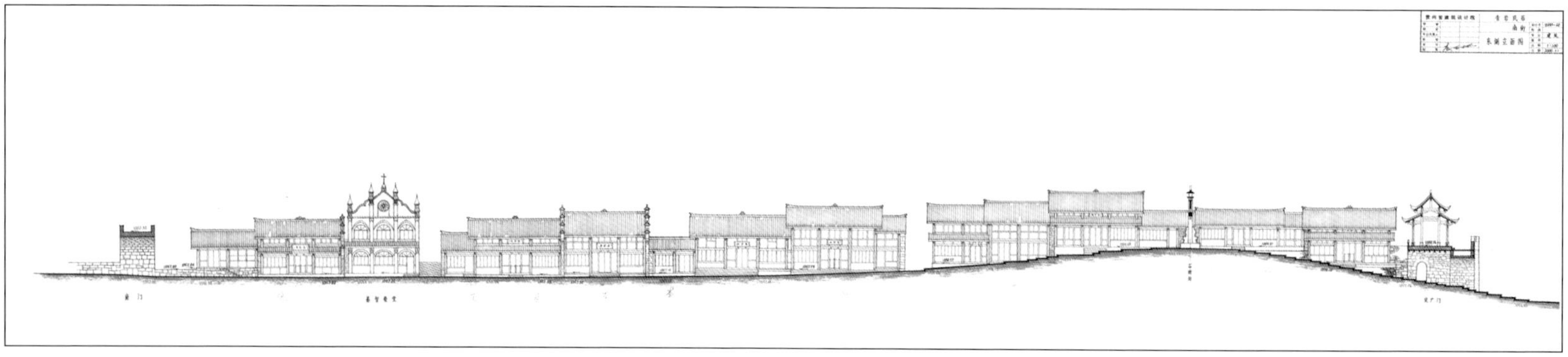

图6-1-48　南街东立面图

图6-1-49　南街西立面图

修复部分，应以历史为依据按原样进行保护性修复。民居新建部分应同周围环境相协调，体现青岩古镇建筑风格，其层高、体量、建筑格调和建筑的重要符号要体现历史的原真性……"，"对现有的砖混建筑和其他不符合青岩建筑风貌的建筑予以拆除，恢复原貌。""应符合当地特点体现地方特色。"试想一个没有特色的古镇，如何能带动旅游的发展。

现在古镇还保留了许多古民居，多为院落式布局，一正一厢或两厢组成三合院，若加门面房则成四合院，沿街门面多为二层，或带腰檐。更特殊的是门面三间，其分间无檐柱，而是额枋为一根整圆木梁直跨三间，故其门面敞朗，两次间设柜台，或厚木板或石板制作，上加提搭排板即可变化柜台空间，这是一种特有的店铺形式，在其他县的如黎平、毕节等地的店铺亦有如此，可见颇有浓厚的贵州地方特色。可见当时林木丰盛不一般。

据调查古镇民居主要有：悬山外廊型、马头墙外廊型、悬山过道型、马头墙过道型、马头墙长（短）腰檐型、马头墙长（短）腰檐带吞口型等8种类型的组合，故样式多变（图6-1-50）。在使用上或前店后居，或下店上居，或前店后坊，也很灵活。

在调研的基础上，我院以青岩民居的外观特色进行了多类型的施工图设计，以供改建时选用，为了藉修建的同时改善居民的生活条件（图6-1-51～图6-1-60），在房基地不变的情况下，

图6-1-50　青岩北街民居（悬山长腰檐型）

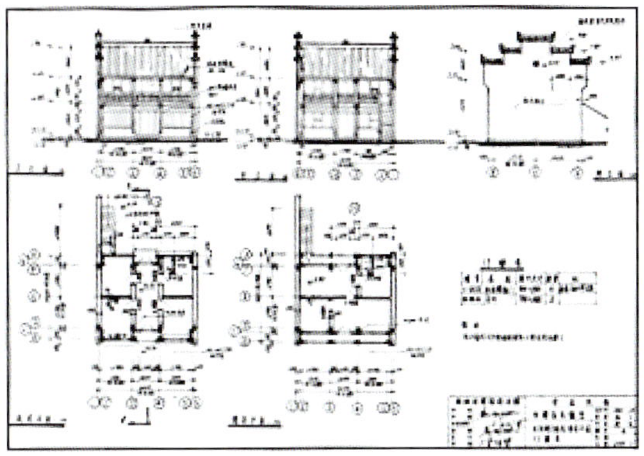

图6-1-51　外廊马头墙型

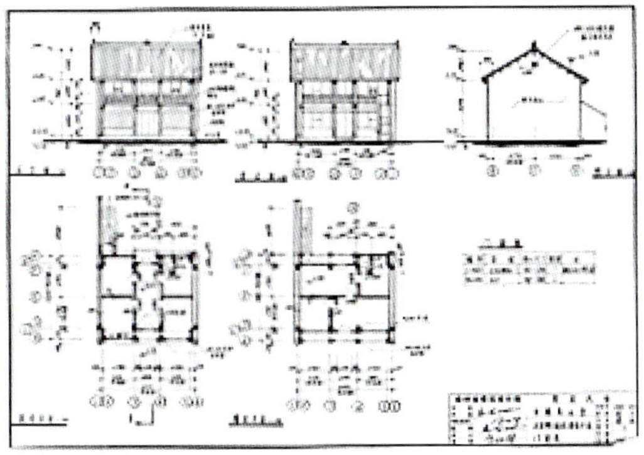

图6-1-52　外廊悬山型

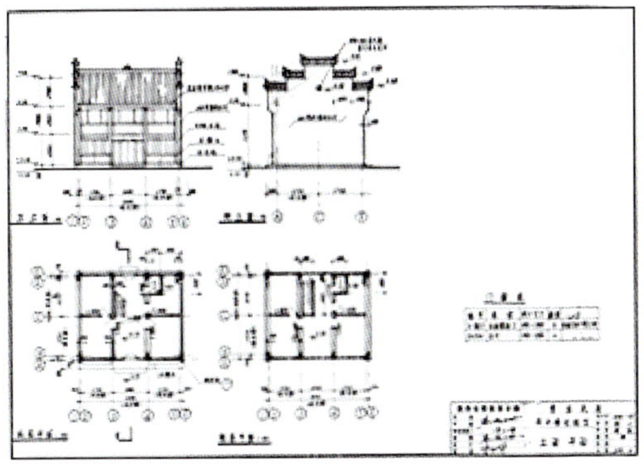

图6-1-53　马头墙过道型

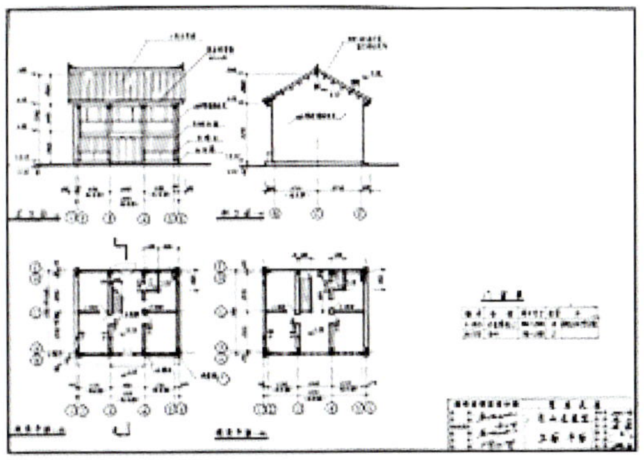

图6-1-54　悬山过道型

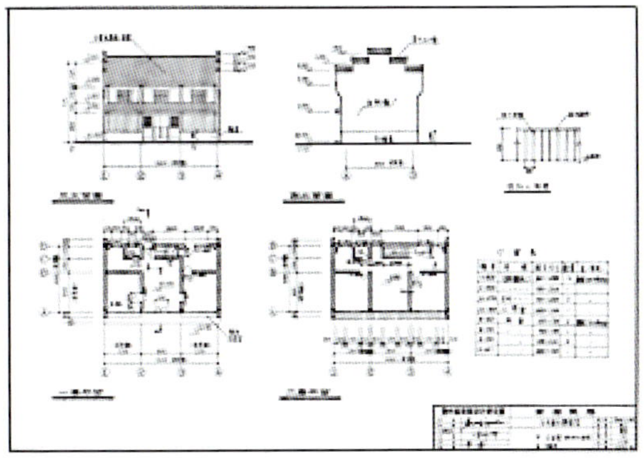

图6-1-55　马头墙长腰檐型

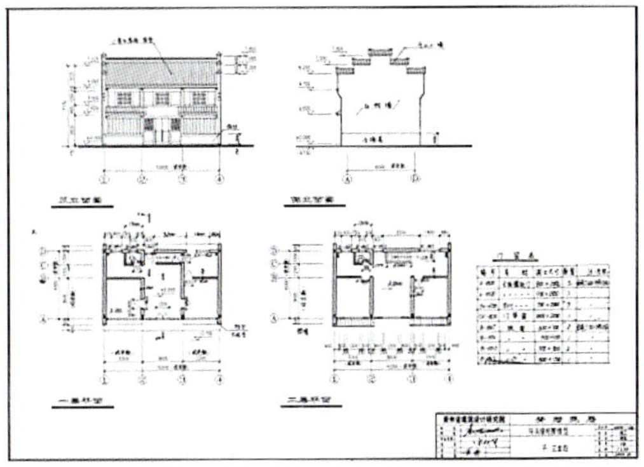

图6-1-56　马头墙短腰檐型

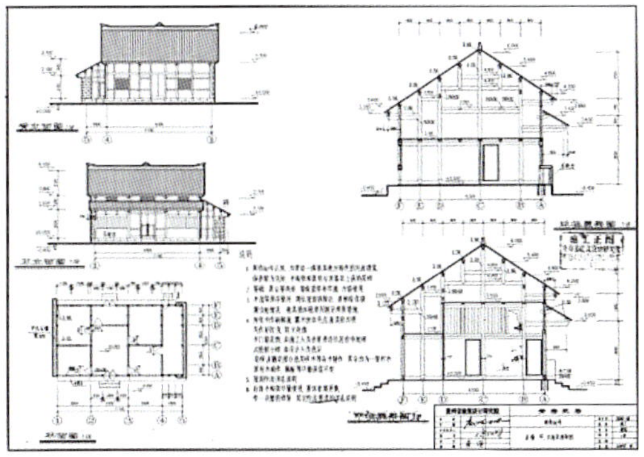

图6-1-57　南街92号民居

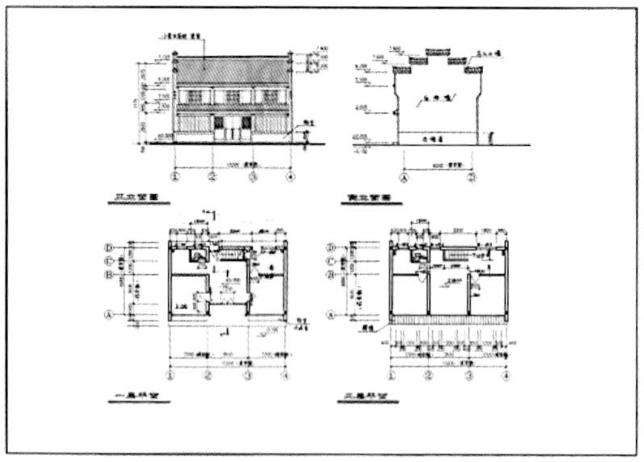

图6-1-58 马头墙长腰檐带吞口型

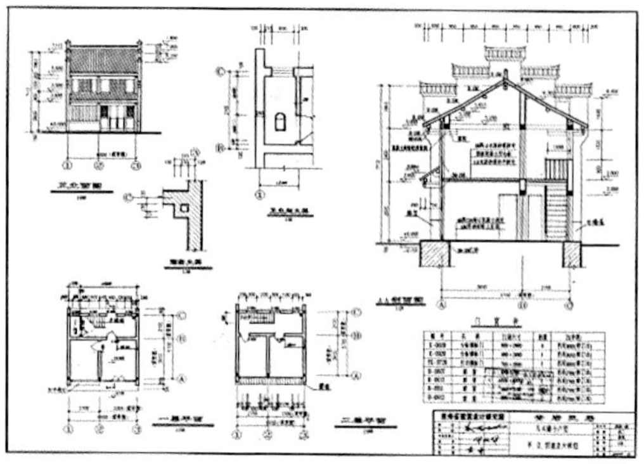

图6-1-59 马头墙小户型

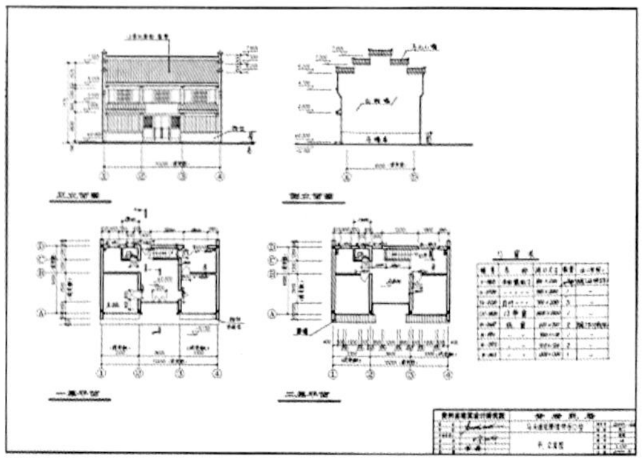

图6-1-60 马头墙短腰檐带吞口型

改为砖混结构的二层楼房，并将厨厕纳入室内。屋顶为钢筋混凝土梁，上抬硬山搁檩，小青瓦屋面。前后外墙仍以木柱、枋板装修传统民居形式，即内部装饰、设备可以现代化，但外立面仍保持原建筑风貌——木棂格门窗，雕花外腰门，挑腰檐等青岩式的传统构件。

对于一些特殊的房屋组合，亦实地测绘作了维修设计。如南街72号为邓颖超之母隐居的院落，具有一定的历史意义和保留价值，以当时老人们的回忆和现有屋基为依据作了复原设计。又如南街92号，位于定广门之内侧，以它临街正房、后房院落及后院菜地组成带有田园的民居，这在以前的青岩是常有的，也进行了实测和维修设计。

对于典型民居的保护与开发，一般以为民居就是私人住宅，总认为政府不能给私人修房子，结果等到私人有能力修房时，政府就没能力控制了。君不见北街，西街上已有自建的砖混仿古建筑，丢弃了青岩特点，而又与当地民居风格不相符。其实早在2000年初期我就主张学习丽江地震后的措施——“民建公助”统一领导，由于有公助成分，就便于控制总的建筑特点和原有的建筑风格。而现在当私人有钱了，就见缝插针地把原有的绿化和田地扩建成房子，并且还是与古镇色调不相配的红砖墙，大煞风景，十年前的绿地逐渐消失，实在令人遗憾！特别提出定广门外至贞节牌坊间的田地切莫占用，现在仅剩下这一片原生态的城外田野景观了，其他几个城门外早已房舍密集，原古镇的郊野景致已不再了，失去了古镇原有的环境，还谈什么明清古城？！

十七、街道

由古民居、古建筑、古墙垣等共同组成了古街道，尤其是贵阳——广西的南北通衢之主干道，还保留着原有风貌和地形（古时并没有什么国道），城内的主干道就是东、西、南、北街，其中北街长382米，南街长384米，东街长388米，西街长302米，另有两个集贸市场，一在寿佛寺前，一在文昌阁前，后者即是现在的文化广场，这两个保存下来的场坝，共同形成了古镇的“客厅”（图6-1-61）。

古街夹道多是一楼一底的建筑，老式房子更多是一层半的，即上层檐口较低，利用屋顶空间作为上层，街面上是青瓦木墙带腰檐的民居店铺。小巷深处则是另一番光景，大户人家自成院落，垂花大门马头石墙，院内花树繁茂，闹中取静别有情趣。干道上商铺挤挤挨挨，间有住宅夹杂其中，如今经过十年的开发，住宅也打开了沿街的门面，可惜的是原有特点的柜台也被拆除来扩大门面，这样过分突出了商业经营，使游人对青岩的印象只有一个：就是赶场似的逛街。到处是玫瑰糖、鸡辣角、双花醋、卤猪脚等重复经营的产品，其他文化则印象不深，甚或没有印象。对于商铺建筑、民居建筑也没引起注意，得不到什么明清古城的感受，致使“多了商家少了人家”，令人惋惜。这就使人思索，到古镇来干什么——应该是激活古镇历史的厚重感，以满足旅游者内心的需求和欲望，使之暂时离开现有的环境，寻找到另一个不同的现实环境中，古镇能让时光停留在一段明清时代的境遇中，来改善、疏散、调剂现代人的生活、工作中的心情。切莫变成到处卖大同小异商品的集市，降低了古镇的文化品位。

历史文化名镇，抽掉了历史文化，也就是失去了自己的发展特色，现代化不等于让过去的文明消失在现代！

参照国内一些古镇的保护经验，即加快发展新城是保护古城的先决条件，形成老城新城并存发展的城市格局，以使古城得以完整保护。如周庄在几年中迁走了古镇区60%的商店，使其少了一点商业气息，多了一点古镇风貌。如丽江、与古城风貌不协调的经营场所被迁出古城，现代化砖混结构建筑被拆迁，仍恢复纳西民居格式的木楼，对重点保护的民居建筑，政府每年拨付20万元作维修专项经费，以保证原汁原味的古镇特色。这样就可避免千店一面的呆板景象，就可避免使原来的生活街区过度演变成商贸旅游区，避免过度商业开发而使文化逐渐消解。

可喜的是最近省规划设计研究院所作的《青岩镇控制性详细规划》中提到：稀化古镇内人口，改善环境体现“以人为本”的原则，新城与古镇协调发展，保留原有的“街巷+院落”的

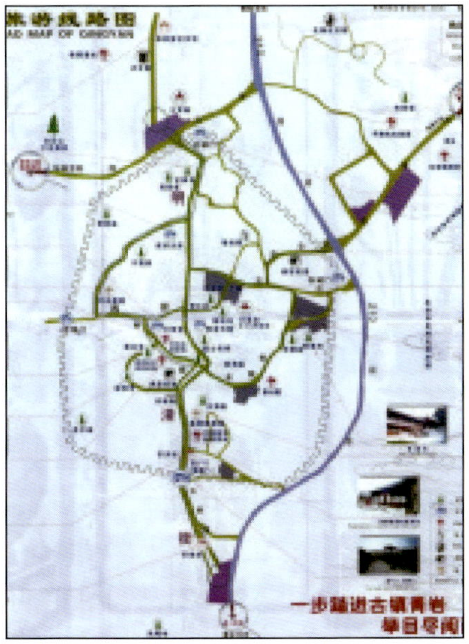

图6-1-61　青岩古镇图

空间模式。建设新城使镇内人逐渐到新城中过现代化生活，如新城有汽车库、停车场，就使许多有车族外迁。学校也迁入新城更充实了新城的生机与活力，吸引小孩到新的学校环境中，有利于稀化镇内人口，可切实保留下古城步行街的古味，最大限度地保留其原真性。

至于古镇的街道，在2002年曾有设想，强调恢复明清特色。在修整南、北街时，去掉了后加的水泥路面，恢复石板、石阶的原状，按照设计体现明清步行街的面貌，将上水管、下水道、电缆沟等均预先暗埋于路面之下，并连通各家。消火栓、路灯等都作了安置，以满足街道的基本功能。对于店铺应按其性质类别，挂些字号招牌、匾额、楹联，发动省内书法家书写，以显现高品位、高起点的文化氛围，外挂幌子，标旗某某为记的商家标识，以彰显古时店铺的气息，恢复其古朴的韵味，突出古镇的风貌。卖的东西多是前店后坊，使游人既可看到货品，也可观赏到制作过程，寓教于乐增长见识。可参照四川阆中、黄龙溪古镇的做法。

所以，要保留老街老巷浓厚的古旧味儿，历史街区就要让游人走进历史，让人进入街区就有一种浓郁的历史怀旧感，厚重的人文底蕴和古色古香的街巷，来吸引无数外地游客到此访古寻幽、烧香许愿，借以体会明清古意。

如今由于不少“现代化”建筑物的加入，使得该镇的原来格调被冲淡，破坏了其中的韵味。一个城镇的传统和特色，是最具有吸引力的，除了保留“原汁原味”外，再挖掘民间的古风古韵，使古城镇焕发新的活力。古镇应突出古意，更应重视历史文化遗产的保护和利用，这也是为了发展。

总之，青岩是贵阳乃至黔中文化最突出的典型代表，是贵阳人历史文化精神的根源所在。

1. 充分发挥青岩文化的内涵与外延，注重历史建筑、传统街坊、民俗传统的保护与继承，提升青岩人的文化自豪感。

2. 苗族、布依族等少数民族文化是独一的文化，切莫以满足汉族游客的猎奇心而同化了当地文化。继续开展少数民族的民俗、民风和节日活动，以免谈化失传。

3. 五教的流风至今未绝，其中宗教场所的正确开放，可大增人气，一方面宣扬了我国宗教文化与人为善的主旨，又扩大了旅游范围和游览内容，延长其停留时间，对于节假日古镇人流的吸引和疏导也是有益的。对古建筑的欣赏，真正体会到“公建恢复要同建筑原有职能相结合”（市建委筑建纪要［2000］8号语），要真正再现明清时的五教共处的祥和情景，让古镇活起来，恢复其生命力和感染力，而今对青岩古镇的保护，则显示了对自身历史文化的重新审视。

4. 明清时代已是多元文化的汇集之地，最能凸显这种多元文化氛围的是青岩的建筑风格，它是珍藏着历史文脉的古镇。本着“整旧如故，以存其真”的原则，对现有古建进行妥善保护，十年了也该进行维修了，不可只收钱而不维护，光吃老本怎行?

请看许多古建筑已油漆斑驳，门窗损毁而无人管理，这就是一种失职。另外，对新修复的古建筑，也应精心设计、精心施工，尽量表现明清古味。因为现在修复的水平代表当今的工艺技术，莫留给后人耻笑。

古语云：“皮之不存毛将焉附”？不保护好古城的建筑风貌，何谈发展旅游？

5. 古镇的消防问题。因是山镇，不同于平原地区的消防条件，没必要开辟消防车道，以免把古建景观破坏了，如今一提消防就是消防车，其实该车的用途就是那二三吨水，用完了还要到消火栓处取水，只要把消火栓安设到街巷里和寺庙里即可，由于古镇中多是低层建筑，云梯也用不上，这些因素在设计中也充分考虑到，主要立足于自救。施工中也安设了，只是希望业主们能经常维护和检查。如西江苗寨，镇远青龙洞、北京故宫等处，不可能皆修消防车道，这就需要因地制宜了。

6. 公共景区应该回归公益性，尤其是对古镇这种景点活动和居民活动相融的地方，更不宜靠卖票来进行经营，门票一方面减少了游人数量，另方面庙宇作为展览馆除非是特殊爱好者，总觉得空洞无物，古建筑与展品风马牛不相及，是一座毫无生气的外壳，即古建筑的性质与内容不统一所致。收了这些年的门票，连古建筑的维修都做不到，任其日晒雨淋。最后给人印象深刻的：青岩是一条土特产商业街，人挤人，档次如赶场。失去了原有古城的商贸文化氛围。旅游经济是一个系统工程，景点门票只是旅游经济的一个环节，若免费仍可带动餐饮、购物、娱乐等多重利好，从而促进日常的旅游消费、拉动内需，以带动当地旅游经济的发展。

青岩古镇地盘虽小，但历史上已形成了多元文化汇集的一个漩涡，各元文化在这里兼容并蓄相得益彰，形成了一个独特的完整的历史序列，被誉为全国罕有的“多元文化拼盘”。

在市场经济的今天，能否处理好文物保护和旅游开发这一对相克相生的矛盾，以便让古镇做到和谐持续地发展，才是硬道理。

着力打造青岩古镇这块文化旅游的品牌，学习丽江、阆中等名镇的经验，加强宣传，从而打出自己的品牌来。这就需要扩大游览内容，才能延长浏览时间，丰富夜晚活动项目，能留住人为上。

有人说：“旅游业是感动人的产业”，能让人驻足、让人停留，就可达到人与人的交流、人与景的感动，使游人的情感与青岩的景观结合在一起。细想来，旅游中都是文化最吸引人，最能留住人心，所以要使文化和自然真正地融合在一起，在玩中感受青岩的人文和风情。切实体现青岩的历史、文化、古镇三者的风貌。成为“贵在和谐、贵在稀有”的精品名镇——青岩。

总之，要保护好古镇的明清古味，一切新建筑都应在新区建设，不要搞得古镇内部不伦不类！

本工程主要参加的设计人员有李多扶、宋仪贤、黄谦、苏红、董辉、李巍、俞力、冯远丽、田庆等。

民族性、地域性及时代性

——记贵州民族文化宫的工程设计实践

不记得哪位哲人讲的“越是民族的，就越是世界的”这一名人名言，我很欣赏，并且试图把贵州的民族建筑宣传出去。时下，眼看许多新建筑都在“世界大同”了，失去了地域建筑的特色，各个城镇原已固有的性格、特点都将在现代化中“改造”净尽，尤其民族地区的建筑形式也在加速向“国标”发展，成为用到哪里都可以的通用设计了，呜呼！民族性在新建筑上如何体现？我很茫然！

本人有幸能主持本设计，终于有机会可以将理念、设想实现出来 ，现将20年间，在贵州民族文化宫的设计实践中的工程实例介绍如下。

一、20年“决定”难免好事多磨

贵州省的主要世居民族有18个之多，其中有汉族、苗族、布依族、侗族、彝族、土家族、水族、回族、仡佬族、白族、瑶族、仫佬族、壮族、畲族、蒙古族、羌族、满族、毛南族，为我国第二个多民族的省份，他们都有着十分丰富的文化传统。

早在1984年省委13号文件决定筹建“贵州民族博物馆”的工作，省委、省政府决定“七五”期间修建“贵州民族文化宫”。

1985年7月省委书记胡锦涛在省民委指示：“咱们省也筹建民族文化宫，这很好。贵州是一个多民族的省份，你们要抓紧工作，做好工作，把民族文化宫建好。”

1986年10月省府在进行了多地选址后，批准定点在市人民广场兴建。

1987年1月省民委召开文艺界人士座谈会。1988年4月刘玉林副省长主持会议，定了设计原则，由建设厅组织设计招标。

1991年7月省府批准民族文化宫建设规模及有关要求。8月定设计任务书，本着“功能齐全、设计合理、民族化、现代化的要求”发布招标文件。12月省党、政、军领导视察设计方案，并作指示。

1. 强调设计既要体现民族团结的主题，又要兼具艺术性、独树一帜、争创一流，突出民族特色，面向现代化。

2. 我省是多民族省份（但还不是民族自治区），民族团结很重要，不可突出某一民族，也不要建成大庙样式满是大屋顶，要有现代化气息的一流建筑。

3. 建设是百年大计，建成后50年不落后最好。当月，本着指示精神，“贵州民族文化宫设计方案招标、评标会议”召开。

4. 邀请评委有省内外建筑大师、专家、教授、学者等18位权威人士对9个方案进行了评定，五号方案全票通过。

5. 省、市、党、政、军、人大、政协的领导非常关心并亲自视察了投票方案。

6. 广泛征求各民族代表对建设方案的意见。

1992年2月省府办公会议议定：一致同意五号方案，作为建设方案向省府汇报。3月省府常务办公会议召开，王朝文省长主持。

7. 讨论通过了五号设计方案。

8. 黔府常议（1992）11号文件批准实施。

当年5月省建筑设计院作好了方案的完善工作并作初步设计。

1996年1月民族文化宫立项及前期准备工作。省委、省政府作为当年重点抓好的“十件大事”之九，“把社会主义精神文明建设提到更加突出的地位”一项中。

1997年已开始进行了立项研究。

2000年被正式列入全省拟抓好的“十大实事”之一，并于年底动工兴建。

2007年竣工。2009年9月正式开馆。

在20世纪80年代中，我所经历过的选址就有6次：先后定在北京路博物馆对面省府住宅区地段、北京路游泳池地段、喷水池邮电局地段、宅吉坝老干部活动中心对面农地、河滨公园对面农地（现市图书馆处），直到定在人民广场主席塑像背后。每次都画规划方案，我院陶韦工程师作资金估标报告，每改变一次规模就加大一次，从最早的5000平方米规模开始，扩大到如今建成部分的30000平方米，高度也随之从“民族博物馆”的两层楼增高至99.9米（檐口高度），总高118米，总占地面积为13176平方米。

该地段位于瑞金南路与箭道街交叉口的西北方，北部邻少年宫近南明河。前为人民广场东区，面阔260米，进深60米，隔35米宽的遵义路，与扩大的人民广场西区相对，视野相当开阔。

二、总体布局符合广场规划

根据贵阳市城市规划局（1991）市规字第027号文件和贵阳市委、市政府所批准的人民广场六号规划方案（本人所为）（图6-2-1），来指导本工程的方案设计，在总体布局中按照设计任务书的项目规模，进行了详尽构思。在民族文化宫的建设中，同步实现东侧广场的规划内容，如检阅台及巨幅主席诗词石刻的修整，绿化民族雕塑作品的设置，需与主席塑像相衬托，两侧堡坎处宣传休息廊亭的建造等，皆以人为本并起到美化广场环境，陶冶文化情操、宣传民族成就，限定广场空间等作用。

要求新建的民族文化宫要与修建的主席塑像有联系。

主楼为24+1层的塔式高层建筑，位于广场主席塑像的中轴线上（图6-2-2），以三道架空平台连接检阅台和塑像基座，使主席塑像和主体建筑形成一组有机的整体，成为建筑的一个组成部分（图6-2-3）。

两旁配楼对称设置，主楼、配楼、塑像共同强调了广场主轴线的重心所在，强化了广场空间的控制中心，形成了一座具有主

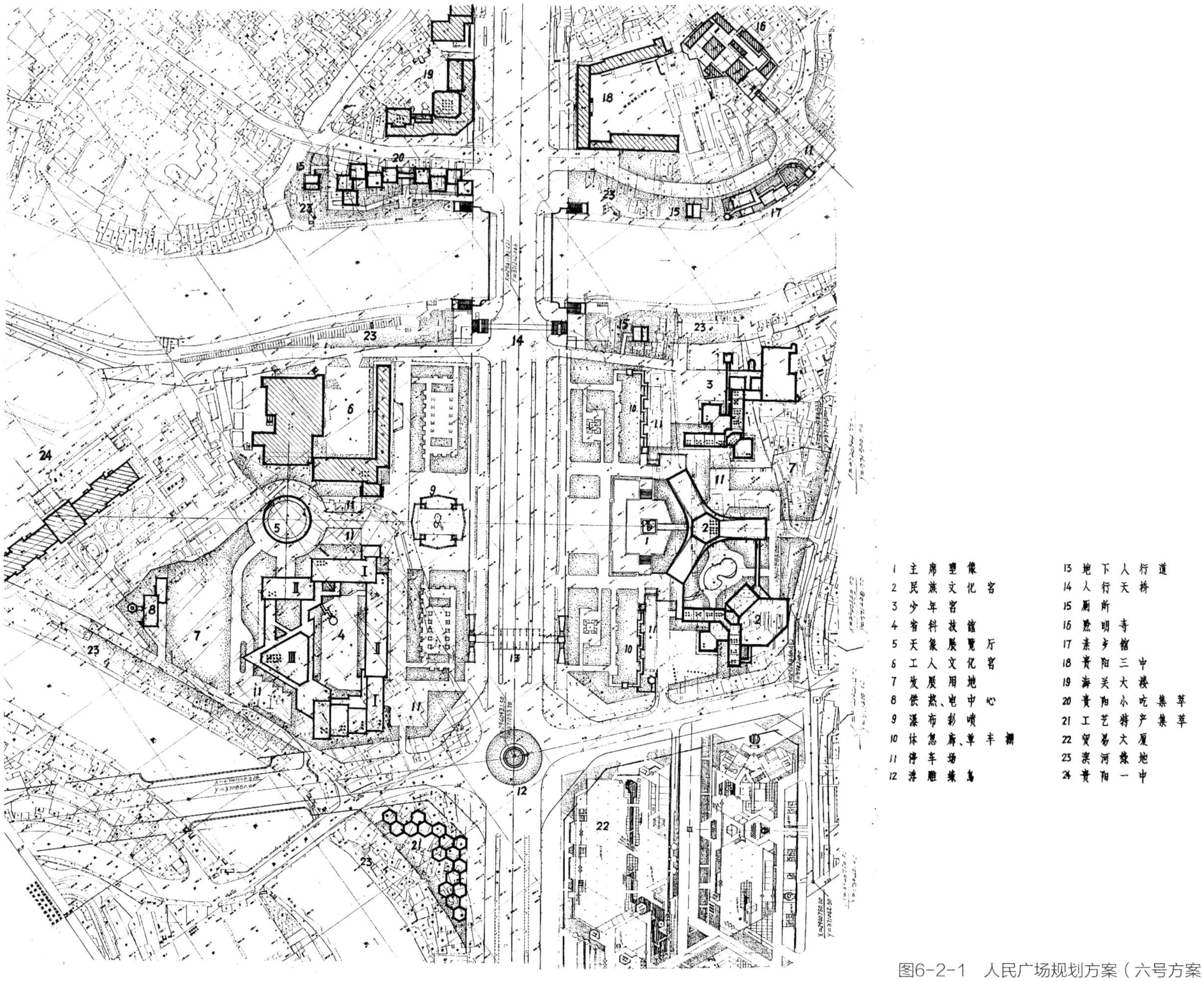

图6-2-1 人民广场规划方案（六号方案）

导作用的标志性建筑物。并将少年宫纳入总体布局中，作为北配楼，由于少年宫和主楼三叉体的台阶式立面，逐步后退升高，从而使广场空间有种延伸的扩大感，减少了两侧的遮挡，以使主楼塔体更加突出雄伟。

主楼平面呈三叉型，取其怀抱广场喜迎来客之势，且对塑像有向心之力，并作为背景楼（图6-2-4）。

图6-2-2　贵州民族文化宫

65米高的蓝绿色玻璃幕墙似瀑布自天而降（图6-2-5），相距33.5米衬托着白色塑像，寓意毛主席与贵州各民族的深情关系。北叉面向朝阳桥，与海关大楼相呼应，南叉面对新路口，与省、市广电大楼相向，后叉顺河遥对甲秀楼，均纳河湾景色在周围，分别对南北往来人流起到一种无形的拉力，使人们视线自然地引向广场重心。

南明河在此作了个大转弯，顺河纳周围山林之洁净空气入广场，形成了市中心“肺”的功能，对调节该地段之小气候大有裨益。

引半岛之灵气，纳河湾之秀气，实踞于一风水宝地之中。

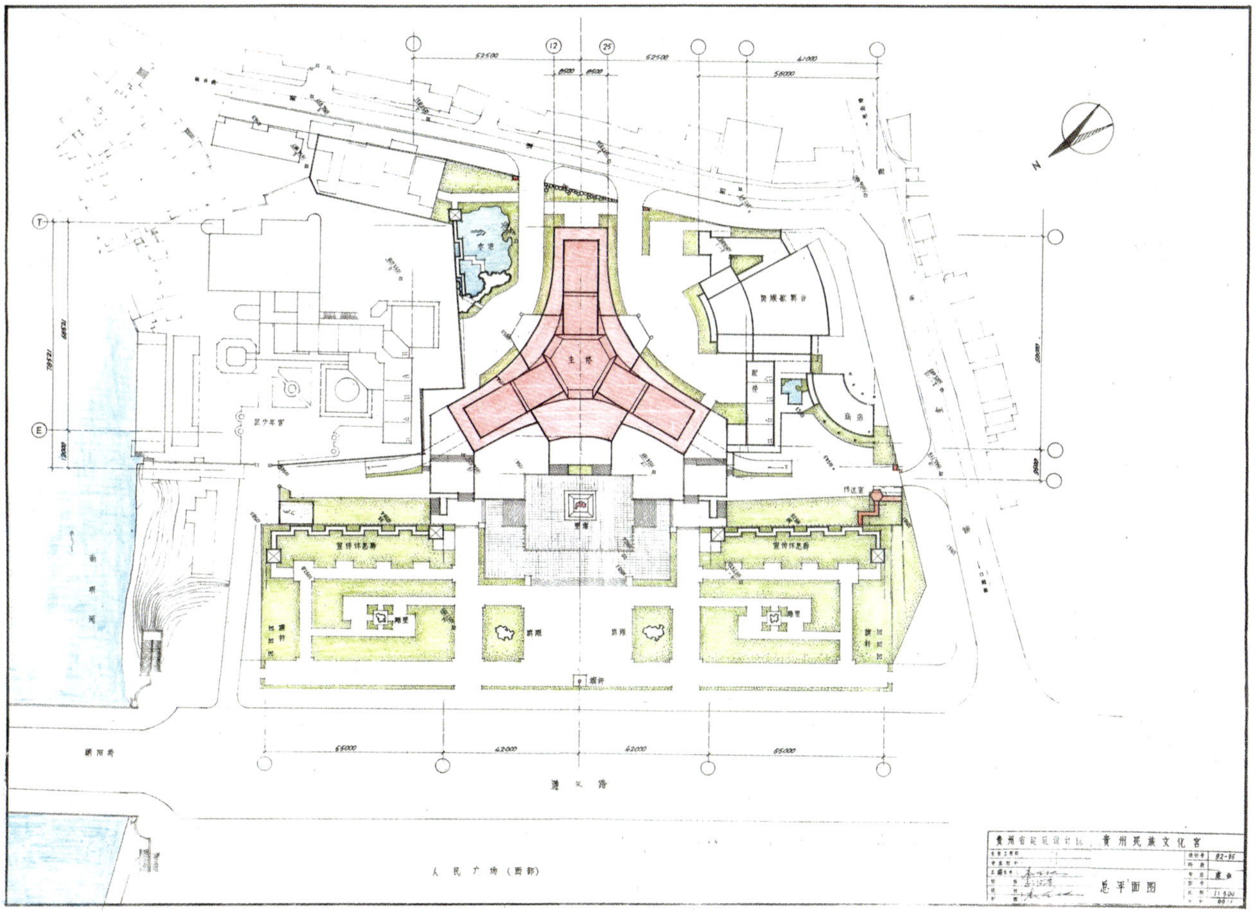

图6-2-3　民族文化宫总平面图

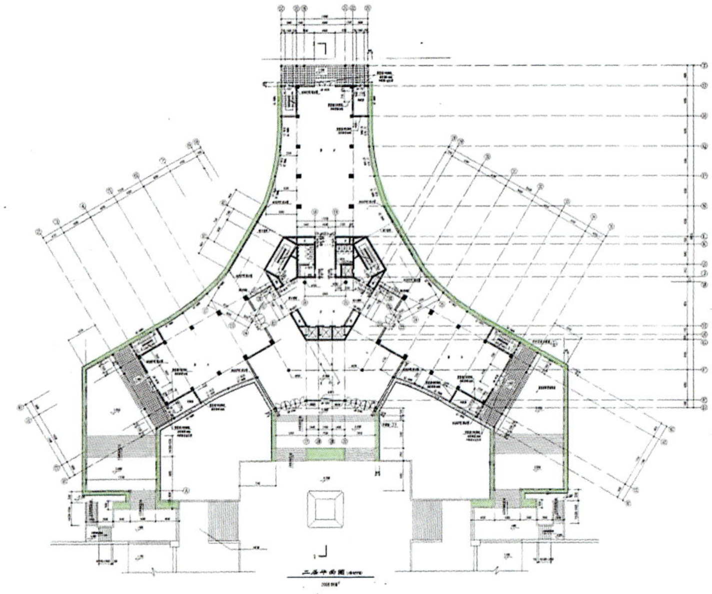

图6-2-4　民族文化宫二层平面图

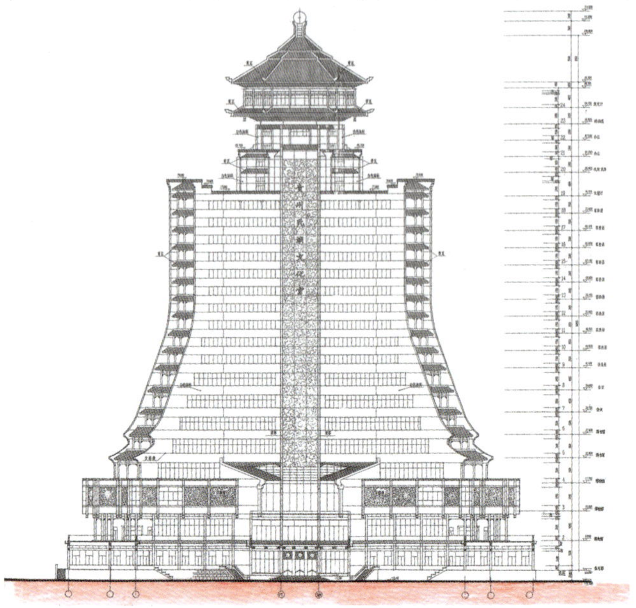

图6-2-5　民族文化宫

三、设计构思突出地方特征

贵州民族文化宫作为全省各族人民团结进步的象征，既能发扬民族文化艺术，繁荣民族经济，又能方便各种活动。本着“功能齐全、设计合理、民族化、现代化”的要求，并考虑到建成后的社会效益、经济效益和环境效益，特别对于建筑及室内外的环境设计，着力体现其民族性、地方性及时代性，为强调此三性的表达，而采取了多种处理手法。

如在体型构思上，选用了三叉形平面，塔式造型，不同于通常的条条块块平面组合，亦不同于常见的多角形塔体，而以活泼的体型来展现时代生机，表现国泰民安、欣欣向荣的团结进步景象。

如在立面构思上，在三叉体的三个面中，每个面的轮廓都构成为“山”字形，突出体现贵州高原的地方特点：崇山峻岭。以形成标志性建筑，强调贵州、民族、文化三部分内涵，缺一不可，成为“定性建筑”，即使此种形式用在别处或作他用也均欠恰当。避免了建筑的雷同化，避免给人一种似曾相识的感觉，以体现其建筑的独特性格。

如在轮廓的构思上，还汲取了清初贵州侗寨鼓楼轮廓曲线的神韵——这一特征，既区别于湖南的侗寨鼓楼，也区别于广西的侗寨鼓楼，但不是简单的模仿，因其平面和体型大不相同。

借鉴贵州苗寨吊脚楼的建筑特点和众多山地建筑的处理手法，使三叉的端部檐廊逐层内收，以形成依崖建筑的特色，似苗寨的爬山层楼又似层层梯田而上，每层的檐脊都设花槽卡满，绿化爬满檐面，如梯田丰收景象，垂直绿化直到顶层，形成别开生面的生态效果，形成四季不同的色彩景象，耸立在广场上。三组“依崖建筑”，共同组成了规则的三叉形凹凸立面“山体”。塔顶作六角叠顶观光亭，以便“眼观六路”俯瞰欣赏筑城（贵阳别称筑）新貌（图6-2-6～图6-2-11）。

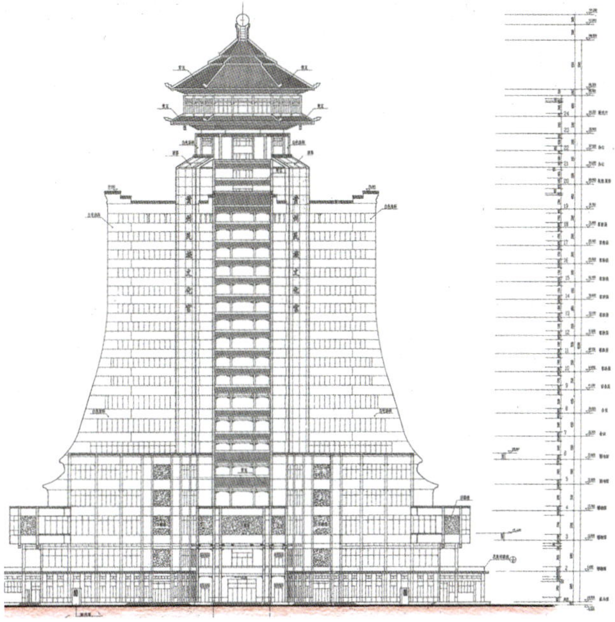

图6-2-6　民族文化宫背立面图

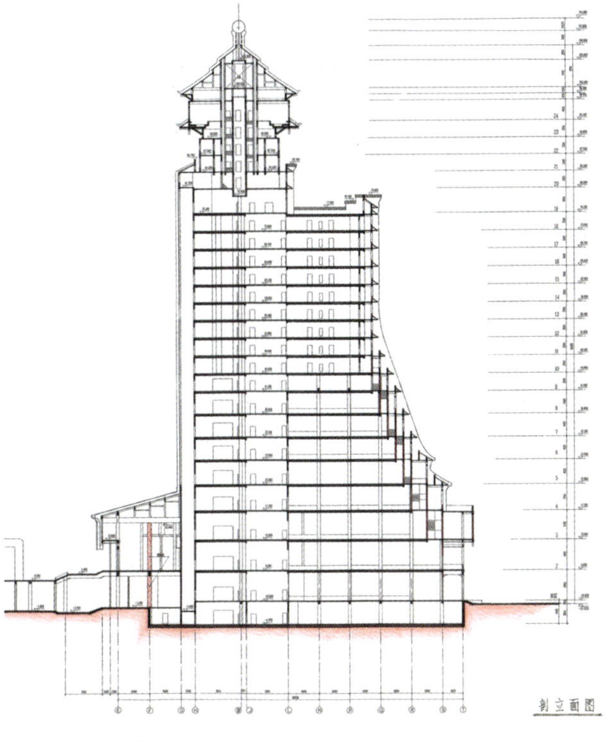

图6-2-7　民族文化宫剖立面图

图6-2-8　民族文化宫全景（一）

图6-2-9　民族文化宫全景（二）

图6-2-10　民族文化宫全景（三）

图6-2-11　民族文化宫正立面

如在细部的构思上，要照顾“南明区少年宫”这一建筑的现实存在，在建筑的风格上应取得协调，而不可置之不理。因此主楼端部檐墙的逐层内收，即是与少年宫的台阶式屋顶相匹配，以后稍加装饰改为马头山墙形式即可。少年宫之内转角处的半六角形柱体组合，也在主楼的三个内角中得到应用，此外，在墙面上的带形窗同样起到了统一的效果。

马头山墙的运用，使各栋建筑更加丰富多姿，以此种形式符号，而将高层的主楼、多层的配楼、乃至大体量的民族剧场等，均统一在一种地方风格中，说明这是一组完整的建筑群体，而不是七拼八凑的。

主楼屋顶的处理作坡面，应用贵州民居中的披檐、叠檐，或使用盝顶作檐墙，或设二重檐、三叠顶的攒尖亭于最高层，作为重点处理，避免了通常大屋顶的生硬做法，使得坡屋面在高层建筑中得以和谐应用。并且宝顶为一颗直径为3.2米的圆球，内设太阳能自动调节发光体，代表“高原明珠”，在夜晚晶莹通亮。且由六条斜脊簇拥着高高抬起，同时该处亦是个隐蔽的上人孔，从而解决了实用的要求。

在颜色的配置上，粉墙、黛瓦、马头墙、及主门厅中的石材、铜材图腾柱，三层外墙面的红砂石制18幅民族图饰浮雕墙，以及底层红棉蘑菇石墙面，都与原检阅台的材质色彩相一致，这些素雅、古朴的地方色彩和图形，更增添了浓郁的贵州特色。

图6-2-12　贵州民族文化宫立面肋板及光影效果

图6-2-13　民族文化宫　夕照一景

不但在平面上和立面上都尽活泼之态，而在形体上也考虑到利用太阳的光影效果，使一日之间尽变化之能事，如在四层以上三叉部分虽为矩形，为不增加建筑面积起见，在窗外特设了曲板，使其形成自然的光影渐变，丰富了立面效果，使之更加活泼完好。从早到晚，三个主面都在作不同的变化（图6-2-12）。

夜晚照明的光彩效果，也考虑了这一建筑的性质，不是单纯的商业建筑，所以应避免那种低级趣味的、俗气的、花里胡哨的霓虹灯的变色效果，而应效仿北京民族文化宫的勾边灯的大气情态。并考虑到平时、节日、夜间不同的形象，如平时应衬托主席塑像，作为其背景楼的主楼整体照明应大方，采取大轮廓即可；节日时小轮廓的勾边灯需开启，可增加建筑的复杂、细致效果；夜晚只开启塔顶部分轮廓灯即可，使其产生夜深人静、仙山岛屿之隐约、若有若无的缥缈景象、更增加了时间、环境之景效（图6-2-13）。

总之，以活泼的体型和现代建材与结构、设施的综合运用，体现其时代感，以贵州山地古建和民居建筑的灵活手法、细部处理、色彩配置等诸多方面，刻意追求“贵州、民族、文化”的显现，共同突出地方特征，特别强调丰富而又浓厚的贵州味、民族味和文化味。汲取了贵州山地文化的属性和多民族聚居所形成的多种文化融合，为体现山地民族建筑的特色，力求融汇省内各民族的建筑神韵，组合成此一具有浓厚地方民族特点的并兼有时代感的建筑设计来。

四、项目内容及其规模效益

贵州民族文化宫主要包括三大部分：民族博物馆、民族图书馆、民族会议中心。以及为此三部分配套的娱乐、服务、文物库房等附属用房、设备用房、机房等。

（一）民族博物馆——位于主楼的2、3、4层，是宣传党的民族政策，开展民族文化交流的重要阵地。进行民族历史文物陈列和民族文化艺术展览（图6-2-14～图6-2-17）。

属于社会历史类的博物馆。按其等级与规模定，属于省厅直属博物馆，应为中型馆。本馆收藏文物三万件。内容包括陈列区、藏品库区、技术、办公及公共设施等。共计建筑面积7070平方米。

博物馆是民族文化宫的重点，由人民广场直接进入，二层作为三条相对独立的展厅，可分可合，以作为专题展览，适用灵活又可短期出租而取得一定的经济效益。三层则是三连通的固定展厅，展出贵州各民族的历史、文化、民俗、宗教等实物，来宣传贵州民族的发展演变。四楼为博物馆的工作技术用房。地下室后翼为藏品库。

（二）民族图书馆——位于主楼的5、6层，系科学研究系统之民族专业图书馆。藏书30万册，属小型规模。内容包括阅览室、研究室、缩微阅览室、电子阅览室、视听演播室、技术、办公、书库及设施等（图6-2-18～图6-2-20）。共计建筑面积3019平方米。

（三）民族会议中心——位于主楼7、8层、10～19层、1层、24层，系各民族开展文化学术交流与会议的先进、高档次的活动场所。内容包括各类型的会议厅、室、接待室以及相配套的大堂、客房、餐厅、旋转观光厅、交谊厅及其屋顶花园、公共设施等（图6-2-21～图6-2-28）。共计建筑面积14997平方米。

客房部分吸取了国外超前的节能设计理念，使每个卫生间都是自然采光通风，摈弃了黑房子的旧观念，减少了人工通风采光的成本，使用单反玻璃还可以赏景（图6-2-29～图6-2-33）。

图6-2-14　主门厅汉白玉浮雕

图6-2-15　主门厅　铜图腾柱

图6-2-16　展览厅

图6-2-17　主门厅

图6-2-18　阅览室

图6-2-19　书架

图6-2-20　民族图书馆　电梯间

图6-2-21　民族会议厅　电梯间

图6-2-22　小会议室

图6-2-23　中会议室

图6-2-24　大会议室

图6-2-25　民族会议中心　大会议室

图6-2-26　民族会议中心　中会议室

图6-2-27　小会议室

图6-2-28　民族文化宫会议室

图6-2-29　民族宾馆　客房会客厅

图6-2-30　民族宾馆客房

图6-2-31　民族宾馆　客房

图6-2-32　民族宾馆　客房卫生间

图6-2-33　客房套间

（四）人防地下室——2458平方米，按五级人防设计。平战结合使用，平时作为地下车库，由室外两条坡道进出，并连通南北两个方向的大门。地面停车场分散在南、北、东三个大门内和后院中，以方便使用，同时人民广场下边的大型车库，也给民族文化宫的大型活动提供了停车的方便。

（五）其他为结构层、设备层、办公用房、机房等，共计建筑面积1596平方米。

（六）检阅台下原有房间改造利用——作为水池、泵房、变配电站、绿化用房以及司机休息室、保安室、值班、卫生间等需用。共计建筑面积1300平方米。

（七）民族　剧场、餐厅——位于箭道街与瑞金南路交叉口处，便于大量集中人流的疏散。民族商店、俱乐部等配套用房，以及办公部分，同设于南配楼中，以方便服务内外人员（图6-2-34～图6-2-37）。

图6-2-34　民族文化宫　西餐厅（一）

图6-2-35　民族文化宫　西餐厅（二）

图6-2-36　民族文化宫　中餐厅

图6-2-37　民族文化宫　清真餐厅

图6-2-38　民族文化宫后部临河夜景

图6-2-39　民族文化宫　南明河夜景

图6-2-40　民族文化宫　箭道街夜景

讲求效益

民族文化宫属于文化事业单位，该建筑和设施随着时代的发展，其现代化程度将愈来愈高，日常的各种运行和维护将需不少开支，除在设计中“适当掌握设施标准，多用地方性材料，控制基建投资和降低运行费用”外，在设计上安排一些具有经济收益的项目近街设置。除上述方便人流疏散外，在很大程度上也为其经济效益而创造条件。

如剧场可容600～800座，属于中型容量规模，系省民族歌舞团的基地，由于设施比现有的影剧院标准高，可满足人们日益增长的消费需求，平时放映电影以扩大服务范围，提高使用效率和增加经济收入。餐厅亦如此，设于路口处剧场的底层，为一种可观看演出的餐厅，演出用的后台部分可利用楼上的剧场设施。如法国巴黎的红磨坊、云南昆明的某景区剧场等。以满足提高了的精神物质需求，多方面服务社会。本单位的职工就餐，亦便于在此实行内部餐厅化。

民族宾馆的俱乐部和商店，均在配楼上靠近瑞金南路旁，亦同样方便对外营业，便于人们找寻，以提高其使用率和知名度。

总之，在瑞金南路和箭道街旁，布置了多种经营的建筑物，创造条件提高社会效益和经济效益，增加一定的收入，最低限度的在经济上为“以宫养宫”创造条件，并打下基础。

五、西南夜明珠——贵州民族文化宫夜景照明设计方案

雄（伟）、险（峰）、清（奇）、幽（逸）的神奇贵州，是中国唯一没有平原的少数民族省份，具有多民族大杂居、小聚居的民族特点。在漫长的历史长河中，形成了团结互助，同进步发展

图6-2-41　民族文化宫　人民广场一景

图6-2-42　民族文化宫　人民广场景观

图6-2-43　民族文化宫与主席塑像

的民族大家庭，共同创造了绚烂多彩的贵州高原文化。

贵州民族文化宫——位于省会贵阳市中心人民广场东侧，是目前广场中轴上的标志性建筑，由3层裙楼和主楼组成，总建筑面积约3万平方米，建筑总高118米。这座具有时代意义的民族文化宫项目，承载了全省各族人民多年的愿望，凝聚了多年研究贵州民族建筑文化的心血和创作智慧，是展现贵州形象的代表性文化建筑。

本项目夜景照明设计从“民族性、时代性和地域性”等方面入手，对建筑形象进行二次创作，我们希望在设计中实现以下两个目标：

1. 满足民族文化建筑的要求和性格定位；

2. 契合贵阳城市意象（地域性）。

在构思中。我们将这两点放在一起综合考虑，围绕“民族、文化、贵州”这一主题从三个部分展开（图6-2-38～图6-2-40）。

（一）凸显山地建筑地域特征

贵州民族文化宫的建筑平面呈对称的三叉形，在建筑元素中融入了苗族、侗族、布依族、汉族等建筑语言与符号，空间上用爬山廊的山地建筑形式，自下而上阶梯式缩层至上部，如层层梯田绿化遮掩，屋顶表现为传统叠顶式鼓楼建筑风格，是一幢充满“鼓楼”神韵的现代高层建筑。

建筑夜景综合运用立面泛光、玻璃幕墙内、阶梯层剪影光和屋顶重点灯光等建筑化照明手法，将照明与建筑融为一体，塑造建筑的第四维——光空间，形成神似高山的夜景观气势（图6-2-41～图6-2-43）。

灯光图式整体呈现出“山”字形构图。立面中央的竖向玻璃幕墙用动态彩色灯光形成光瀑布，吻合建筑师的构思立意，并以鲜明的贵州高原地域性特征，使建筑成为城市中一个片段，强调了古往今来人们对贵阳城市的意象。

（二）刻画民族建筑文化神韵

民族文化宫整体具有浓厚的贵州地域特色，同时浓缩了贵州各民族建筑特征要素。灯光刻画注重建筑造型和空间构成的独特之处，用明暗与对比、光影与色彩、强调与弱化、构图与均衡、动与静等多种方法，表现充满民族建筑神韵的侗寨鼓楼屋脊、檐下斗栱及簇状纹饰、屋顶马头山墙、梯级层廊、苗家吊脚楼、布依石墙、主体立面横向镂空纹理、红石雕刻壁墙。光与影烘托出的意境，生动地描绘了建筑的性格，反映贵州民俗风情千种百样、民族文化多姿多彩的内涵。

（三）焕发现代建筑艺术风采

在现代建筑的优美骨架之中融入了原创性的生命力，再用这种生命力中再生的理念，吸收并表现浓郁民族特色和地域文化，灯光设计秉承这一设计理念，借鉴现代建筑突出的象征性和强烈的抽象性的手法，塑造其典型形象。

建筑立面中央的竖向玻璃幕墙隐喻雄奇的瀑布景观，夜景用LED数字灯和电子节能点光动态表现出七十多米高的“光瀑布”与飞溅的“浪花”，在彰显建筑时代性时，突出个性风采。使三个面都有动态效果。

玻璃幕墙两侧透空结构内采用明黄色的灯光，自然延伸至屋顶檐下斗栱，而立面主体则采用较低照度的冷调光色，形成醒目的色调对比来强化远观效果。

建筑顶部以直径3.2米的镀膜玻璃球体——“高原明珠”构筑了一个有力的收束，在球体内部设计CMY彩色变化灯光，象征灿烂的多民族文化孕育出贵州这颗西南明珠的崛起，在五彩缤纷的辉映中，绽放出绚丽多彩的民族文化之光。灯光的彩色变幻效果构成建筑夜景焦点，也形成了人民广场景观的视觉核心。

为了节能，照明分三种表现方法：平时、节日和夜间的装饰灯光，其减繁程度不同，平时的夜间照明，只照亮亭顶部分，取得一种仙山楼阁的漂浮效果，引人遐思。

照明要符合其建筑物的性质，这不是纯商业建筑，切忌搞成花里胡哨的彩色变换灯光，就把这一民族文化宫搞俗气了，低级趣味了（图6-2-44～图6-2-53）。

图6-2-44　民族文化宫　上部塔楼

图6-2-45　民族文化宫　黔明广场景观

图6-2-46　民族文化宫　塔楼下部一景

图6-2-47　二层吊脚楼

图6-2-48　远视塔楼

图6-2-49　民族文化宫　屋顶平台茶座

图6-2-50　正立面景观

图6-2-51　黔明广场看民族文化宫

图6-2-52　向省领导汇报民族文化宫装修方案（云岩宾馆2003年9月1日）

图6-2-53　民族文化宫顶层旋转观光厅

后记

原设计时人民广场只有东侧部分，隔遵义路而面对原有的工人文化宫和规划中的科技馆，由于广场进深较浅，118米高的塔楼甚显雄伟。后来广场已扩大了西区，成为筑城广场。周围亦建起了市经协大厦、市广电、省广电大楼，它们都在百米以上的高度，相比之下民族宫的主楼在广场上看，就显得有些矮小。况且下部还有两层已被检阅台遮挡，露出的楼体面积仅有2.4万平方米，实成憾事。

参加设计人员：李多扶、毕跃洪、夏忠翔、朱志、吴智成、张小珍、董辉、苏红、刘武奕、俞力、杨滨、孙平、李问野、钱海虹、李巍、申晨龙及预算人员等。

建院60年华诞征文

——半个世纪的回忆片段 之一

党指向哪里，我们就奔向哪里！到边疆去，到最困难的地方去，到祖国最需要的地方去！于是我就填志愿，响应党的号召来到大西南——贵州。当时的思想境界就是这样。只知道是天无三日晴、地无三里平、人无三分银的地方，在全国既不靠边又不靠海，也不是民族自治区，来后与外省同学对照，我的标准是最低的。又知道贵州有黄果树大瀑布和汞矿，还知道贵州是个缺盐的地方，当时东、西、北都无火车，只有南边在半年前刚开通了黔桂铁路，于是在柳州转车就要进入贵州时，买了五斤大颗粒盐，带到了贵阳，才发现这儿已不见颗粒盐而都是小包的细盐了……这是1961年8月之憨事。

当时贵阳城的确很小，初来此看到的是房屋矮小、道路窄小，在省人事局招待所等候分配时，用不了一天就把城区走完了，东、西、南、北走不远就是农田出城了。市内汽车只有1、2、3路车，还是背后烧木炭的短车，多数都是步行就可解决问题，因是山城自行车都较少，汽车更少。先去博物馆了解贵州的全貌，历史、地理、民族、物产等，并深深地记住了三个“17”，贵州有17万平方公里的面积，17个世居民族，1700万人口……

当时贵阳建筑最高的大楼是邮电大楼，最繁华的是中华路，但多是两层木板房假三层的商铺门面；最欣赏的是中华路、黔灵路、中山路等几条街的“骑楼”，很符合当地气候特点的建筑形式；最规整的路是延安路，多是厅局机关等单位的仿苏式办公楼，路边设花格围墙，可看到楼前的花木绿化，虽然道路较窄，但没有店铺门面的杂乱，显得宁静别致；最大气的是贵州师范学院、贵医附院，整片建筑群的绿色琉璃平瓦坡屋面，给古城的小青瓦屋面增添了青春活力的色彩，其他如吴继武设计的省博物馆，虽小巧但不失精致，比例、尺度都颇有讲究，经得起推敲；孔繁彬设计的省府大礼堂是仿苏西洋古典形式的建筑，在20世纪50年代还是很有影响的。旧时的街道还是很讲究风水的，许多都对有山景，处处看到是山城。

那时设计院叫贵州省建筑工程管理局勘察设计院，全市只有铝镁、冶金、电力、水利、交通、林业、轻工等厅局的八大设计院，市院和省规划院尚未成立。设计院包含院本部和在花果园路口两侧的勘察测量队与供应科。院本部位于威清路路南的一处院落中，东北角开口进大门，北楼红砖青瓦三层楼，一层行政后勤和科研所，二层一端是院长、书记办公室、一端是设计二室（民用建筑），三楼是设计一室（工业建筑）。当时室主任是刘德蓉，主任工程师戴金树，工程师魏仲侠，与王炳俊、钱筠燕、杨松鹤、孙桂芬、伊首起、徐爱定等，及学兄1958届建筑学专业的刘潭冀、1960届建筑学专业的陈振昆、章曼霓夫妇，科研所有1960届结构学专业的吴学新、给排水专业的林仰驰夫妇等，很快就熟悉了。一日院长丁瑞华叫去他办公室，很热情地欢迎我的到来，介绍了院里的情况和对我的期望，深受鼓舞，从此就安心地工作起来。大院的南面是前后两幢红砖小青瓦顶的三层住宅楼，东边是厨房餐厅小青瓦坡顶的平房，西边是两层红砖小青瓦的四间小楼房，楼下车库，楼上是单身宿舍，供我等居住，共同围起了一个大院子。

不久设计院下放，除老弱病残、骨干留院看守外，都被分配到专县和建筑公司劳动锻炼。我们五六人下放到省建一公司舒家寨的住宅工地当副工，成天挖山筛砂、挑灰浆，倒是挺锻炼身体的，还学习了解了一些施工方面的常识，对之后的设计工作大有裨益。住在刚砌好的毛坯房子里，有时一个月不出太阳，晾在房间里的衣服都发霉了也不干。本来还打算“论持久战”（有的人中途回老家离开贵州了），没想到形势一天天好起来，转年又通知下放人员招回，开始有了设计任务。

那时冬季取暖，办公室里有炭火盆开着窗户烧杠炭，头一次知道了杠炭的烧法。翌年设计院搬至紫林庵的建工、建材厅大楼，五层工字形平面的建筑，一、二层为设计院的办公室，冬季取暖又改进成烟囱煤炉，每天上班前先生火，下班后封火熄炉，周而复始，那时一周仅周日休息一天，俗语云：“过了星期三一天快一天，过了星期四快的没有治，过了星期五还有一头午，过了星期六星期玩不够。”即周六下午基本都是开生活会、过团日，开展批评与自我批评，我这单身汉经常以办公室为家，能得到“任劳任怨”的好评……而且那时没有“设计费”这一概念，全凭自觉。收入只靠工资，头一年实习生是42元/月，第二年转正后始得51元/月，拿了17年。

1965年设计院又离开建工厅大楼，搬迁至遵义路的现址，仅四层，还是二室王炳俊、曹志敏设计的。当时是三个设计院共用：省建设计院在正面的一、二、三楼，水电院在侧面的一、二、三楼，化工院在四楼，省建委希望成立综合院，但随着形势的好转，后二院都陆续搬离，各自独立发展。

我们下工地搞现场设计从1965年的“设计革命”即开始了，都是自己扛被褥、图板、绘图工具（鸭咀笔、墨水、三角板）等，乘院里的解放牌卡车到现场，在荒郊野岭中住工棚，没电灯则晚上在图板上角点蜡烛画图，晒图是用白天的日光人工晒印，计算尺还是抽拉式的刻度尺……条件相当简陋，如此十七年一贯制地生活着。改革开放后，1985年开始收取设计费，生活条件、工作环境大大改善，冬日取暖采用了暖气，夏日还安设了空调，下工地也不仅仅是思想改造的问题了……

山城贵阳的建筑也逐渐长高，一开始我设计中华路统建一号时还是全市第一栋高层，很快金筑酒店超越了它，随后像雨后春笋般破土升起，旧貌换新颜，古城再也不古，不分南北方，也不分地域特征，而千城一面了……

对于我们设计院新大楼的建成，大大改善一线设计人员的工作环境和现代化条件，院领导贯彻以人为本的态度，重视一线生产和精神建设，以创造出更多更辉煌的设计作品业绩来。

建院60年华诞征文

———半个世纪的回忆片段 之二

还在困难时期的1961年8月，伴随着“党的号召就是我们的志愿”的青春信念，毅然离京只身来到贵州。由于少年时受齐鲁文化熏陶，青年时得清华师长教诲，当踏上这山川秀丽、气候宜人的夜郎故地时，即被这些富于变化的山地建筑风采所吸引，为了弘扬贵州民族文化建筑而不懈地追求和探索。从实地测绘、调查研究到方案、施工图设计，以及重要工程的现场设计、驻工地代表都是亲力亲为……

弹指一挥间，在半个世纪的工作实践中，有贵州古建筑的修复和国家级文物保护单位如镇远青龙洞古建筑群和青岩古镇的修建工程；有公共建筑如贵州民族文化宫、省展览馆的设计；有援外工程塞舌尔共和国安塞·罗亚莱高级中学；有省外工程深圳民俗文化村和北京中华民族园的苗、侗寨、鼓楼花桥、溶洞、玉龙桥；潮州美人城的歌舞林（国内外民族建筑群），重庆珊瑚公园的土建设计，河北野三坡国家风景区的苗寨度假村等工程。尤其是“玉龙桥”还获得了北京市建国五十周年重大工程建设贡献的荣誉证书。

最初，在1963年曾陪同省博物馆罗会仁副馆长去镇远考察青龙洞，我负责测绘，他负责拓印碑刻，晚上访问当地耋老贤达。从该建筑群的分析来看，这是一处集贵州山地建筑精华的博物馆，其形式包括了干阑、吊脚、披厦、拖檐、叠檐、贴崖、附岩、突楼、硬山、悬山、歇山、封山，以及洞中悬楼、楼中有洞的各种造型，它们利用自然地势而形成的自由造型，极大地实现了因地制宜、因材施工的天趣建筑群体。崖顶离河岸不足50米，就在这长320米的狭窄悬崖峭壁上建了六个建筑组群，使庙宇、书院、会馆三部聚一，而绝壁巉岩上溶洞多窍，有名的大洞有三处：中元洞、青龙洞、紫阳洞，集洞石、藤木与建筑融为一体，既有面水眺远的楼阁，也有幽深恬静的寺院，纵横排列错落有致，空间组合层次分明，形成了一幅瑰丽的立体长卷……

在那困难时期和“文革”的年代，破四旧正火热，适逢修湘黔铁路的工人居其中，拆木取暖、生火做饭而遭到了相当的破毁坍塌。至到改革开放时的20世纪80年代初，才被列为重点文物保护单位，得到了文物部门的专项拨款，方始得以修复，幸有1963年的那次调研，保留了许多原始记录可以佐证……

贵阳的庙宇与城墙有三种组合方式：如文昌阁是建在东门月城上的；黔明寺是贴建在城墙外侧的；而大觉精舍是贴建在城墙内侧，它们各有各的环境状态，后者位于一高埠之上，该阁楼五层高耸于老民居之上，城内城外皆相当瞩目，并有很好的视线走廊，与螺蛳山扶风寺和东山寺可隔田园相望，北望相宝山的卧虎立狮相当清新生动，朝南顺城墙近瞰文昌阁，远望甲秀楼，西望黔明寺的大悲阁，使得几个寺庙的阁楼皆能对视互应，颇有鹤立鸡群的意境。这是20世纪60年代初的情景，如今时过境迁，到处高楼林立展现着新时代的建筑特色，昔日风貌一去不复返了。

大觉精舍系贵州茅台华茅的家庙，俗称“华家阁楼”，院中前有殿堂、两侧有禅房，皆有环廊相连为二层，供其老母烧香拜佛之用。新中国成立后交于省广播电台使用，阁楼改称“魁星阁”（当时尚无市电台），该楼底方12米×12米，上四层为八角塔式阁楼。随着年代经久，到1963年夏初承重梁出现裂纹，当时省委副书记找了建工厅，厅长又督促设计院，由我接收设计加固翻修任务，即与结构工程师孙克修去现场查看，决定“立钢筋混凝土柱托木梁”的保守方案，以求万无一失。那时的施工、设计程序都很简捷，工作效率也高。省财政厅按需拨款，各工种各部门也相对容易调遣。施工单位迅即把满堂红的外脚手架搭起，提供了测绘、研究、复制的良好条件。

院里安排黄年松负责结构设计，安排雕塑师刘复莘负责花饰的设计和复制，常学余负责避雷设计，院地质队白孝先负责勘察，我在现场设计，并作为驻工地代表随时解决施工中出现的问题，边测绘、边设计、边出图施工。

原屋面为青筒、板瓦，吸水率高且搭接过多，现改为特制的黄色琉璃大瓦，省委又安排贵定陶瓷厂作钢模具，按我提供的设计图纸和曲阜孔庙的黄瓦片样品，由我院乐群工程师参加厂里的多次试制，釉料终于烧制成功。瓦的勾头、滴水是荷花图案，又由刘复莘设计并到厂里制作样模。由于瓦尺寸大、用量少，搭接小且翻边，大大减少了缝隙漏水并减轻了重量，在近半个世纪中，屋面的防水仍很好。当时由于文物保护意识没有建立，觉得贵阳尚无黄琉璃瓦的屋顶，故将瓦色定为黄色，希望后人大修时能改回原有的青色就好了，以符合历史演变和地方建筑风貌，尊重文物建筑的传承。为保工程质量，省委特邀请北京故宫修缮队的各工种共十位工匠师傅，前来操作指导，皆严格按照传统作法施工，其一丝不苟的工作作风给贵阳各界人士留下了良好的印象，更留下了一座高质量的古建筑。

幸好是省电台的驻地，“文革”中未被破四旧和占用，而完好地保留下来，其他古建可没这么幸运了…… 黔明寺位于南明河北岸，“文革”中被“中南五金厂”据为车间和住户，殿阁倾圮，东院药王殿更作为烘炉车间和堆料场地，一派衰败景象。1983年市政府重又将庙产交回市佛教协会，修复任务由省建筑设计院负责设计，参加人员宋仪贤、杨莉、谷军和我，共同测绘、设计、画图，把这座南北长74米，东西宽42米的狭小坡地上，恢复其三进院落的建筑群，当时庙名“正觉禅寺”、“黔明古寺”，庙门对面偏西有一条下坡石阶小巷，通至河边码头，昔日挑水、洗衣等热闹异常。按文物保护原则，建筑物尽量不落架，以保持原貌、原材，根据当时残存，补足其缺项更改其不足，以达到修旧如故的效果。

文昌阁位于老东门月城上，新中国成立后曾一度作为文昌小学校舍，“文革”中成为市民的大杂院和街道工厂，阁楼底层作铁工厂，有烘炉在内，致使一些柱子被烧烤，劈裂严重，上层住人已成危房，南庑弹棉花，北庑被拆除改建成二层红砖坡顶的楼房居人，院内更搭满棚屋。1983年市府委托我院进行修建设计，由陆文君、杨莉和我等参加测绘、制图设计，按文物修复原则修旧如故。从测绘中可看到这座明代古建筑是一座底方上九角的三层阁楼，其构架尚属于古时巢居演变而来的干阑体系，木构架中筒结构，有侧脚的早期形式，如同我省水族的干阑民居形式。角脊的起翘又同黔北民居和土家族民居中常用的“板刀戗”，既不同于北方“营造法式”的老角、仔角梁、亦不同于江南“营造法原”的老戗、嫩戗，而是从当地民居构造中演变成的原生态的地方风格，其他如“竹笆墙”的应用都保留下了地方特色。三层翘角为下山狮，既非常用的鸱吻，亦非鳌鱼吻，而是龙生九子之一的椒图，狮形喜守门，防卫性强而立在月城箭楼上，此种狮吻造型尚属特例。

该阁楼属道教建筑，底层供奉武安王，二层祀文昌帝君，三层祀魁星，乃文人雅士常来祭祀祝祷之地。古时以九为“数之终”为阳数最大者，以九角形的建筑供奉文昌帝君是对主宰功名禄位之神的崇敬。再说阁楼八角者常见，九角者难觅，现知尚有贵州独山翁奇奎文阁一例，规模略小。

玉屏钟鼓楼在“文革”中破四旧最彻底，一点痕迹都没留，到了1984年时县政府有了明智的领导，拨款重建这一红军长征时的活动场地，委托我院进行设计，根据调查访问及县文物部门搜集的资料、照片等，依照古建保护原则，将其梁柱结构、造型特征等原样保持，并搜集利用原石柱础复制配齐，新旧一起使人瞩物联古。参加人员有冯双媛、宋仪贤、方小玲和我本人共同设计，建筑是一座三层四方二十八柱十字脊的木阁楼，系当年属规模宏大、气势雄伟、工艺精湛之建筑，虽几经重建修复，但仍保持原有形制，其十字脊顶更是贵州当年罕见之造型。位于城中心十字街中间，四面皆立面的开阔环境中，当时属于县城的最高建筑物，成为标志性建筑，古城的晨钟暮鼓皆发于此……

直到20世纪90年代初，国家形势渐好，各地都重视了文化建筑的修建，更服务于旅游的需要。1990年我去深圳参加了中国民俗文化村的建设，负责苗、侗寨、溶洞、鼓楼花桥的设计，开始有机会把贵州的民族建筑推向省外，当时组织了一个现场设计小组，除我外还有吴学新、张济文、冯远丽、毕跃洪、夏忠祥、商忆先等人参加。1992年我随即接到北京中华民族园的工程，负责苗、侗寨、溶洞、鼓楼花桥、玉龙桥等的设计，先后还有王茜、陈廉淑、张淑英及宋仪贤、冯曼云、范文勇、赵贵荣等参加现场设计。在深圳的鼓楼采取了双重攒尖顶的造型，显秀气颇有南方美的气质，而北京则选用八角叠顶攒尖的造型，更显有北方的伟岸，雄性美的气概。我于1995年又去潮州参加了美人城歌舞林的现场设计，主要为国内外民族建筑群及美人桥等部分，参加人员还有胡斯川，冯曼云。陈廉淑、周筑英等。到1997年我又去重庆参加了珊瑚公园的土建设计，去现场人员还有陆文君、冯曼云、舒净、李丽珍等。2000年我又参加了青岩古建筑群及南北街和南北城门、城墙的维修与新建设计，先后还有宋仪贤、田庆、黄谦、李巍、董辉、苏红、俞力、刘武奕、熊庆魁等参加了调研、测绘、设计等工作，硬是把一片破落的古建筑，进行了逐栋的研究、修复，使其修旧如故，恢复其本来面目，并增加了新的功能设计，以更符合其建筑性格。如青岩万寿宫根据碑刻记述和天下皆知的就是江西会馆，但受到当时花溪区正在进行精神文明建设的要求，两侧厢房由平房增加成二层楼，以满足活动室的功能需要。道教场所原在北玄武方位的龙泉寺，也按照宗教样式设计恢复了所有殿堂、完整了道家活动场地……

回望历年的工作实践中，无论民用建筑、公共建筑以及三线建设时期的军工建筑等各种性质的工程，我都在广泛接触，就在这广泛的基础上，适逢改革开放，园林古建工程随即兴盛，于是自然而然地发挥专长，也是兴趣使然，做起了“修破烂”的工作

（即修复文物建筑），并在其中陶冶性情，做为一种“消遣”享受吧。回想自己对贵州民族建筑的认识也是渐进的，由表及里，由浅入深，由局部到全面，不再像“瞎子摸象”那样看问题了。如刚开始调查时，看到的是苗族吊脚楼、侗族干阑式楼、布依族石板房…… 以为这些就是该民族的特色建筑，似乎很了解了，待到看得多了，反而概括不了其民族建筑的特点，只是感到民族的互容性很强，多少年来的文化交流、渗透很起作用，主要还是“因地制宜、就地取材”所制约，如黔南布依寨也有吊脚木楼，黔西南的民居则与邻近的云南土掌房相似，同样黔北的苗寨近同当地汉族寨，都不是绝对的。总之，什么地方产什么建筑材料，就建什么房屋，随之造型特点大相径庭。

长期以来，对贵州的古建园林、民族建筑作了些许调查、测绘、研究，并在设计工作中得以应用实现，如在深圳、北京、潮州、河北野三坡等地的工程中，把贵州的民族建筑提炼精华，再现出典型的民族建筑特色来，为宣传贵州的山地建筑和民族建筑艺术，让国内外更多的人们了解贵州，稍尽了绵薄之力。特别是在挪威援助贵州的四个民族生态博物馆中，就完成了两个，第一个是在1996年六枝梭戛（长角苗）生态博物馆，把当地民居形式作为生态环境中的展品来对待，此一理念颇受挪威专家的好评，之后于2002年的第3个是锦屏隆里古城（屯堡）的生态博物馆中发扬光大。

不知哪位哲人讲：“越是民族的，就越是世界的”这一名言，我很欣赏并试图把贵州的民族建筑宣传出去。时下，眼看许多新建筑都在“世界大同”，失去了地域建筑的特色和城镇固有的性格、特点，尤其是民族地区的建筑形式也在加速“全国一盘棋”，在建筑设计创作的道路上，我只是力求精心设计，精益求精，为贵州民族建筑的发展而努力着，特别是2007年竣工的贵州民族文化宫工程，从规划、方案开始前后20年磨一剑，为充分体现贵州民族、文化的内涵，建筑设计需要成为既有地方性、民族性又有时代性的一个创作，作为一个作品对待，其特定性换了地方、换了建筑性质都是不当的，否定千城一面，不落俗套地形成一座该时代的标志性建筑。用建筑符号、地方形式展现出来，成为贵州一座具有民族文化的现代化形象工程。参加设计的人员前后共有近三十人，包括了院里7大专业工种，获得了贵州省优秀建筑设计一等奖……回顾这52年，都离不开同事们的帮助与支持（图6-4-1～图6-4-6）！

图6-4-1　速写　梅

图6-4-2　仿拓片　竹

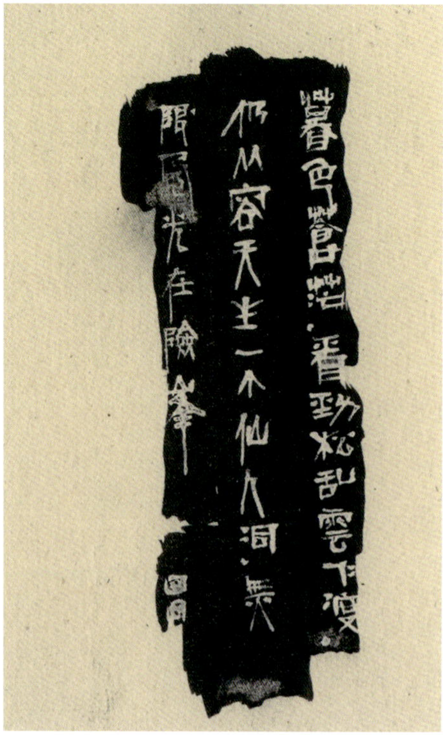

图6-4-3　仿拓片　诗

图6-4-4　水彩（北京戒台寺抱塔松）

图6-4-5　水墨写生清华校医院（1960年夏）

图6-4-6　方案　塔楼

后　语

在这半个世纪中，设计院也是与时俱进的，由20世纪60年代初的省建筑工程管理局勘察设计院——省建筑工程厅设计院——省建筑设计院——省建筑设计研究院的称谓，当时只有两个设计室：一室为工业建筑，二室为民用建筑，以及两个队：地质队和测量队。人员规模也少，相互间很容易认识，工作中也都互相帮助，共同完成任务，工程项目都是室领导分配下来的，因无“设计费”这一概念，全凭个人自觉完成任务。那时院里没有几位工程师，故一些工程项目都可放手给我们年轻人独当一面，培养了独立的工作精神，缺点是在成长的道路上容易走弯路，欠缺名师的指点，要自己“摸着石头过河”。但是在参观调研中，学习兄弟院的经验和先进的理念，避免了自己的工程设计落后，总之各有优、缺点。

回想上大学时，讲到建筑是“技术和艺术的结合体”，技术上是几种学科的综合，如地质、测量、电气、给水排水、采暖通风及结构力学、概预算、园林绿化等都在这六年里通学了一遍简明教程，所以工作起来对各工种多少都有所了解，具体到设计中就可考虑周全，减少了各工种扯皮的事。当接到设计任务后，习惯尽快拿着测量地形图去现场构思，想象什么样的建筑为好，摆在这里与环境的结合是否适当，现场实际效果、体形与交通、对景等作一些设计，再在纸上谈兵地推敲想象，追求什么效果，后来有模型的制作更加使人有了立体效果和造型的斟酌，把别人没体验到的内容在设计初始阶段就考虑到了，模型可把效果图的编造部分消除掉，以达到更趋真实的立体效果。

有幸的是在设计院中的几个历史年代，都能做一些比较典型的“重点”工程，从中得以学习、成长，不管工程规模的大小，我都接收，从中得到锻炼，熟能生巧，工程多了知识经验就自然地积累起来，技能亦随之得以熏陶、提升，如20世纪60年代初参加了省委党校、花溪宾馆的304（小礼堂）工程及干部疗养院等的设计，六十年代末参加了红展馆的设计及一些三线建设的军工配套工程、“干打垒”工程，七八十年代参加的有驻赤道几内亚大使馆工程和塞舌尔高级中学工程以及省内的一些文物古建修复工程，如镇远青龙洞古建筑群，贵阳的一些古阁修复等，到了整个九十年代，基本上都在把贵州的地方建筑宣传建设到省外，如深圳的民俗村、北京的民族园及潮州、重庆、河北野三坡的苗族度假村等地，于21世纪回到贵阳建设青岩古镇的古建筑群和二十年磨一剑的贵州民族文化宫工程，之后而挂甲退休。

近年来曾得到厅里张鹏同志、王春同志与院里毕跃洪同志、夏忠翔同志与罗德启先生等的关心和指导，促进了本回忆文章的出版，在此一并衷心感谢。

本书的完稿，先后得力于李问野、胡斯川的帮助，打字输入电脑，得力于设计院苏红女士的支持，安排李曦伟、龚家勋、钟宝、李中伟三位先生对图文的整理，及单斌先生不辞劳苦二下黔东南补拍照片，最后由建设厅勘察设计管理处与协会的柯东升、李晓云先生的具体支持及赵欣女士的通盘把关，最后由单斌先生把照片、图纸翻拍清晰，由龚家勋先生全部把图文整理好，大家为实现本书的完满出版，做了许多工作，在此特地对诸君致以衷心的感谢！